核电厂技术岗位必读丛书

U0292954

重水堆物理热工
人员岗位必读

主　编　邓志新

副主编　邹　森　胡　威

哈尔滨工程大学出版社

Harbin Engineering University Press

内 容 简 介

本教材共13章,内容包括反应堆物理基础、反应堆热工水力、反应堆动力学、反应性系数、反应性的控制、反应堆物理计算等。

本教材内容翔实、重点突出、条理清晰,主要针对重水堆核电厂反应堆物理人员岗位培训而编制,但对具备一定的反应堆物理知识的运行、技术、监督管理和设计管理等运行人员或工程技术人员同样具有较大的参考价值。

图书在版编目(CIP)数据

重水堆物理热工人员岗位必读/邓志新主编. —哈
尔滨:哈尔滨工程大学出版社,2023.1
　　ISBN 978 - 7 - 5661 - 3762 - 3

　　Ⅰ. ①重… Ⅱ. ①邓… Ⅲ. ①重水堆 - 反应堆物理学 -
热工学 - 岗位培训 - 教材 Ⅳ. ①TL423

中国版本图书馆 CIP 数据核字(2022)第 208447 号

重水堆物理热工人员岗位必读
ZHONGSHUIDUI WULI REGONG RENYUAN GANGWEI BIDU

选题策划　　石　岭
责任编辑　　宗盼盼
封面设计　　李海波

出版发行　　哈尔滨工程大学出版社
社　　址　　哈尔滨市南岗区南通大街 145 号
邮政编码　　150001
发行电话　　0451 - 82519328
传　　真　　0451 - 82519699
经　　销　　新华书店
印　　刷　　黑龙江天宇印务有限公司
开　　本　　787 mm×1 092 mm　1/16
印　　张　　17.25
字　　数　　437 千字
版　　次　　2023 年 1 月第 1 版
印　　次　　2023 年 1 月第 1 次印刷
定　　价　　88.00 元
http://www.hrbeupress.com
E-mail:heupress@ hrbeu.edu.cn

核电厂技术岗位必读丛书
编 委 会

本书编委会

序

　　秦山核电是中国大陆核电的发源地,9 台机组总装机容量 666 万千瓦,年发电量约 520 亿千瓦时,是我国目前核电机组数量最多、堆型最丰富的核电基地。秦山核电并网发电三十多年来,披荆斩棘、攻坚克难、追求卓越,实现了从原型堆到百万级商用堆的跨越,完成了从商业进口到机组自主化的突破,做到了在"一带一路"上的输出引领;三十多年的建设发展,全面反映了我国核电发展的历程,也充分展现了我国核电自主发展的成果;三十多年的积累,形成了具有深厚底蕴的核安全文化,练就了一支能驾驭多堆型运行和管理的专业人才队伍,形成了一套成熟完整的安全生产运行管理体系和支持保障体系。

　　秦山核电"十四五"规划高质量推进"四个基地"建设,打造清洁能源示范基地、同位素生产基地、核工业大数据基地及核电人才培养基地,拓展秦山核电新的发展空间。技术领域深入学习贯彻公司"十四五"规划要求,充分挖掘各专业技术人才,组织编写了"核电厂技术岗位必读丛书"。该丛书以"规范化""系统化""实践化"为目标,以"人才培养"为核心,构建"隐性知识显性化,显性知识系统化"的体系框架,旨在将三十多年的宝贵经验固化传承,使人员达到运行技术支持所需的知识技能水平,同时培养人员的软实力,让员工能更快更好地适应"四个基地"建设的新要求,用集体的智慧,为实现中核集团"三位一体"奋斗目标、中国核电"两个十五年"发展目标、秦山核电"一体两翼"发展战略和"1 + 1 + 2 + 4"发展思路贡献力量,勇做新时代核电领跑者,奋力谱写"国之光荣"崭新篇章。

秦山核电 副总经理:

前　　言

　　秦山核电三期(简称"秦三厂")是中国唯一一座商用重水堆核电站。重水堆物理和热工知识是秦三厂反应堆物理人员必须掌握的基础理论知识和工作技能,在新员工的培养和工程师的岗位复训中均必不可少。充分掌握重水堆物理和热工基础理论,充分了解反应堆的运行特性,是确保反应堆安全、稳定运行的前提条件。熟练掌握本岗位相关操作,是履行本岗位职责的必备技能,并能为机组运行提供必要的技术支持。

　　本教材的编写目的主要是为重水堆物理和热工相关工作人员提供一套系统的学习材料。本教材共13章,内容包括反应堆物理基础、反应堆热工水力、反应堆动力学、反应性系数、反应性的控制、反应堆物理计算等。学习人员可根据自己的知识水平、工作技能、岗位系统化培训以及工作的需要,选择本教材相关内容或某类知识进行侧重学习。

　　本教材主要针对重水堆核电厂反应堆物理人员岗位培训而编制,但对具备一定的反应堆物理知识的运行、技术、监督管理和设计管理等运行人员或工程技术人员同样具有较大的参考价值。

编　者

2022 年 7 月

目　　录

第1章　反应堆物理基础 ……………………………………………………………… 1

1.1　原子核物理 ……………………………………………………………………… 1

1.2　中子反应 ………………………………………………………………………… 7

1.3　中子截面和通量 ………………………………………………………………… 17

1.4　中子慢化和扩散 ………………………………………………………………… 24

1.5　中子循环 ………………………………………………………………………… 30

1.6　燃耗和中毒 ……………………………………………………………………… 33

复习题 ………………………………………………………………………………… 50

第2章　反应堆热工水力 …………………………………………………………… 53

2.1　反应堆热工设计准则 …………………………………………………………… 53

2.2　临界热流密度和临界功率比 …………………………………………………… 54

2.3　核电厂瞬态热工分析 …………………………………………………………… 57

复习题 ………………………………………………………………………………… 65

第3章　反应堆动力学 ……………………………………………………………… 66

3.1　概述 ……………………………………………………………………………… 66

3.2　点堆动力学方程 ………………………………………………………………… 72

3.3　小反应性阶跃变化时点堆模型的中子动力学方程组的解 …………………… 73

复习题 ………………………………………………………………………………… 79

第4章　反应性系数 ………………………………………………………………… 82

4.1　中子增殖系数和临界 …………………………………………………………… 82

4.2　六因子公式 ……………………………………………………………………… 83

4.3　中子泄漏 ………………………………………………………………………… 86

4.4　反应性的定义 …………………………………………………………………… 86

4.5　反应性温度系数 ………………………………………………………………… 87

4.6　空泡形成所造成的影响 ………………………………………………………… 95

复习题 ………………………………………………………………………………… 97

第5章　反应性的控制 ··· 98

5.1　反应堆控制对反应性机构的需求 ····················· 98

5.2　堆内反应性变化 ·· 98

5.3　控制反应性的方法 ·· 101

5.4　反应性机构 ··· 101

5.5　影响控制棒价值的因素 ··································· 106

复习题 ··· 109

第6章　反应堆物理计算 ··· 110

6.1　物理程序 ·· 110

6.2　栅元计算 ·· 111

6.3　超栅元计算 ··· 117

6.4　全堆芯计算 ··· 121

6.5　功率分布计算 ·· 125

6.6　瞬态功率变化计算 ·· 126

6.7　物理试验模拟计算 ·· 130

6.8　停堆后衰减模拟计算 ······································· 132

6.9　钴产量计算 ··· 135

复习题 ··· 151

第7章　反应堆功率及限值 ·· 152

7.1　反应堆功率 ··· 152

7.2　反应堆功率限值 ··· 156

7.3　通量分布和展平 ··· 159

复习题 ··· 164

第8章　堆芯燃料管理 ·· 165

8.1　换料管理 ·· 165

8.2　破损燃料管理 ·· 182

复习题 ··· 184

第9章　反应堆启动和停堆 ·· 185

9.1　反应堆启动 ··· 185

9.2　保证停堆状态（GSS） ···································· 194

复习题 ··· 196

第 10 章　反应堆物理和热工试验 ·········· 198

10.1　启动物理热工试验 ··············· 198

10.2　热功率测量试验 ··············· 201

10.3　通道流量验证试验 ··············· 205

复习题 ····················· 210

第 11 章　日常堆芯监督 ············· 211

11.1　RRS Pt 探测器监测和校正 ·········· 211

11.2　RRS 电离室监测和校正 ·········· 213

11.3　Vd 探测器监测和校正 ·········· 213

11.4　区域参考功率校正 ··············· 215

11.5　LZC 平均水位监测和调节 ·········· 216

复习题 ····················· 216

第 12 章　区域超功率保护 ············· 217

12.1　区域超功率保护系统功能和设计准则 ······ 217

12.2　临界通道功率 ··············· 229

12.3　ROP 停堆整定值分析和计算 ·········· 232

12.4　CPPF 因子 ROP 相关修正(ROP 分析结果的应用) ···· 237

12.5　ROP 探测器校正 ··············· 243

复习题 ····················· 250

第 13 章　经验反馈 ··············· 252

13.1　换料设计相关 ··············· 252

13.2　堆芯监督相关 ··············· 255

13.3　物理热工试验相关 ··············· 257

13.4　其他 ····················· 257

13.5　外部经验反馈 ··············· 259

复习题 ····················· 261

第1章　反应堆物理基础

1.1　原子核物理

1.1.1　原子和原子核结构

我们周围的物质是由称为原子的微小实体组成的,原子的直径约为 10^{-10} m。原子的质量几乎都集中在一个很小的带正电荷的原子核上,原子核位于原子中心。原子核直径一般在 5.0×10^{-15} m 量级。原子核周围是若干个很轻的、带负电荷的电子,可将这些电子设想为环绕在原子核的轨道周围,同时受静电引力的约束。原子整体电荷为中性,因为原子核的正电荷与电子的负电荷正好抵消。

原子核由两类粒子组成,即质子和中子,它们的质量接近于相等。

质子带正电荷。质子的电荷量与电子的电荷量大小相等,电性相反。中子是不带电荷的。原子核中的质子数目称为原子序数,用符号 Z 表示。原子核中的中子数目称为中子数,用符号 N 表示。原子核中的核子(中子加质子)数称为原子质量数 A,即

$$A = N + Z$$

1.1.2　基本粒子

构成原子的三种粒子的质量和电荷量在表 $1-1-1$ 中列出。注意,中子的质量比质子稍微大一点(约 0.14%)。

表 $1-1-1$　构成原子的三种粒子的质量和电荷量

粒子	质量/kg	电荷量/C
质子	$1.672\,62 \times 10^{-27}$	1.602×10^{-19}(正)
中子	$1.674\,93 \times 10^{-27}$	0
电子	$9.109\,56 \times 10^{-31}$	1.602×10^{-19}(负)

1. 质子

质子是非常小的粒子,直径仅为氢原子直径的十万分之一($1/100\,000 = 10^{-5}$)。氢原子的直径为十亿分之一至十亿分之二米(约 1.6×10^{-9} m)。

质子带有一个单位正电荷($+1e$)。

2. 中子

中子是中性(不带电)粒子,大小与质子相同。中子比质子重约 2.5 个电子质量。

3.电子

电子是三个基本粒子中最小的,质量约为中子质量的 1/1 840。

电子带有一个单位负电荷($-1e$)。

质子和中子都叫作核子。

1.1.3　原子的符号

每种元素都可识别,可用化学符号(X)、原子序数(质子数)(Z)和原子质量数(核子数)(A)表示如下:

$$_Z^A X$$

原子符号可以写成较为简单的形式,如 $_2^4 He$ 写成 $^4 He$ 或氦 – 4。

当一个原子的原子核中的核子数(即 Z 和 A 两者)被显示,那么有时候就称这个原子为核素。

1.1.4　同位素

具有相同质子数(相同 Z 值)、不同中子数(不同 A 值)的核子称为同位素。一种元素的同位素是具有相同质子数和数目不等的中子数的原子。某一元素的所有同位素具有类似的化学和物理性质,但核特性的变化非常大。

1.1.5　原子核质量的单位换算

由于原子的质量极小,为便于计算,这里引入一个很小的质量单位,称之为原子质量单位(u)。原子质量单位(u)是这样定义的:规定同位素碳 – 12 的中性原子的质量精确等于 12 u。原子质量单位(u)和千克(kg)之间的换算式为

$$1 u = 1.660\ 540 \times 10^{-27}\ kg$$

构成原子的三种粒子的质量用原子质量单位表示如下:

质子　1.007 3 u

中子　1.008 7 u

电子　0.000 5 u

一般把质子、中子的质量近似为 1 u。

1.1.6　核衰变和放射性

1. α 衰变

有些核衰变时放出 α 粒子。α 粒子由两个质子、两个中子组成,即氦 – 4 核。反应堆中的实例:

$$_{92}^{235}U \rightarrow _{90}^{231}Th + _2^4 \alpha$$

铀原子核发出一个 α 粒子,它自身成为钍 – 231 的原子核。

由母核 $_Z^A X$ 经 α 衰变而成的子核,可以写为 $_{Z-2}^{A-4}Y$,即

$$_Z^A X \rightarrow _{Z-2}^{A-4}Y + _2^4 He$$

2. β 衰变

有些核衰变时放出 β 粒子,β 粒子是正电子或负电子,正电子是负电子的反粒子,除了

荷电符号相反外,它们的其他性质都相同。放出的正电子记作β^+,这个过程称为β^+衰变。β^+衰变常伴有中微子ν的发射。

例如${}^{15}_{8}O$放出一个正电子,质子数由8变成7,从而转化为稳定核${}^{15}_{7}N$。

$$ {}^{15}_{8}O \rightarrow {}^{15}_{7}N + \beta^+ + \nu $$

β^-衰变放出一个负电子,使中子转化为质子,放出的负电子记作β^-。例如:

$$ {}^{19}_{8}O \rightarrow {}^{19}_{9}F + \beta^- + \bar{\nu} $$

式中,$\bar{\nu}$为反中微子。

根据质量与电荷守恒定律,同位素${}^{A}_{Z}X$经β^-衰变(或β^+衰变)即转化为${}^{A}_{Z+1}Y$(或${}^{A}_{Z-1}Y$)。核的质量数不变,质子则增多(或减少)一个,即

$$ {}^{A}_{Z}X \rightarrow {}^{A}_{Z+1}Y + \beta^- + \bar{\nu}(\text{或}{}^{A}_{Z}X \rightarrow {}^{A}_{Z-1}Y + \beta^+ + \nu) $$

3. γ衰变

按照量子力学理论,原子核可能具有的能量是不连续的,其激发能态可以用一定的能级来表示。能级密度随激发能的增加而增加。大多数α或β衰变的情况下,新产生的原子核(称为子核)具有过剩能量,处于激发态。当新产生的原子核发出γ射线时,它就释放这种能量("衰变到它的基态")。γ射线用符号γ表示。γ射线是辐射光子,它类似于X射线,但能量更高。通常(但并不总是如此)γ射线是瞬时发出的,即在子核形成后的10^{-14} s内就发出。图1-1-1显示一个典型"父"核的β衰变,再发射γ射线。

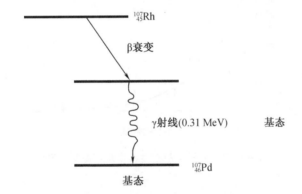

图1-1-1 β衰变,再发射γ射线

4. 衰变链

有时母核衰变所生成的子核仍不稳定。这些子核除了发射γ射线外,还可接连几代地发射$\beta^{\pm}$或α粒子形成衰变链。例如,在反应堆内,${}^{235}U$在热中子作用下裂变而成的碎片${}^{135}Te$,存在一系列的β^-衰变,最后才变成稳定的${}^{135}Ba$:

$$ {}^{135}Te \xrightarrow{\beta^-} {}^{135}I \xrightarrow{\beta^-} {}^{135}Xe \xrightarrow{\beta^-} {}^{135}Cs \xrightarrow{\beta^-} {}^{135}Ba(\text{稳定}) $$

5. 衰变规律

实验表明,原子核的放射性衰变是一个统计过程。对于单个原子核,发生衰变的时刻并不确定,但大量同类原子核在某一时间间隔内发生衰变的百分比是确定的。令某核素一个原子核在单位时间内衰变的概率为λ,则无论α衰变或$\beta^{\pm}$衰变,相应的λ都是一个确定的常数,并且只与核本身的特性有关,与影响核外电子性质的物理条件如温度、压力、电磁场等因素皆无关,这个λ称为衰变常数。

设起始时间 $t=0$ 时,初始的放射性原子核为 $N(0)$ 个,到 t 时刻未衰变的原子核有 $N(t)$ 个。某一定时间间隔 dt 的衰变率和当时所存在的原子核数 N 成正比,即

$$\frac{dN}{dt} = -\lambda N \qquad (1-1-1)$$

解式 $(1-1-1)$,积分后得

$$N(t) = N(0)e^{-\lambda t} \qquad (1-1-2)$$

6. 半衰期

原子核衰变一半所需的平均时间 $T_{1/2}$ 称为半衰期。它从统计平均的角度反映了原子核衰变快慢的程度。按定义,$t=T_{1/2}$ 时 $N=N(0)/2$,故由式 $(1-1-2)$,有

$$\frac{N(0)}{2} = N(0)e^{-\lambda T_{1/2}}$$

$$T_{1/2} = \frac{\ln 2}{\lambda} = \frac{0.693}{\lambda} \qquad (1-1-3)$$

原子核放射性按半衰期做指数衰减(图 $1-1-2$)。

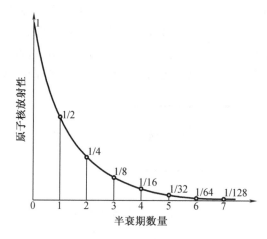

图 $1-1-2$　原子核放射性按半衰期做指数衰减

7. 平均寿命

单个原子核的寿命有长有短,但大量原子核统计平均所得的平均寿命 τ 是一定的。显然,τ 与衰变常数 λ 或半衰期 $T_{1/2}$ 有关。λ 为一个原子核在单位时间内衰变的概率,λdt 为一个原子核在 dt 时间内衰变的概率。若在 t 时间内原子核衰变的个数为 $N(t)\lambda dt$,则这些衰变原子核的平均寿命 τ 为

$$\tau = \frac{1}{N(0)}\int_0^\infty tN(t)\lambda dt = \frac{1}{N(0)}\int_0^\infty tN(0)e^{-\lambda t}\lambda dt = \int_0^\infty te^{-\lambda t}\lambda dt = \frac{1}{\lambda} \quad (1-1-4)$$

平均寿命是指放射性核素在衰变前生存的平均时间。由式 $(1-1-3)$,可得平均寿命与半衰期的关系:

$$\tau = \frac{T_{1/2}}{\ln 2} = 1.44T_{1/2} \qquad (1-1-5)$$

将 $t=\tau=\dfrac{1}{\lambda}$ 代入式 $(1-1-2)$,得

$$N(t) = N(0)e^{-1}$$

这表明平均寿命是核数目降为 $N(0)/e$ 所需的时间。

8. 放射性活度

由 λ 的定义可知，t 时刻放射性同位素样品单位时间内的衰变次数为 $\lambda N(t)$，此即为该同位素样品的活度，记为

$$A(t) = \lambda N(t) \qquad (1-1-6)$$

放射性活度的国际单位为贝可勒尔，简称贝可（Bq），它表示每秒衰变 1 次的放射性活度。这里所指的衰变包括各种可能的衰变方式。例如，^{64}Cu 可以同时发生 $\beta^\pm$ 衰变与 K 俘获。此时 1 Bq 的 ^{64}Cu 的活度，即指每秒发生 $\beta^\pm$ 衰变以及 K 俘获的总数为 1 次。过去专用单位为居里（Ci），且有

$$1 \text{ Ci} = 3.7 \times 10^{10} \text{ s}^{-1} = 3.7 \times 10^{10} \text{ Bq}$$

按式（1-1-6），某放射性同位素活度 A 降为一半所需的时间等于该同位素的半衰期 $T_{1/2}$。

把某些物质做成靶件放到反应堆内，部分原子核在中子照射下可转化为放射性原子核，此过程称为中子活化。人们可以用中子活化方法去研究反应堆内中子通量的大小与分布或靶物质的中子反应截面，也可以用这种方法制造许多有用的放射性同位素或对某些微量元素进行活化分析测量。

1.1.7 结合能

1. 质量亏损

原子核的相对稳定性可以用结合能的概念加以解释；反应堆所发出的能量归根结底是由原子核结合能提供的。

实验表明，Z 个质子和 $(A-Z)$ 个中子结合而成的核 $_Z^A X$ 的质量（M_A）总比 Z 个质子及 $(A-Z)$ 个中子的质量之和小。令

$$\Delta M = ZM_p + (A-Z)M_n - M_A \qquad (1-1-7)$$

式中，M_p 为质子质量；M_n 为中子质量。

则恒有

$$\Delta M > 0 \qquad (1-1-8)$$

ΔM 称为该核的质量亏损。

爱因斯坦（A. Einstein）在狭义相对论中提出的质量与能量相当的关系式为

$$E = Mc^2 \qquad (1-1-9)$$

式中，c 为光速，$c = 2.997\ 924\ 58 \times 10^{10}$ cm/s。1 原子质量单位相当于 931.501 6 MeV 的能量，当核子结合成原子核时，质量总要亏损，在结合过程中有 ΔE 的能量从原子核系统中释放出来。则有

$$\Delta E = \Delta M c^2 \qquad (1-1-10)$$

用能量单位来表示的某原子核的质量亏损值（式（1-1-7）），就等于各核子结合该原子核时所释放出来的能量。反之，要把原子核中所有核子完全分开，就须提供这么多的能量。这个能量称为该原子核的结合能。这样

$$\Delta E = \left[ZM_p + (A-Z)M_n - M_A \right]c^2 \qquad (1-1-11)$$

或

$$\Delta E = \left[ZM_H + (A-Z)M_n - M_A \right]c^2 \qquad (1-1-12)$$

式中，M_H 为氘核的质量。

氘核结合能为 $0.002\,388 \times 931.501\,6 \approx 2.224$ MeV，实验又证明，当质子与中子结合成氘核时要放出能量为 (2.231 ± 0.007) MeV 的 γ 射线，该能量值在误差范围内与计算值相等。这个结果表明，要使氘核的中子与质子完全分开，至少要为它提供 2.231 MeV 的能量。

由此可见，结合能是使核子保持在 10^{-13} cm 线度内组成一个稳定核体系的必要因素。由于结合能的存在，原子核内的核子不会自动分离开。

2. 比结合能曲线

铀 -235 热裂变的情况，中子俘获产生的激发能等于产物核铀 -236 的中子结合能（约为 6.5 MeV）。这种能量通常足以使原子核破碎成两块，这种产物核中为数众多的质子使得这个核比较不稳定。当裂变产物核的每一核子结合能明显大于（大了约 0.9 MeV）铀中的每一核子结合能时，裂变产物的总能量比反应物铀总能量大了约 $235 \times 0.9 = 200$ MeV。差额能量大部分以反冲裂变碎片的动能形式释放出来。在大约 15% 的俘获反应中，铀 -236 核并不发生裂变，此时，6.5 MeV 的激发能以 γ 辐射的形式释放出来。

原子核内一个核子的平均结合能，称为比结合能（f）。根据式（1 -1 -12），有

$$f = \Delta E/A \approx [M_n - Z(M_n - M_H)/A - M_A/A]c^2 \qquad (1-1-13)$$

比结合能 f 随原子质量数 A 变化的曲线如图 1 -1 -3 所示。曲线表明，f 先随 A 增加很快，而且有若干个 A 较小的核素的比结合能远在光滑曲线之外，从而出现一系列的极大值。这些极大值与中子数 N 和质子数 Z 皆为偶数的偶 - 偶核（如 $_2^4\mathrm{He}$、$_6^{12}\mathrm{C}$ 等核）相对应。从 A 为 60 左右开始，曲线随 A 下降，且比较平稳；当 A 为 60 ~ 120 时，f 基本上为一个常数，约等于 8.5 MeV；当 $A > 120$ 时，f 逐渐下降到 7.5 MeV 左右。

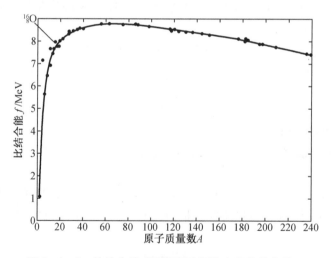

图 1 -1 -3　比结合能 f 随原子质量数 A 变化的曲线

对于轻元素，核子平均结合能随原子质量数迅速增加，在铁元素（$A = 56$）附近达到最大值 8.8 MeV，此后，由于质子间库仑斥力的增加，核子平均结合能缓慢降低，到铀元素约为 7.6 MeV。库仑力导致的不稳定趋向正是许多重元素发射 α 粒子而衰变的原因。如前所述，中等质量核素的核子平均结合能大于铀元素的核子平均结合能，这是发生核裂变时有净能量释放的原因。

3. 裂变能与聚变能

当重核裂变成两个中等核时,比结合能增大,于是便有一定能量释放出来。假设^{235}U 裂变为 A 分别等于 117 及 118 的两个中等核,则结合能净增$(117 + 118) \times 8.4 - 235 \times 7.5 = 211.5$ MeV,这个能量将被释放出来。反应堆的功率就是由这类裂变反应所提供的。但实际上^{235}U 自发裂变的概率极小,为使大量裂变反应发生,必须先给^{235}U 提供一定的能量以构成一定的裂变条件,例如用中子轰击就可以达到这个目的。

两个轻核结合成一个核的反应称为聚变反应。两个轻核结合成一个较重核时比结合能增加,故也会有能量释放出来。例如:

$$^{2}H + ^{2}H \rightarrow ^{3}H + ^{1}p$$

氘核的结合能约为 2.23 MeV,氚核的结合能为 8.48 MeV,故反应后系统结合能净增 $8.48 - 2.23 \times 2 = 4.02$ MeV,这个能量将被释放出来。又如氢弹的氘、氚聚变反应:

$$^{2}H + ^{3}H \rightarrow ^{5}He \rightarrow ^{4}He + ^{1}n$$

所生成的氦核^{4}He 的结合能约为 28.12 MeV,故反应后系统结合能净增 $28.12 - (2.23 + 8.48) = 17.41$ MeV,这个能量被释放出来。

根据上面这些例子可知,氘、氚聚变反应中平均每个核子释放的能量约为 3.48 MeV;而^{235}U 裂变反应中平均每个核子释放的能量约为 211.5/235 = 0.9 MeV。所以,同样质量的物质参与反应时,聚变反应释放的能量要比裂变反应的大许多。这就是受控热核反应特别令人感兴趣的一个重要原因。

然而,原子核的半径只有 10^{-13} cm 的量级,要使两个核(即使是中性的核)在常温下"碰撞",其概率很小,再考虑核间库仑斥力随距离变小而急剧增加,聚变的概率就更小了。因此,要实现这类聚变反应,必须先对系统提供一定的能量。一种方法是提高系统的温度,例如使之高达几百万摄氏度以上,以增加核的动能,这就是热核反应。氢弹要用普通原子弹引爆就是这个道理。此外,还有在实验室里,用加速器加速质子或轻核,使动能达到几兆电子伏以上等方法。

4. 核能级

在 1.1.6 节提到,在 α 和 β 衰变之后,子核通常处于激发态,就是说带有过剩能量,在发射 γ 射线时,过剩能量被释放了。如果把原子核看成运动粒子的集合,靠着粒子间的强核力作用束缚在一起,那么很明显,原子核必定有一定的内能。结果发现,这种内能不能任意取值,而是局限于某些特定的值,这些特定的值反映了该原子核的特征。正常情况下,原子核处于可能能级中的最低一级(基态)。如果外界为原子核添加能量,比如用高速粒子去轰击它,原子核就可以从基态跃迁到它可能抵达的较高能级。这些状态就是前面所提到的激发态。原子核激发态高于基态的那部分能量称为激发能。通常,处于激发态的原子核发出 γ 射线后,立即就失去激发能。因为能级的确切数值取决于所涉及的原子核,所以由特定原子核发出的 γ 射线也就必定具有与该核的特征相符的几种能量,不会是任意能量。

1.2 中 子 反 应

1.2.1 概述

中子反应包括两种大类:吸收和散射。

吸收包括(n, p)、(n, α)、裂变(n, f)和俘获(n, γ)。

散射包括弹性散射(n,n)和非弹性散射(n,n')。

1.2.2 弹性散射

在弹性散射过程中,慢化剂使裂变过程中生成的快中子变成慢中子。快中子与原子核发生弹性碰撞的过程中,中子撞击原子核,并以降低后的动能弹回来。然而,弹性碰撞的特点是碰撞前后动量守恒。

例如,图 1-2-1 中,一个中子以 V_1 的速度撞击质量为 A 的静止原子核,并以速度 V_2 弹回。由于中子的一些动能传递给原子核,原子核以速度 V 反冲,V_2 必定小于 V_1。但是,因为碰撞是弹性的,故原子核得到的动能必定等于中子失去的动能。

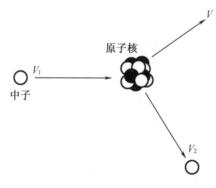

图 1-2-1 弹性碰撞

中子以这样一种碰撞方式传递的初始能量的份额取决于以下两个因素:

①中子偏转的角度;

②原子核的质量 A。

原子核越轻,中子在碰撞过程中损失的能量越大(按平均而言)。为了使中子慢化(尽可能少地进行弹性碰撞),慢化剂原子核应该轻(原子质量数约小于 16)。否则,中子必须行进很长距离后才能慢下来,此时反应堆必须很大。中子在各种材料中必须要进行一定次数的弹性碰撞,才能从 2 MeV(裂变产生的平均能量)慢化到热能,此时,中子所具有的平均动能和与之相碰撞的原子或分子的平均动能相同。室温下,热能约为 0.025 eV,具有这种能量的中子叫作热中子;相反,在裂变过程中产生的中子叫作快中子。

1.2.3 非弹性散射

非弹性散射是一个比弹性散射更复杂的过程,此时的中子并不是简单地撞击原子核后弹回,而是用非常短的时间(约 10^{-14} s)进入原子核,形成复核。图 1-2-2 示出一个中子与 ^{238}U 的一次碰撞,短寿命复核是 ^{239}U。复核 ^{239}U 立即发射一个中子(任何一个)和一个 γ 光子,恢复到 ^{238}U。这个过程仍会导致发射的中子慢化,因为与 γ 射线相关的能量是以消耗该中子的动能为代价而获得的。

"散射"这个词是恰当的,因为被发射的中子方向是十分随机的。弹性散射和非弹性散射的重要区别是前者可在任何中子能量时发生,而后者仅当中子初始动能超过某阈能(^{238}U 为 44 keV,^{235}U 为 14 keV)时才能发生。对于重原子核,阈能约为 0.1 MeV 或更小;对于轻原子核,阈能在几个 MeV 量级范围内。存在阈能级的原因是中子必须提供至少足以使原子核上升到可发射 γ 射线的第一级激发态所需的能量。重原子核中激发能级间隔相对较近,因此它比轻原子核的阈能低。

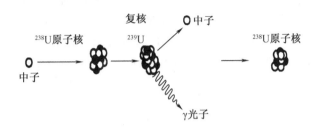

图 1 - 2 - 2　非弹性散射

事实上可以忽略除燃料本身之外的任何地方的非弹性散射,因为只有在燃料中中子能量才大到足以发生非弹性散射。

1.2.4　核蜕变

核蜕变是指在非弹性散射过程中,中子进入原子核形成的复核可发射一个质子或一个 α 粒子,同时原子核自身转变为另一种核的过程。图 1 - 2 - 3 中举了一个例子,在高能中子的作用下,^{16}O 蜕变成^{16}N。

图 1 - 2 - 3　(n,p)蜕变

这个反应可写成

$$\frac{1}{0}n + \frac{16}{8}O \rightarrow \frac{16}{7}N + \frac{1}{1}p$$

或用符号表示:^{16}O(n,p)^{16}N。

这个反应在反应堆运行过程中很重要,因为^{16}N 发射 β 粒子并伴生高能 γ 辐射(高至 7 MeV)。含有最近受到过高能中子辐照的^{16}O 的任何区域都会产生辐射危害。例如,^{16}O 存在于水(H_2O 或 D_2O)中,如果该水流经反应堆,有些^{16}O 可能会变成^{16}N。所幸的是,^{16}N 的半衰期只有 7 s,所以它的放射性衰变相当快。

以下两个例子使我们特别感兴趣:

^{10}B(n,α)^{7}Li:监控反应堆中中子总数的反应堆仪表(电离室)就是利用这个反应。反应释放 2.5 MeV 能量,呈现为锂原子核和 α 粒子的动能。锂原子核和 α 粒子在电离室电离后失去这一能量。硼也可用于反应性控制,此时必须考虑硼同位素比例逐渐变化的容差,因为这个反应消耗^{10}B。

^{3}He(n,p)^{3}H:它可替代硼反应,并作为有时用来初始启动反应堆的高灵敏度测量仪器的基础。

1.2.5 辐射俘获

所有反应中最常见的中子反应是辐射俘获,即俘获(n,γ)。在这个反应中,复核(俘获中子时形成的)将发射 γ 射线,去除自身全部的激发能。由于中子不被重复反射,故原子核蜕变成相同元素的重同位素。事实上,所有类型的原子核,在所有中子能量下都可发生辐射俘获。一般来讲,慢中子比快中子发生辐射俘获的可能性更大。

图 1-2-4 为辐射俘获的例子。该例子说明了在重水反应堆中氚(^{3}H)是怎样产生的。

图 1-2-4 辐射俘获

辐射俘获是重要的,有以下三个原因:

1. 寄生吸收

许多物质在这个过程中能相当容易地吸收中子。

2. ^{238}U 向 ^{239}U 的转变

一般来讲,俘获堆芯材料中的非裂变中子并不是人们所希望有的。然而 ^{238}U 向 ^{239}Pu 转变(^{238}U 俘获非裂变中子产生 ^{239}U,^{239}U 经两次 β 衰变)有一个附带优点,即 ^{239}Pu 是一种可裂变核素,它的形成会延长燃料的寿命,如图 1-2-5 所示。

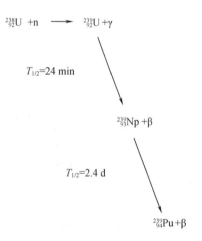

图 1-2-5 ^{239}Pu 的产生

3. 堆芯中材料的活化

由辐射俘获形成的原子核通常是有放射性的,可能存在辐射危害。例如,热传输系统循环的腐蚀产物,流经反应堆堆芯时会被活化。此后它们被沉积时,整个热传输系统都具有放射性危害,即使反应堆停堆(若中子源取出)仍然有放射性危害。在 CANDU 反应堆中钴 -60、锰 -56 和铜 -64 是三种最麻烦的被沉积出的活化产物。

1.2.6 裂变

裂变有两种类型:自发裂变和诱发裂变。

1. 自发裂变

自发裂变即原子核完全是自发地分裂,没有任何外界原因。这是一种相当稀少的反应。一般来说,原子质量数增加,原子核中的电荷就会增加,自发裂变发生的可能性就会变大(人们可以证明无限量的重元素并不存在,因为它们对于自发裂变以及衰变来说是不稳定的)。表 1-2-1 列出 ^{235}U 和 ^{238}U 同位素的自发裂变以及 α 衰变速率,以便比较。

表 1-2-1　^{235}U 和 ^{238}U 同位素的自发裂变以及 α 衰变速率

核素	半衰期(α 衰变)/a	半衰期(自发裂变)/a	α 衰变速率/(原子数 $\cdot$ s^{-1} $\cdot$ kg^{-1})	自发裂变速率/(原子数 $\cdot$ s^{-1} $\cdot$ kg^{-1})
^{235}U	7.1×10^8	1.9×10^{17}	7.9×10^7	0.3
^{238}U	4.5×10^9	8.0×10^{15}	1.2×10^7	6.9

自发裂变的速率很低,在动力生产中没有什么意义(它产生的能量仅为一个典型反应堆满功率输出的 $10^{-12}\%$)。尽管如此,它仍具有某种重要性,因为铀原子核的自发裂变通常伴随着一些中子发射,这些中子总是存在且构成了小的中子源,即使在反应堆停闭时也如此。这对于诸如反应堆堆芯首次装料等过程是有意义的。如果系统不恰当地超临界,自发裂变中子将会成为中子增殖的源,产生很大的且快速的功率漂移。如果浓缩燃料的储存设备中出现超临界,也会发生类似情况。

另一方面,自发裂变中子源的存在对于停堆工况下维持足够的裂变水平以保持在功率监控仪器上有读数是有用的,这是一个重要的安全特征。

2. 诱发裂变

某些重原子核可以俘获一个中子而被诱发裂变。当中子被俘获时,形成的复核获得的内激发能等于这个中子与该原子核的结合能和中子俘获前所具有的动能之和。如果内激发能超过所谓临界能的阈值,那么这个原子核将会裂变。

对于大多数重原子核,射入中子的动能必须很高,才能发生裂变。

3. 实用裂变材料

对我们有实用意义的原子核只有铀的同位素 ^{235}U 和 ^{238}U 及钚的同位素 ^{239}Pu 和 ^{241}Pu。任何能量的中子都可以使 ^{235}U 裂变;实际上,^{235}U 用热中子裂变(热裂变)的概率比用快中子裂变(快裂变)的概率大得多。任何能量的中子也都可以使 ^{239}Pu 和 ^{241}Pu 裂变。这三种核素被认为是易裂变核素。另外,只有动能约大于 1.2 MeV 的中子可以使 ^{238}U 裂变;^{238}U 和其他具有相类似阈能的核素被认为是可裂变核素。在 CANDU 反应堆中 ^{238}U 直接产生的功率很小(约为 3%)。

天然铀中 ^{235}U 仅占 0.72%(质量数),而 ^{238}U 占 99.28%。在反应堆运行期间,由于原子核俘获了中子,燃料中会积累 ^{239}Pu 和一些 ^{241}Pu。

^{239}Pu 像 ^{235}U 一样是易裂变核素。如果它不发生裂变,会俘获一个中子,形成 ^{240}Pu。虽然 ^{240}Pu 是可裂变的,但更有可能俘获另一个中子形成易裂变核素 ^{241}Pu。在反应堆中,寿期内由燃料所产生的功率里,易裂变的钚同位素的裂变贡献占有举足轻重的地位。

4.裂变产物

图 1 - 2 - 6 示出典型的中子诱发裂变。^{235}U 原子核俘获一个中子,形成复核 ^{236}U,在特殊情况下,^{236}U 立即分裂开,产生一个 ^{140}Xe 原子核和一个 ^{96}Sr 原子核。图示的特定的裂变模式仅仅是原子核分裂的许多可能方式之一。裂变碎片 ^{140}Xe 和 ^{96}Sr 是在裂变中可形成的约 300 种核素中的两种。图 1 - 2 - 7 所示为 ^{235}U 和 ^{239}Pu 的裂变产额(每次裂变产生两个碎片,曲线下的区域加起来为 200%)。我们可以看到两块裂变碎片很可能由一个原来的原子核构成。它们的质量数很可能为 70 ~ 160,最可能是 95 和 140。请注意,对称裂变(两碎片相等)是很稀少的。

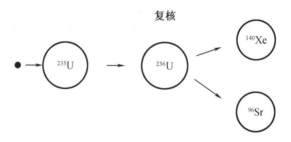

图 1 - 2 - 6 ^{235}U 原子核由于裂变而分裂的许多可能方式之一

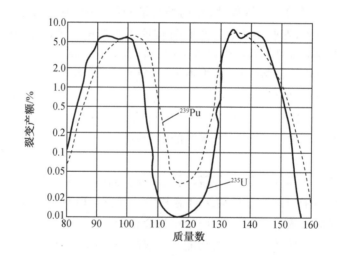

图 1 - 2 - 7 ^{235}U 和 ^{239}Pu 的裂变产额

裂变碎片总是具有不变的放射性。其原因是,碎片中的中子数/质子数的值大致与裂变后原子核的中子数/质子数的值相同,对于稳定的中等质量核素来讲这个比值太大了。因此,碎片会进行逐次 β 衰变(伴随着发射 γ 粒子)来降低中子数/质子数的值,直至达到稳定状态。图 1 - 2 - 8 为典型裂变产物衰变链(暂时不考虑裂变产生的两个中子)。

图 1 - 2 - 8　典型裂变产物衰变链

所有衰变链(包括原始的裂变碎片)成员都叫裂变产物。绝大多数裂变产物的半衰期为几分之一秒到 30 a。

裂变产物必须在屏蔽层,这样它们就不能离开反应堆堆芯而进入热传输系统。只要裂变产物留存在燃料中,燃料又保持恰当的屏蔽,那么就没有生物风险。许多裂变产物具有很长的半衰期,进入热传输系统会有辐射危害,因此即使反应堆停堆也要防止裂变产物进入设备。

反应堆周围要求严格屏蔽,避免裂变产物发射的 γ 射线的辐照。

燃料更换要遥控操作,处理和储存乏燃料必须特别小心。

有些裂变产物对中子有很高的亲和力,从而使反应堆中毒。两种最重要的毒物是 ^{135}Xe 和 ^{149}Sm。这两种毒物在裂变中以相当高的百分比产生,能俘获大量的中子。

5. 瞬发和缓发中子发射

裂变碎片在激发状态下产生,并势必发射 γ 射线和中子(称为裂变中子)来释放激发能。当反应堆中发生裂变时,大多数的裂变中子几乎在发生裂变之后立即($\sim 10^{-17}$ s)发射,这就是瞬发中子,而此类 γ 射线叫作瞬发 γ 辐射。裂变后发射中子的数目是变化的,最可能的产量是每次裂变释放两或三个中子。正是由于这些裂变中子的存在,才可能维持自持链式反应。在此反应中,一代裂变产生的裂变中子用来引起下一代裂变的发生。

图 1 - 2 - 9 所示为瞬发中子的能量分布。瞬发中子的最大能量可能只有 0.82 MeV,瞬发中子的平均能量为 2 MeV。

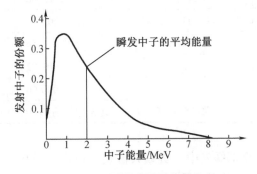

图 1 - 2 - 9　瞬发中子的能量分布

在大多数情况下,裂变形成的原子核没有足够的激发能可发射一个中子,因此原子核发射 β 粒子而衰变。在很少的情况下,β 衰变产生的原子核会发射一个中子。

能够导致这个过程的一族元素从 ^{87}Br 开始,它的半衰期是 55 s,可变成 ^{87}Kr(图 1 - 2 - 10)。

由 β 衰变产生的⁸⁷Kr 原子核的激发能也许足够大，能够使其发射中子而衰变。虽然⁸⁷Kr 原子核发射中子而衰变只发生在一瞬间，但是在发生裂变和发射中子间有一个明显的滞后过程。实际上，这个过程产生的中子似乎时刻受到⁸⁷Br 55 s 半衰期的支配。因此，诸如⁸⁷Br 这样的原子核叫作缓发中子先驱核。由诸如⁸⁷Kr 核素产生的中子叫作缓发中子。

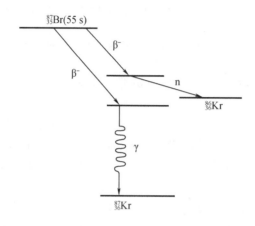

图 1 − 2 − 10　从⁸⁷Br 产生的缓发中子（也显示出正常的 β − γ 衰变模式）

迄今，人们只辨认出十几种缓发中子先驱核。在这些著名的原子核中，除⁸⁷Br 外还有⁸⁸Br(半衰期 16 s)和¹³⁷I(半衰期 24 s)。反应堆的动力学响应与各种缓发中子先驱核的比例和半衰期密切相关。所幸的是，我们虽不可能辨认出所有的缓发中子，但如果用经验法把它们分为 6 组，且每组具有单一的半衰期，那么它们的总体行为就能很好地近似了。表 1 − 2 − 2 给出了²³⁵U 裂变所假设的 6 组缓发中子先驱核的半衰期和份额。

表 1 − 2 − 2　²³⁵U 的热中子裂变的缓发中子数据

组别	半衰期/s	衰变常数 λ_i/s^{-1}	产额（每次裂变产生的中子数）	份额 β_i
1	55.72	0.012 4	0.000 52	0.000 215
2	22.72	0.030 5	0.003 46	0.001 424
3	6.22	0.111	0.003 1	0.001 274
4	2.3	0.301	0.006 24	0.002 568
5	0.61	1.14	0.001 82	0.000 748
6	0.23	3.01	0.000 66	0.000 273
说明	总产额:0.015 8　总缓发中子份额(β):0.006 5			

对于²³⁵U 的热裂变，全部缓发中子贡献只占裂变所产生总中子数的 0.65%（总缓发中子份额(β)）。对于²³⁹Pu，总缓发中子份额更小，为 0.21%（表 1 − 2 − 3）。尽管这些份额如此小，但缓发中子的存在仍是核反应堆有可能真正得以控制的因素。

表1－2－3 ^{239}Pu 的热中子裂变的缓发中子数据

组别	半衰期/s	衰变常数 λ_i/s^{-1}	产额(每次裂变产生的中子数)	份额 β_i
1	54.28	0.012 8	0.000 21	0.000 073
2	23.04	0.030 1	0.001 82	0.000 626
3	5.60	0.124	0.001 29	0.000 443
4	2.13	0.325	0.001 99	0.000 685
5	0.618	1.12	0.000 52	0.000 181
6	0.257	2.69	0.000 27	0.000 092
说明	总产额:0.006 1 总缓发中子份额(β):0.002 1				

每次裂变发射中子的平均数在反应堆物理中是一个非常重要的量(表1－2－4),通常用希腊字母 ν 表示。对于 ^{235}U 的热裂变, $\nu=2.43$(快中子裂变,即用快中子引起的裂变,通常产生略微多一些的裂变中子)。把 ^{239}Pu 和 ^{241}Pu 每次热裂变释放的中子数加以比较也是很有意思的,因为过一会儿在燃料中会产生这两种钚的同位素。

表1－2－4 热裂变的 ν 值

易裂变原子核	ν
^{235}U	2.43
^{239}Pu	2.89
^{241}Pu	2.93

6. 裂变中的能量释放

平均来说,一个 ^{235}U 原子核发生裂变,可释放比 200 MeV 略多一些的能量,包括裂变发生后立即释放的能量和裂变产物接着发生的 β 衰变所逐渐释放的能量。立即释放的能量以裂变碎片的反冲动能、裂变中子的动能和瞬发 γ 射线的能量的形式出现。裂变产物接着发生的 β 衰变所逐渐释放的能量以衰变过程产生的 β 粒子和中微子的动能,以及这个过程中发射的任何 γ 射线的能量的形式出现。

对所有可能模式的蜕变取平均值, ^{235}U 裂变的平均释放能量约为 205 MeV。

裂变过程中,裂变能量组成见表1－2－5。

表1－2－5 裂变能量组成

裂变能量类型	能量值
较轻裂变碎片的反冲动能	100 MeV
较重裂变碎片的反冲动能	69 MeV
裂变中子的动能	5 MeV
瞬发 γ 射线的能量	6 MeV
裂变产物逐渐释放 β 粒子的能量	8 MeV

表 1 - 2 - 5(续)

裂变能量类型	能量值
裂变产物逐渐释放 γ 射线的能量	6 MeV
中微子动能(从反应堆逃脱的能量)	11 MeV
总能量	205 MeV

虽然中微子逃脱并没有在反应堆中产生任何能量,但是一些裂变中子,即使在失去所有动能之后,也会与反应堆中的材料产生 (n, γ) 反应。在这种反应中,每次裂变平均释放能量约 8 MeV。因此,反应堆中每次裂变产生能量的总额为几 MeV 至 200 MeV。

反应堆中裂变产生的能量并非都能作为有用热量,因为有些能量不能储存在燃料或冷却剂中。

传递给慢化剂的能量基本上是必须被排除的废热。一旦反应堆稳定地运行一段时间,裂变产物将累积至裂变产物衰变产生的热量约为反应堆中热量的 7% 的水平。这对反应堆设计有很大影响,因为即使裂变反应停止,堆芯中仍有相当大的热源,会比较缓慢地衰变很长的时间。冷却系统必须恰当地处理正常停堆工况下的衰变热。此外,万一冷却系统丧失正常的冷却能力,必须使用可靠的应急堆芯冷却系统去防止由这种衰变热导致的燃料破损。

7. 反应堆功率和燃料消耗

假定 ^{235}U 原子核每次裂变释放的有用能量为 200 MeV,可以推导出维持 1 kW 功率所需的裂变速率为

$$1 \text{ kW} \rightarrow 3.1 \times 10^{10} \text{裂变/s}$$

表示热能产量的实用单位是兆瓦天(MW·d)。使用上面的换算,表明产生 1 MW·d 热能需要 1 g 左右的 ^{235}U 发生裂变。

假定有一个 CANDU 反应堆,满功率为 1 744 MW(540 MW 总电功率)。因此要维持反应堆满功率运行一天,经受裂变的 ^{235}U 的总量约为 1.74 kg。

因为天然铀中 ^{235}U 含量仅为 0.72% ,初看,似乎这个反应堆的天然铀消耗速率应为 1.74/0.007 2 = 242 kg/d(大约每天 13 个棒束)。然而,影响新燃料添加到反应堆的速率的两个因素需修正这种估算:

后面将会看到,仅约 86% 由 ^{235}U 吸收的中子会导致裂变;剩下的会通过辐射俘获产生 ^{236}U。因此, ^{235}U 消耗的速率是裂变速率的 1/0.86 = 1.16 倍。如果天然铀以此速率产生功率,它的消耗速率则为 242 × 1.16 = 280 kg/d(大约每天 15 个棒束)。

影响新燃料添加到反应堆的速率的第二个因素是燃料中的 ^{238}U 俘获中子,再经两次 β 衰变生成 ^{239}Pu。随着时间的推移, ^{239}Pu(而不是 ^{235}U)的裂变产生的功率所占的比例逐渐增加。这个影响减小了向反应堆中加铀的速率。一般来讲, ^{239}Pu 裂变可获得约 40% 的能量输出,因此天然铀的消耗速率需要降到约 0.6 × 280 = 168 kg/d(大约每天 9 个棒束)。

1.2.7 光中子

在运行的反应堆中,除裂变产生的中子源之外,还存在另一个中子源。这个源特别重要,因为反应堆停堆后很长一段时间仍能继续释放能量(一旦反应堆停堆,瞬发裂变中子的

产生就立即停止;而缓发中子的产生要过几分钟后,当它们的先驱核衰变时才停止)。含有长寿命辐射源的中子叫作光中子。

只有用重水作为慢化剂或热传输流体的反应堆才有光中子。只有能量大于 2.2 MeV 的光子被氘原子核俘获,引起氘原子核分裂(光致蜕变)才会产生光中子,即

$$_1^2H + \gamma \rightarrow _1^1H + _0^1n$$

反应堆运行一会儿后,在燃料中将产生一定量的裂变产物,有些产物发射能量大于 2.2 MeV 的 γ 射线。当反应堆停堆时,这个光中子源仍然存在,因为裂变产物衰变产生的 γ 射线仍能在堆芯的重水中产生光中子。甚至慢化剂被排出时,堆芯中也总是存在作为热传输流体的重水。因此,在重水冷却的反应堆中,始终有一个相当强的中子源(与自发裂变源相比),停堆之后可用其再次启动反应堆。

1.3　中子截面和通量

1.3.1　微观截面

在估计反应堆的一个中子将会发生何种反应时,我们往往将其与现存的原子核可能发生的各种反应的相对概率进行比较。此时,我们需要用某种方法使正在进行什么反应和估量每种反应的概率具体化。这里引入一个叫作核截面的量。

假定有一个很大的薄壁箱子,里面有一个气球在浮动。如果我们随意地朝关闭的箱子发射一颗子弹,那么无法确定子弹是否打中气球。如果我们知道气球和箱子的尺寸,那么就可容易地计算出随意发射的子弹击中气球的概率。我们可以把气球看成面向入射子弹的一个"靶面积";半径为 r 的气球为一个面积为 πr^2 的平面盘子。子弹击中气球的概率与这个面积成正比,这个面积称为"靶"的截面。

将这个概念引伸到估算中子与原子核相互作用概率的问题上。考虑一下,一个中子射入一块含一定原子核数的我们想定义它截面的材料中(图 1-3-1)。对于气球来讲,确定击中概率的那个截面简单地说是朝向子弹的物理靶面积。然而,中子可与原子核进行许多不同的反应,所以对于每种可能的反应,必定有不同的截面。那么反应截面就变成纯虚构的概念,引入这个概念是为了提供一个发生反应的"画面",并使人们能够定量地计算相对反应速率。

$$
\begin{array}{ccccccc}
R & = & \sigma & \cdot & I & \cdot & N_A \\
\left(\dfrac{\#}{cm^2 \cdot s}\right) & & (cm^2 \cdot s) & & \left(\dfrac{\#}{cm^2 \cdot s}\right) & & \left(\dfrac{\#}{cm^2 \cdot s}\right)
\end{array}
$$

式中,R 为核反应率;σ 为微观截面;I 为入射中子强度;N_A 为靶核单位面积的核子数。

对于任何特定的反应(如辐射俘获),再一次把每个原子核看作面向入射中子的某(平)靶面积。如果中子撞击这个靶面积,那么所考虑的特定反应将会发生;如果中子没有撞击这个靶面积,那么此反应将不会发生。与每个单独的原子核有关的截面称为微观截面。在各种中子能量情况下,不同靶核的恰当的微观截面的值必须通过对不同类型反应的反应速率的实验测量来确定。

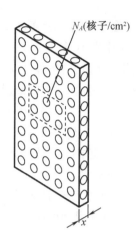

图 1 – 3 – 1 微观截面示意图

可以把每一种靶核看成具有许多不同截面,每种截面与特定反应(例如弹性散射、辐射俘获或裂变)的概率成正比。例如,当一个热中子碰击^{238}U 原子核时,发生弹性散射和辐射俘获的相对概率直接与图 1 – 3 – 2 中所示的两个截面面积成正比。

(a)辐射俘获截面   (b)弹性散射截面

图 1 – 3 – 2 ^{238}U 的截面

在所举的例子中,弹性散射截面约为辐射俘获截面的 3.7 倍,因为撞击^{238}U 原子核的热中子发生弹性散射的可能性是发生辐射俘获的 3.7 倍。对于具有不同动能的中子而言,这两个过程的截面也将不同,因为发生反应的概率随中子能量(或速度)而变化,即

$$\sigma = \frac{R/N_A}{I}$$

由于原子核的中子截面非常微小,要用叫作靶恩(b)的特殊单位来规定:

$$1\ b = 10^{-24}\ cm^2$$

例如,一个镉原子核对于热中子辐射俘获的截面为 $2.45 \times 10^{-21}\ cm^2$,或 2 450 b。这个截面约是该原子核物理截面面积(πr^2)的 1 800 倍,后者大约是 1.4 b(大多数原子核的物理截面面积都在 1 b 量级)。另一方面,对于某些反应来说,许多原子核的截面比其物理截面面积小得多。

σ 为微观截面的符号,加上适当的下标后含义如下:

σ_f——裂变截面;

σ_a——吸收截面;

$\sigma_{n,\gamma}$——辐射俘获截面；

σ_i——非弹性散射截面；

σ_e——弹性散射截面；

σ_s——总的散射截面。

对于热中子，σ_a通常等于辐射俘获截面，即$\sigma_{n,\gamma}$；在很少情况下，也可能发生裂变（$\sigma_f \neq 0$），σ_a应包括σ_f和$\sigma_{n,\gamma}$。因为在第二种情况下一个中子被吸收了，所以

$$\sigma_a = \sigma_f + \sigma_{n,\gamma} \qquad (1-3-1)$$

总的散射截面σ_s是弹性和非弹性散射截面之和。对于热中子，$\sigma_i = 0$，则σ_s简单地等于σ_e。

截面与中子能量密切相关。一般来说，在低能区时截面比在高能区时要大很多。这就是核反应堆中为何设置慢化剂的原因。表1-3-1列出燃料原子核的热中子截面。

表1-3-1 燃料原子核的热中子截面

核素	σ_f/b	$\sigma_{n,\gamma}/b$	σ_a/b	σ_s/b	ν	σ_f/σ_a
^{233}U	530.6	47	577.6	10.7	2.487	92%
^{235}U	580.2	98.3	678.5	17.6	2.43	86%
^{238}U	0	2.71	2.71	~10	0	——
天然铀	4.18	3.4	7.58	~10	——	55%
^{239}Pu	741.6	271.3	1 012.9	8.5	2.89	73%
^{241}Pu	1 007.3	368.1	1 375.4	12	2.934	73%

被^{235}U吸收的热中子中只有86%会引起裂变，这正好是σ_f/σ_a的份额。注意到：^{233}U给出每个被吸收中子引起裂变的最大的百分比（$\sigma_f/\sigma_a = 92\%$）。

天然铀的截面是对^{238}U（99.28%）和^{235}U（0.72%）的截面进行加权平均而获得的。由此吸收截面的计算如下：

$$\sigma_a（天然铀）= \frac{(99.28 \times 2.71) + (0.72 \times 678.5)}{100} b = 7.58 \ b$$

天然铀的这个数值是真正可用于虚拟"天然铀原子核"的数值，它的特性可通过对两种铀的同位素的截面进行适当加权处理来获得。天然铀的吸收截面$\sigma_a = 7.58 \ b$，等于它的裂变和辐射吸收截面之和（$\sigma_f = 4.18 \ b$，$\sigma_{n,\gamma} = 3.4 \ b$）。这就意味着，在天然铀中每吸收758个热中子，就有418个热中子将引起裂变（在^{235}U中），而剩下340个热中子将发生辐射俘获（在^{235}U或^{238}U中）。

1.3.2 宏观截面

给定原子核的微观截面告诉我们一个中子当它遇到该种原子核时引发每种可能反应的相对概率。要计算在反应堆里所存在的每种材料中发生各种反应的相对速率，我们还必须计及某体积中存在的这些材料的有关原子数。为此，引入一个叫作宏观截面的量，它将某材料的单个原子核的微观截面与所考虑区域中该材料的数量密度（即单位体积中的原子数）结合起来。

为探讨宏观截面这一概念,我们考虑反应堆的 1 cm³ 立方体以及飞过该立方体的中子(图 1-3-3)。我们将努力得出是什么因素确定了中子被该立方体中存在的某特定材料的原子核吸收的速率。

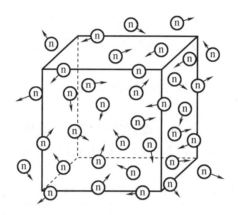

图 1-3-3 1 cm³ 立方体以及飞过该立方体的中子

先给下面的量下定义:

N——1 cm³ 体积中所考虑材料的原子核数(原子密度);

n——1 cm³ 体积中的中子数(中子密度);

v——中子穿越这个体积的速度(假定所有中子的速度是相等的);

σ_a——该材料的微观吸收截面,cm²。

中子被单位体积中该材料的原子核吸收的速率为

$$R = nvN\sigma_a \qquad (1-3-2)$$

吸收速率与此方程中其他四个量的比例看来是合理的,因为:

①n 越大,发生碰撞的中子越多;

②中子速度越大,在一定时间内被击中的原子核越多;

③靶原子核的数目(N)越大,被击中原子核越多;

④截面越大,中子碰撞的概率越大。

式(1-3-2)是通用的。例如,我们可用它计算单位体积中核裂变的速率,用 σ_f 取代 σ_a。量 N 和 σ(对于所研究的任何反应)是靶材料的两个特征。因此,它们往往结合在一起,告诉我们什么叫宏观截面,即

$$宏观截面 \ \Sigma = N\sigma \qquad (1-3-3)$$

请注意:微观截面与中子撞击一个单独原子核发生特定反应的概率有关;而宏观截面还考虑所研究材料的原子核数。

由于 σ 的单位为 cm²,而 N 的单位为 cm⁻³,因此 Σ 的单位为 cm²·cm⁻³ 或 cm⁻¹。下面研究天然铀的宏观吸收截面。由表 1-3-1 可知,它的微观吸收截面 σ_a 等于 7.58 b。需要的另一个量是在 1 cm³ 的该材料中铀原子核(即原子)的数量。其由下式给出:

$$N = \frac{0.602\ 2 \times 10^{24}}{A} D \qquad (1-3-4)$$

式中,D 为该物质的密度(g/cm³);A 为它的原子质量。

使用式(1-3-4),可得宏观吸收截面 Σ_a 为

$$\Sigma_a = \frac{0.602\ 2 \times 10^{24}}{A} D\sigma \qquad (1-3-5)$$

因此天然铀(几乎都是^{238}U,密度约为 19 g/cm^3)每立方厘米的原子核数为

$$N = \frac{0.602\ 2 \times 10^{24}}{238} \times 19 = 4.8 \times 10^{22} = 0.048 \times 10^{24}$$

所以宏观吸收截面为

$$\Sigma_a = N\sigma_a = 0.048 \times 10^{24} \frac{1}{cm^3} \times (7.58 \times 10^{-24}\ cm^2) = 0.36\ cm^{-1}$$

我们可对 CANDU 反应堆中使用的氧化铀燃料做类似的计算。UO$_2$的密度为 10.8 g/cm^3,而式(1-3-5)中所用的 A 值必须修正为[238 + (2×16)] =270,以考虑到每个 UO$_2$分子含有一个铀原子加两个氧原子。修正后 Σ_a 值变成 0.18 cm^{-1},氧化物燃料中热中子行程的平均距离变成 5.5 cm(大约 5 个芯块直径)。

想象用相当奇特的单位 cm^{-1} 表示宏观截面的物理意义比微观截面困难得多,后者只是一个简单的面积(虽然是一个人造的面积)。然而可以显示出,1/Σ_a 具有距离量纲,它确实具有很容易想象的意义:它等于一个中子在被材料吸收之前经过的路程的平均值(吸收平均自由程)。例如,在一块天然铀中飞行的热中子平均行进 1/0.36 =2.8 cm 距离后才被吸收。同样,宏观散射截面的倒数 1/Σ_s 等于一个中子散射碰撞所行进的平均距离。

当然,我们可以对吸收、裂变、辐射俘获、散射等各自的宏观截面下定义。在每种情况下,对于微观截面等于 σ 的特定类型,其单位体积中反应速率或每秒反应次数由下式给出:

$$R = nvN\sigma = nv\Sigma \qquad (1-3-6)$$

这个截面可用于热中子。

1.3.3　中子通量

式(1-3-2)可写成略为不同的形式:

$$R = \Phi\Sigma \qquad (1-3-7)$$

此处,设中子密度 n 和中子速度 v 的乘积等于一个新的量 Φ(中子通量,又称注量率),即

$$\Phi = nv \qquad (1-3-8)$$

用物理术语来说,Φ 这个量是 1 cm^3 中所有中子在 1 s 内行进的总距离,因为它是由 1 cm^3 中的中子数乘以每个中子行进的速度而得到的。注量率的单位是

$$\frac{中子数}{cm^3} \times \frac{cm}{s} 或中子数/(cm^2 \cdot s) 或 n/(cm^2 \cdot s)$$

虽然中子通量的表达式适用于任意中子能量,但最频繁的应用是热中子。中子通量的表达式应用于热中子时,Φ 称为热中子通量或热流量率。

为了解本节引入的一些概念的用途,下面研究某热注量率一定的典型 CANDU 反应堆所产生的总功率。

假设一个相当典型的燃料中的平均中子密度为每单位体积中有 3.3 亿个中子,即 $n = 3.3 \times 10^8$ cm^{-3}。为了求得热中子通量 Φ,必须将中子密度乘以热中子的平均速度,而热中子的平均速度为 2.2×10^5 cm/s。那么燃料中的平均热注量率为

$$\Phi = nv = 3.3 \times 10^8 \times 2.2 \times 10^5 = 7.3 \times 10^{13}\ n/(cm^2 \cdot s)$$

由于反应堆使用氧化铀燃料,氧化铀燃料的热中子的 Σ_a 等于 $0.18\ \mathrm{cm^{-1}}$,因此每立方厘米燃料中中子吸收速率为

$$\Phi\Sigma_a = 7.3\times10^{13}\times0.18 = 1.3\times10^{13}\text{吸收/s}$$

如果反应堆中燃料所占的体积(V)为 $9.3\times10^{6}\ \mathrm{cm^3}$,那么整个系统中总的中子吸收速率为

$$\Phi\Sigma_a V = 1.3\times10^{13}\times9.3\times10^{6} = 1.21\times10^{20}\text{吸收/s}$$

由表 1-3-1 可知,每 7.58 个被吸收中子中有 4.18 个会发生裂变。因此,总的裂变速率为

$$\frac{4.18}{7.58}\times1.21\times10^{20} = 6.7\times10^{19}\text{裂变/s}$$

3.1×10^{10} 裂变/s 将产生 1 W 功率。因此,对于这个反应堆,总功率为

$$\frac{6.7\times10^{19}}{3.1\times10^{10}} = 2.15\times10^{9}\ \mathrm{W} = 2\ 150\ \mathrm{MW}$$

堆芯中以裂变速率为基础的功率叫作中子功率。

1.3.4 微观截面随中子能量的变化

我们已提到过,一核素与中子相互作用的截面取决于中子的动能。一般来讲,低能中子的吸收截面要比高能中子的大,因为慢中子要花更多时间才能接近原子核,从而具有更多相互作用机会。然而,在某些情况下,在某一特定中子能量值时,截面急剧增大,得到一系列非常尖的峰值。图 1-3-4 所示为 $^{238}\mathrm{U}$ 的吸收截面随中子能量变化而产生的变化。在 5 eV～1 keV 的整个能量区域填满了一系列峰值,这些峰叫作共振吸收峰(实际有许多比图中所示峰值更大的峰值)。相应的中子能量叫作共振能。

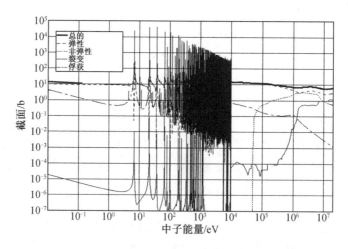

图 1-3-4 $^{238}\mathrm{U}$ 的吸收截面随中子能量变化而产生的变化

在峰值中央吸收截面非常高,以致具有精确能量的任何中子遇到铀燃料时,几乎必定被吸收。

为使这些数值的意义更容易想象,在图 1-3-5 中用饼图的形式说明 $^{235}\mathrm{U}$ 和天然铀的热中子截面。各种反应的相对概率与对应的"饼"的面积成正比。

天然铀截面是对 $^{238}\mathrm{U}(99.28\%)$ 和 $^{235}\mathrm{U}(0.72\%)$ 的截面进行加权平均而获得的。

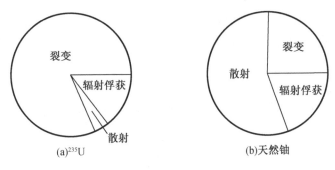

(a)^{235}U   (b)天然铀

图 1 - 3 - 5 ^{235}U 和天然铀的热中子截面

^{235}U 的吸收和裂变截面也呈现明显的共振结构,如图 1 - 3 - 6 所示(对于 σ_a)。^{238}U 和由^{238}U 中子俘获导致逐渐积累的重要同位素^{239}Pu,在几 eV 至几百 eV 能量区域内也呈现共振,但^{239}Pu 在约 0.3 eV,稍高于热能以上也有很强的共振(图 1 - 3 - 7)。

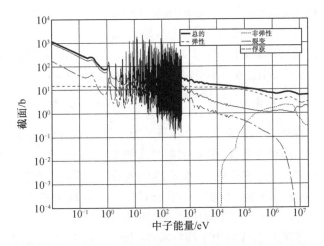

图 1 - 3 - 6 ^{235}U 吸收截面随中子能量变化而产生的变化

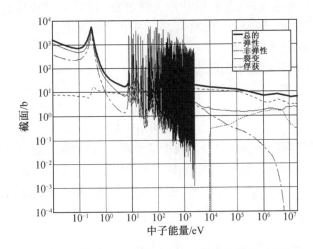

图 1 - 3 - 7 ^{239}Pu 吸收截面随中子能量变化而产生的变化

虽然所有截面并没有呈现出与铀同位素同样强的共振,但都不同程度地依赖于中子能量。当中子能量较低时,大多数吸收截面与中子速度成反比,即

$$\sigma_{a} \propto \frac{1}{v}$$

由于动能 $E = \frac{1}{2}mv^2$,v 与 $\sqrt{E}$ 成正比,那么此关系式也可写成

$$\sigma_{a} \propto \frac{1}{\sqrt{E}}$$

1.4　中子慢化和扩散

1.4.1　链式反应的维持

核动力反应堆的原理是裂变速率必须维持在稳定的水平,这个水平必须相当高,燃料在要求功率条件下,经过热传输系统到达汽轮机后,仍需维持在相对较高的温度上。CANDU－6 反应堆在满功率时的热功率约为 2 164 MW。单个裂变释放的平均能量约为 200 MeV(3.2×10^{-11} J)。因此满功率所需的裂变速率为

$$裂变速率 = \frac{2.164 \times 10^{9} \text{ J/s}}{3.2 \times 10^{-11} \text{ J/裂变}} = 7.0 \times 10^{19} 裂变/\text{s}$$

每发生一次裂变将释放约 2.5 个裂变中子。为了使裂变速率维持在一个恒定值,这些裂变中子中必须有一个继续生存下来,以引起再次裂变,其余的裂变中子因俘获(在燃料或其他反应堆材料中辐射俘获)或泄漏(从反应堆中逃逸)而损耗。在这些条件下,反应堆建立自持的链式反应,裂变总数从一代到另一代保持不变。在这种条件下运行的反应堆称为临界反应堆。请注意,反应堆可在任何功率水平下达到临界。

如果非裂变俘获或泄漏造成的中子损耗减少(如调节吸收体从反应堆中移出),那么会有更多的中子发生裂变。若每一代发生裂变的中子总数大于前一代发生裂变的中子总数,则这种链式反应称为发散反应,反应堆功率持续增加,这时的反应堆称作超临界反应堆。相反,如果中子损耗增加,使得每一代发生裂变的中子总数比前一代发生裂变的中子总数少,那么反应堆叫作次临界反应堆。

为用定量方法来阐述反应堆的状态,我们引入一个因子,叫作中子增殖系数(k),其定义如下:

$$k = \frac{新生一代中子数}{前一代中子数} \tag{1-4-1}$$

当然,对于临界的反应堆,k 等于 1。根据这个观点,我们应注意到:仅当源中子数,即自发裂变产生的光中子和中子,与裂变过程中产生的中子数相比可忽略不计时,k 定义才有效。目前,我们忽略了一些缓发裂变中子,把所有中子当作瞬发的来处理。

1.4.2　慢化剂

为减少中子从一代到另一代的损耗,我们必须把泄漏和辐射俘获造成的中子损耗降到最低。在后面的章节中我们将看到,减少泄漏造成的中子损耗的方法是简单地把反应堆建

造得足够大并具有合理的形状。减少辐射俘获造成的中子损耗,尤其对燃料中占有绝对比例的^{238}U来讲是一个比较复杂的问题。裂变产生的中子的平均能量约为2 MeV。它们在反应堆中到处碰撞,当与任何原子核发生非弹性和弹性碰撞时都会损耗能量。

由于^{235}U的裂变截面对于慢中子要比对于2 MeV能量中子大得多(对于0.025 eV能量中子,裂变截面为580 b,对于2 MeV能量中子,裂变截面为1 b),因此试图尽快慢化裂变中子来增加它们发生裂变的机会而不在其他过程中失去是合理的。最有效的做法是让中子与轻原子核如氢、氘或碳(石墨)碰撞。加到反应堆中的以慢化快中子为目的的材料叫作慢化剂。

然而,如果我们采用天然铀(^{238}U含量:99.28%,^{235}U含量:0.72%)作为燃料,那么简单地把慢化剂和燃料均匀混合是不够的。我们跟踪一下快裂变中子在反应堆慢化下来的过程,就明白了。当中子的能量仍很高时,发生辐射俘获的机会相当低,因为在高中子能量时,反应堆材料对这一反应的截面很小。然而,当它慢化下来到达约低于1 keV能量区域时,其开始进入前一节中提到的非常大的^{238}U共振区,如果天然铀与慢化剂均匀混合,中子在^{238}U共振区中被俘获的概率很大,以致存活的数目太少,用重水之外的任何慢化剂都不能使反应堆达到临界状态,即使用重水,回旋余地也太小了,以致无法进行实用反应堆的设计。

解决方法是使燃料"成块",即把它组合成棒束,用慢化剂区域隔离。这样可减少共振吸收,因为在共振区的吸收截面很大,以致从慢化剂出来并进入燃料棒束的具有共振区能量的中子,在还没有深入棒束前几乎全部被吸收,所以棒束内部区域的所有燃料可有效地与共振中子隔离。

"成块"的作用是减少燃料中暴露于共振区的中子的数量。使燃料"成块"的一个额外的但很小的优点是,一些快中子通过整个共振区时会慢化下来,届时它们仍在慢化剂中,且只有当它们的能量降到一定值时,才与燃料接触。

块状化降低了总的共振吸收,让更多的中子存活在低能量区,并且引起足够的裂变,以维持增殖系数大于或等于1。

1.4.3 慢化剂的性能

1. 平均对数能降

正如前文所述,非弹性散射在慢化中子方面相对不太重要。燃料中弹性散射是不重要的,因为中子在与重原子核碰撞时能量损失太小了。因此,中子能量损失的唯一重要机理是来自慢化剂原子核的弹性散射。

一种好的慢化剂必须具备两个基本性能:必须尽快地慢化快中子越过共振区;必须具有低的吸收截面,这样它才不会自己吸收维持链式反应所需的中子。首先让我们看一下第一个性能。

在弹性碰撞中,中子能量损失取决于靶原子核的质量和碰撞的角度。由于碰撞的角度总是随机的,我们不得不用统计的方法来处理这个问题。一种慢化剂慢化中子的有效性可以用每次碰撞的平均对数能量损失的量来表示,这个量用符号ξ表示。下列方程给出了平均对数能量损失的正式定义:

$$N_c\xi = \ln\frac{E_i}{E_f} \qquad (1-4-2)$$

式中, ξ 为平均对数能量损失; E_i 为裂变中子的初始能量(平均 2 MeV); E_f 为热中子的最终能量(室温下 0.025 eV); N_c 为把中子能量从某初始能量减小到最终能量所需的平均碰撞次数。

使用式(1-4-2)中 E_i 和 E_f 值可得到

$$N_c = \frac{18.2}{\xi} \tag{1-4-3}$$

由式(1-4-3)可以看出,散射核的质量与该中子本身的质量越接近,每次散射的平均能量损失就越大,并且把裂变中子慢化到热能所需平均碰撞次数越小。表 1-4-1 显示几种材料(包括常用的慢化剂)的平均对数能量损失值。

表 1-4-1　几种材料的平均对数能量损失值

材料	ξ	热化碰撞数
${}^1H^*$	1.000	18
${}^2H^*$	0.725	25
${}^4He^*$	0.425	43
${}^9Be$	0.206	83
${}^{12}C$	0.158	115
H_2O	0.927	20
D_2O	0.510	36
BeO	0.174	105

注: * 在标准温度和压力条件下。

我们可以建立这些 ξ 值与一次碰撞的平均能量损失百分比的关系。例如,对于重水来说,一个中子每次碰撞的平均动能损失的百分比是 40%;换言之,碰撞后的能量与碰撞前的能量的平均比值等于 0.6。由于 $(0.6)^{36}$ 等于 10^{-8},表 1-4-1 中列示的 36 次碰撞确实是把中子能量从 2 MeV 降到 0.025 eV 左右(10^{-8} 因子)所需的平均数。

图 1-4-1 说明了每次碰撞平均对数能量损失尽可能大的重要性。此处,我们把两种慢化剂的情况做一比较,其中一个具有较小的 ξ 值,另一个具有较大的 ξ 值。(为简便起见, ${}^{238}U$ 共振区已做平滑处理成为单次共振区)。在第一种情况下,很清楚地看到,中子要用很多时间通过共振区,而在第二种情况中,所用的时间减少了。因此,对于第二种慢化剂,能量处在共振区的中子碰撞 ${}^{238}U$ 的机会比较少。

2.慢化能力和慢化系数

对于慢化剂来说,使中子热化所需碰撞次数少是一个理想的性能,但前提是碰撞确实发生。这意味着慢化剂的宏观散射截面应当足够大,以增加碰撞的概率。因为

$$\Sigma_s = N\sigma_s \tag{1-4-4}$$

所以就排除了使用气体作为慢化剂,因为原子密度(N)太小,中子不能在合理的距离慢化下来。

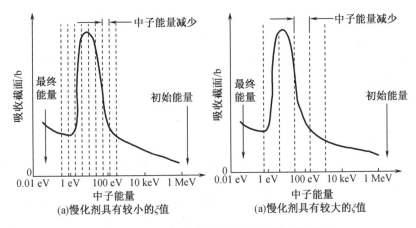

图 1-4-1 每次碰撞损失的中子能量份额

对于一个好的慢化剂,ξ 和 Σ_s 都应该大,材料慢化中子的总效率可用这两个量的乘积(慢化能力)来说明,即

$$慢化能力 = \xi\Sigma_s \qquad (1-4-5)$$

表 1-4-2 示出了固体和液体慢化剂的慢化能力,也示出了氦的慢化能力,以论证气体不适合作慢化剂。

表 1-4-2 慢化能力

慢化剂	ξ	$\Sigma_s/cm^{-1\,a}$	$\xi\Sigma_s$	Σ_a/cm^{-1}	$\xi\Sigma_s/\Sigma_a$
He[b]	0.425	2.1×10^{-5}	9.0×10^{-6}	很小	很大
Be	0.206	0.74	0.15	1.17×10^{-3}	128
C[c]	0.158	0.38	0.06	0.38×10^{-3}	158
BeO	0.174	0.69	0.12	0.68×10^{-3}	176
H_2O	0.927	1.47	1.36	2.20×10^{-2}	62
D_2O	0.510	0.35	0.18	$0.33 \times 10^{-4\,(d)}$	5 455[d]
D_2O	0.510	0.35	0.18	$0.88 \times 10^{-4\,(e)}$	2 045[e]
D_2O	0.510	0.35	0.18	$2.53 \times 10^{-4\,(f)}$	711[f]

注:(a)能量为 1~1 000 eV 的中子的平均值;(b)在标准温度和压力下;(c)适合反应堆的石墨;(d)100%纯 D_2O;(e)纯度为 99.75% 的 D_2O;(f)纯度为 99% 的 D_2O。

慢化剂不但在慢化中子过程中必须是有效的,而且它还必须具有小的俘获截面。显然,如果慢化剂的原子核本身俘获太多中子,那么慢化剂的作用就失效了。

慢化系数将慢化能力和宏观俘获截面结合起来,即

$$慢化系数 = \frac{\xi\Sigma_s}{\Sigma_a} \qquad (1-4-6)$$

慢化系数越高,越适合作慢化剂。由表 1-4-2 可知,重水是最好的慢化剂,所以被用于 CANDU 反应堆。重水的 Σ_a 值相当小,以致天然铀也能用在 UO_2 中。反之,用轻水慢化的反应堆则要求使用[235]U 同位素富集的铀。

用作慢化剂的物质必须非常纯净,因为它在反应堆中存在的量比其他材料都多。使用 D_2O 作为慢化剂需要注意的是要限制 H_2O 杂质的数量,使其降到最低的实用水平。D_2O 慢化剂的品质用一个叫作重水纯度的参数来说明,这个参数定义为某样品中 D_2O 的质量除以 D_2O 加上 H_2O 后的总质量。例如,如果在 20 g 的试样中有 19.6 g D_2O 和 0.4 g H_2O,则重水纯度(用百分比表示)应为

$$\frac{19.6}{19.6+0.4} \times 100\% = 98\%$$

CANDU 核电站中合适的重水纯度的可接受值为 99.5% 及以上。尽管参考值设在 99.75%,但有些核电厂运行值通常约为 99.9%。纯度大于或等于 99.75% 的重水叫作反应堆级重水。氢的吸收截面比氘的大得多,任何明显的慢化剂纯度等级变化都会对中子增殖系数产生显著的影响。图 1-4-2 显示了典型的 CANDU 反应堆中增殖系数随慢化剂重水纯度变化而产生的变化。

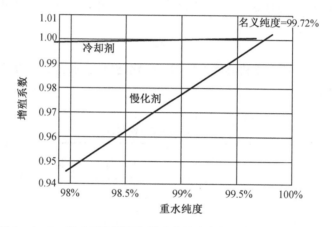

图 1-4-2 增殖系数随慢化剂重水纯度变化而产生的变化

1.4.4 k_∞ 因子随栅格间距的变化

CANDU 反应堆中相邻燃料通道之间的距离称为栅格间距。要了解栅格间距是如何选取的,首先应回顾一下中子是如何通过慢化剂的。中子与原子核碰撞生成裂变中子,裂变中子被燃料或其他材料吸收,这个过程叫作中子扩散。如图 1-4-3 所示,中子将沿着 Z 形路程行进,因为每次散射碰撞时它的运动方向随机改变。在大多数介质中,两次散射碰撞之间的路程为 1~3 cm(实际上中子绝不会相互碰撞,因为中子密度与介质的原子密度相比太小了)。

在图 1-4-3 中,在 A 点生成的裂变中子经几次碰撞而被慢化,并在 B 点达到热中子能级。在 CANDU 反应堆中,A 点与 B 点的平均距离约为 25 cm。然后中子作为热中子扩散到 C 点被吸收。B 点与 C 点的平均距离约为 40 cm。这里所引用的平均距离的值叫作"直线自由行程"距离,中子实际行走路径的总长度明显比其长。

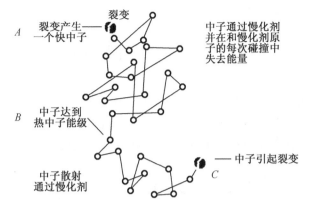

图 1-4-3　中子从生成到吸收的路径

栅格间距必须足够长,以便有充足的慢化剂完全地慢化中子并使^{238}U 共振吸收减至最小。中子增殖系数(k_∞)随栅格间距增大而产生的变化如图 1-4-4 所示。可以看到,在特定的栅格间距时 k_∞ 具有最大值,如果移向小一些的或大一些的栅格间距,k_∞ 值平稳地减小。如果把栅格间距增大到大于最佳值,那么 k_∞ 值将减小,因为中子在有机会被燃料吸收之前,部分已被多余的慢化剂吸收。在这种情况下,反应堆是过度慢化的。如果把栅格间距减小到小于最佳值,那么慢化剂太少,不能适当地慢化中子,在中子有机会变成热中子之前,它们中的许多中子在^{238}U 共振中已被吸收。这种情况下,反应堆是慢化不足的。

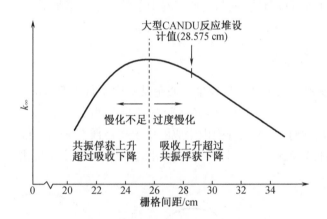

图 1-4-4　k_∞ 随栅格间距增大而产生的变化

所有大型的 CANDU 反应堆都是略为过度慢化的,以满足物理的而不是核的限制。压力管必须充分分开,使装卸料机能通向燃料通道任意一端的装配件;排管必须充分分开,留有水平的和垂直的空间安置控制机构导向管。由图 1-4-4 可知,反应堆少量过度慢化对中子增殖系数几乎没有影响,因为图中的 k_∞ 与栅格间距的关系曲线在最佳值附近十分平坦。

1.5　中子循环

在 CANDU 反应堆中,瞬发中子的寿命约为 0.001 s。在此期间,它将行进约 25 cm 同时慢化到热中子能级。一旦热化,它在被燃料吸收之前将扩散约 30 cm。裂变中子生成到被燃料吸收的时间叫作中子寿命。如果中子在燃料中没有被吸收,那么它必定在别处被吸收,或进入屏蔽层。

现在我们来分析一下中子所面临的每种可能的结局。

1.5.1　共振俘获

在 10 eV ~ 1 keV 能量范围,^{238}U 具有好几个极高的吸收峰,截面高达 6 000 b。实际上返回燃料的任何中子的峰值都将被吸收。

在 CANDU 反应堆中约 10% 的中子受到共振俘获。

1.5.2　泄漏

如果一个中子从生成到死亡行进约 40 cm 到达反应堆的边界,它可能会泄漏出去,不再返回。影响中子泄漏数目的因素有反应堆的尺寸、反应堆的形状和中子到达反应堆边界时发生的情况。设计者可调节这些因素,使泄漏中子的数量降至最低。

在反应堆中因泄漏造成的中子损失约为 2.5%。

1.5.3　尺寸和形状

图 1-5-1 所示为三个球形反应堆。假定某些中子行进 50 cm,在图 1-5-1(a) 所示的反应堆中任何位置生成的中子都有逃脱的可能。当我们把反应堆尺寸增加到如图 1-5-1(b) 所示尺寸时,在虚线圆圈内生成的中子在被俘获之前一般不会泄漏。当我们把反应堆尺寸再增加到如图 1-5-1(c) 所示尺寸时,泄漏掉的中子更少。

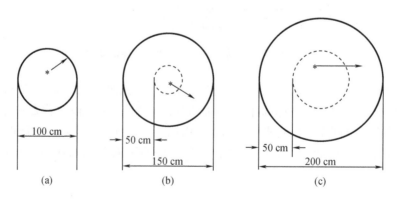

图 1-5-1　三个球形反应堆

关于反应堆形状可以做类似的推论:给定体积的燃料和慢化剂,球形的泄漏总是最小的。从工程观点来看,球形不是实用的形状。我们常使用底面直径略比高度大些的大致为圆柱形的反应堆。实际形状兼顾了工程和核的考虑。

1.5.4　反射层

影响泄漏的最后一个因素是当中子到达反应堆边界时发生的情况。如果我们用能把一些泄漏中子"弹回"反应堆的材料包围反应堆,就可以减少中子的泄漏。我们把这种包围材料叫作反射层。

重水是极好的反射层,被用在所有的反应堆中。反射层只不过是慢化剂的延伸,如图1-5-2所示。

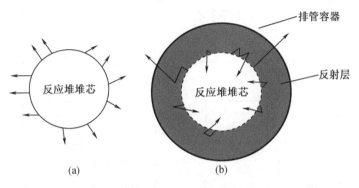

图1-5-2　反射层的位置

虚线与排管容器壳之间的区域用作反射层。

1.5.5　寄生吸收

被235U以外的其他材料所吸收的中子是不能发生裂变的,这种吸收被称为寄生吸收。中子可被下列任一材料吸收:
①燃料包壳材料;
②冷却剂、慢化剂和反射层材料;
③压力管和排管材料;
④堆芯内的导向管材料;
⑤各种棒和控制区域舱室材料。
上述材料共吸收约5%的中子,大部分是②和③项所为。

1.5.6　燃料的吸收

寄生吸收剩下的中子被燃料吸收,包括235U、238U、各种钚的同位素和各种裂变产物。大约50%被燃料吸收的中子只是发生了辐射俘获。剩下的50%引起235U和239Pu的裂变。

最终结果是燃料每吸收一个热中子,可得到1.2个快中子。

1.5.7　整个循环

在CANDU反应堆中大约有20%的中子会损失,不能回到燃料中。如果剩余中子中的一半产生裂变(即约40%),每次裂变平均产生2.5个中子,这将使中子总数恢复到100%。循环继续下去,可以通过调节一个或几个损耗机理,使中子数增加或减少。

在临界反应堆内,实际维持反应的中子经历了如图 1-5-3 所示的循环周期。

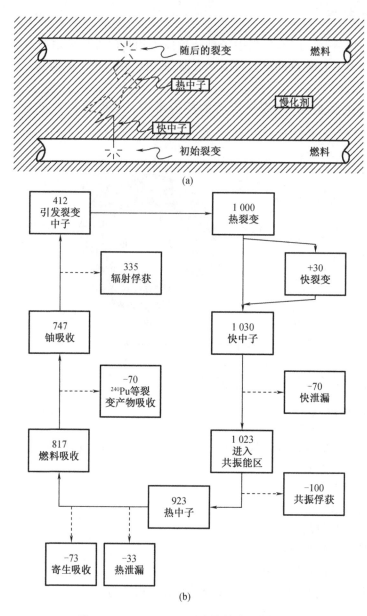

图 1-5-3　CANDU 反应堆的中子循环图

　　每次裂变平均产生 2.43 个快中子。对于临界反应堆,每次 ^{235}U 的裂变只有一个中子完成这一周期,所以中子数从一代到下一代是个常数(即 $k=1$)。其余的中子以各种方式损失掉了。了解这些中子是怎么损失的,是很关键的一点。由此我们可以知道如何设计反应堆来减少中子损耗,并知道如何来调节反应堆功率。弄清楚所发生情况的好办法是画一张典型 CANDU 反应堆的中子循环图,如图 1-5-3(b) 所示。为简单起见,假设堆芯唯一的裂变材料是 ^{235}U,对于新堆芯的寿期初,情况确实如此,这时, ^{239}Pu 还没在燃料中积累。开始有热裂变产生的 1 000 个快中子(图 1-5-3(b) 右上角),然后,我们沿着循环周期跟踪这些中子的命运。实线表示中子仍然对循环有贡献,虚线表示中子的损耗。

所发生的第一种情况是,增添了一些中子,因为裂变中子的能量足以使其中一些中子在^{238}U中引起快裂变,这发生在裂变中子慢化到快裂变阈能(1~2 MeV)以下之前。结果是30个左右的外加中子在此时进入循环。

于是,有1 030个中子开始了降低到热能范围的行程。

接下来,中子可能以两种方式脱离循环。第一种是快中子到达反应堆边界并泄漏,这种损耗不太重要。第二种是中子被^{238}U共振俘获。当中子到达热能区时,其中某些中子在燃料中被吸收,此时有若干热中子会从反应堆逃逸出来,而更多的热中子将被非燃料堆芯材料所吸收,比如慢化剂等。

扣除所有的损耗中子,剩下的中子可被燃料吸收。其中的一些中子在铀中被吸收,一些中子被裂变产物吸收,或被其他寄生吸收物所吸收,比如^{240}Pu。当然,并非所有被铀吸收的中子都引起裂变,因为有些中子只是发生了辐射俘获(在^{235}U或^{238}U中)。图1-5-3中显示的结果是原先1 000个裂变中子中只有412个在燃料中引起裂变。^{235}U的每次裂变平均产生2.43个裂变中子,因此,裂变将产生412×2.43=1 001个裂变中子(如果考虑到图1-5-3(b)所用数字引入的舍入误差,这个结果与开始时的中子数相同)。

1.6 燃耗和中毒

1.6.1 燃耗的定义

在新燃料堆芯里,^{235}U是唯一的裂变材料,它占天然铀的0.72%。随着反应堆的运行,^{235}U逐渐被消耗掉,反应性变小;裂变产物的积累使反应性中子进一步损耗,因为裂变产物对热中子有很大的吸收截面,不过裂变材料^{239}Pu的积累部分抵消了这种损耗,^{239}Pu是^{238}U俘获中子后产生的。燃料成分的逐渐改变造成以下三种重要影响:

①长期的反应性变化;
②反应堆动力学行为的变化;
③中子通量分布的变化。

通常用单位质量燃料所取得的能量、中子总辐照、等效满功率天来表示燃料的燃耗。

1. 单位质量燃料所取得的能量

每燃耗掉1 g ^{235}U,会产生近1 MW·d的热能,因此可用单位质量燃料所取得的能量来表示燃耗。这里,我们使用的单位是兆瓦时每千克铀(MW·h/kgU)。注意,这里的MW·h是核能,而不是电能。

2. 中子总辐照

裂变率是由单位体积$\Phi\Sigma_f$这个乘积给出的,因此燃耗率正比于中子通量。于是,在某个特定时间段的累积燃耗正比于通量和时间的乘积(Φt),这个乘积称为燃料的中子总辐照。中子总辐照的单位是

$$\Phi t \to (\text{中子}\cdot s)/(cm^2\cdot s)\to \text{中子}/cm^2 \text{ 或 } n/cm^2$$

这里把面积单位改成千巴恩(kb)。常用的扩充单位是中子每千巴恩:

$$1 \text{ kb} = 10^3 \text{ b} = 10^3\times10^{-24} \text{ cm}^2 = 10^{-21} \text{ cm}^2$$

n/kb和n/cm²之间的关系是

$$\Phi t = 1 \ \text{n/kb} = 1 \ \text{n/}10^{-21} \ \text{cm}^2 = 10^{21} \ \text{n/cm}^2$$

即在辐照期间穿过单位体积燃料的所有中子的累积径迹长。CANDU 反应堆的典型燃耗在 1.8 n/kb 左右。

对于新燃料堆芯，以上两种燃耗单位的近似换算关系是

$$1 \ \text{n/kb} = 100 \ \text{MW} \cdot \text{h/kgU}$$

3. 等效满功率天

表示燃耗还有一种方法，就是用等效满功率天（EFPD），即当以 MW·h/kgU 为单位时，要达到某个给定燃耗，反应堆必须以满功率运行的天数。对于满功率平均通量为 $10^{14} \ \text{n/}(\text{cm}^2 \cdot \text{s})$ 的 CANDU 反应堆，EFPD 与其他两种燃耗单位的关系可以用如下公式以合理的精确度给出：

$$10^{21} \ \text{n/cm}^2 = 1 \ \text{n/kb} = 100 \ \text{MW} \cdot \text{h/kgU} = 115 \ \text{EFPD}$$

1.6.2 ^{235}U 的燃耗率

乘积 $\Sigma_{a5}\Phi$ 等于 ^{235}U 因吸收中子在单位体积的损耗率。它可以表示成

$$\frac{\mathrm{d}N_5}{\mathrm{d}t} = -\Sigma_{a5}\Phi = -N_5\sigma_{a5}\Phi \tag{1-6-1}$$

式中，N_5 为特定时刻 ^{235}U 的每立方厘米核子数；σ_{a5} 为 ^{235}U 的微观吸收截面，以 cm^2 为单位；Φ 为中子通量，以 $\text{n/}(\text{cm}^2 \cdot \text{s})$ 为单位。

式（1-6-1）右边的负号说明 N_5 在减小。

式（1-6-1）显然与放射性衰变方程具有同样的形式：

$$\frac{\mathrm{d}N}{\mathrm{d}t} = \lambda N$$

这里，等价于衰变常数 λ 的量是乘积 $\sigma_{a5}\Phi$。

于是

$$N_5(t) = N_{50}\mathrm{e}^{-\sigma_{a5}\Phi t} \tag{1-6-2}$$

这里，N_{50} 是 $t=0$ 时，^{235}U 的每立方厘米的核子数。

因此，^{235}U 的核密度以负指数型规律下降，如图 1-6-1 所示。

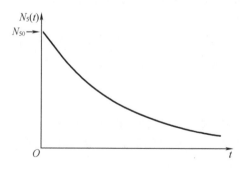

图 1-6-1 ^{235}U 核密度以负指数型规律下降

1.6.3 ^{239}Pu 的积累率

^{238}U 俘获中子后,再经过两次连续的 β 衰变,就形成了^{239}Pu,^{239}Pu 在单位体积的形成率等于^{238}U 的俘获率,即 $N_8\sigma_{a8}\Phi$。

此处 N_8 是^{238}U 的每立方厘米核子数(实质上,它保持为常数,因为相对于它的核密度,^{238}U 的燃耗率很小;σ_{a8} 是^{238}U 的吸收截面,仅为 2.7 b)。

所形成的^{239}Pu 又以两种方式消耗掉:

①吸收中子(引起裂变或产生^{240}Pu);

②衰变(^{239}Pu 能发射 α 粒子)。

在动力堆的通量特性下,^{239}Pu 的中子吸收率远大于它的放射性衰变率,因此放射性衰变可忽略不计。

^{239}Pu 的损耗率(原子/(cm^3·s))等于 $N_9\sigma_{a9}\Phi$。

每立方米、每秒^{239}Pu 核密度的净变化为

$$\frac{dN_9}{dt} = N_8\sigma_{a8}\Phi - N_9\sigma_{a9}\Phi \tag{1-6-3}$$

这个方程的解是

$$N_9(t) = \frac{N_8\sigma_{a8}}{\sigma_{a9}}(1 - e^{-\sigma_{a9}\Phi t})$$

由此可知,^{239}Pu 核密度的积累方式如图 1-6-2 所示。初始时,积累率比较快,因为式(1-6-3)右边第二项很小。随着 N_9 的增大,第二项也积累起来,于是^{239}Pu 的增长率开始变小。最后,第二项等于第一项(常数项),而 dN/dt 减小为零。一旦出现这种情形,N_9 将保持不变,其值称为平衡值 $N_{9(eq)}$。在式(1-6-3)中取 $dN_9/dt=0$,或在式(1-6-3)中取 $t=\infty$,可以求出这一平衡值。平衡值为

$$N_{9(eq)} = \frac{N_8\sigma_{a8}}{\sigma_{a9}} \tag{1-6-4}$$

而式(1-6-4)可以改写成

$$N_9 = N_{9(eq)}(1 - e^{-\sigma_{a9}\Phi t}) \tag{1-6-5}$$

其中的 $N_{9(eq)}$ 由式(1-6-4)给出。

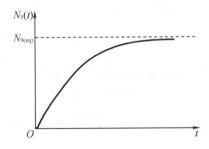

图 1-6-2 ^{239}Pu 核密度的积累方式

注意,将 $\sigma_{a8}=2.7$ b 和 $\sigma_{a9}=1\,013$ b 代入式(1-6-4),给出 $N_{9(eq)}/N_8=0.27\%$。可以将这个值与初始时^{235}U 的份额 0.72% 相比较。实际上,早在^{239}Pu 达到平衡值之前就有必要

开始进行堆芯换料。

前面指出过,^{239}Pu 吸收部分中子(约 27%)产生^{240}Pu,^{240}Pu 不是裂变材料,对热中子有相当大的吸收截面(290 b)。当燃料中积累到显著数量的^{239}Pu 时,^{240}Pu 也开始出现。虽然从原则上讲,^{240}Pu 最终也会达到一个平衡值,但实际的燃料辐照时间与平衡时间相比却短得多。^{240}Pu 是一种毒物,它随着燃料的燃耗,以稳定的速率递增。但是,^{240}Pu 也有一种有用的特性:^{240}Pu 俘获中子产生^{241}Pu,^{241}Pu 是一种裂变材料,性质上类似于^{239}Pu。这只能少量补偿反应性的总损耗,因为在典型的燃料辐照时间内只能产生少量的^{241}Pu。

1.6.4 反应性随燃料燃耗的变化

图 1-6-3 为^{235}U、^{239}Pu 和^{241}Pu 这些裂变同位素核密度随燃料燃耗变化的曲线。同样的数据在表 1-6-1 中也给出了,这里用两种燃耗单位给出(这两种单位并不是严格线性依赖的,因为从燃料中可取得的能量与中子辐照之比随着燃料成分的改变而略有变化)。图 1-6-3 给出了 PLGS、Pickering 和 Bruce 三种反应堆的出口辐照量的近似值。Bruce 反应堆能达到较高的燃耗,这是因为它不使用调节棒来展平通量,因此没有受到与此有关的反应性损失。然而,Bruce 外圈堆芯的燃料燃耗与 Bruce 内圈堆芯的燃料燃耗相比有很大差异,因为 Bruce 外圈堆芯使用了精细的分区换料以取代调节棒做通量展平。

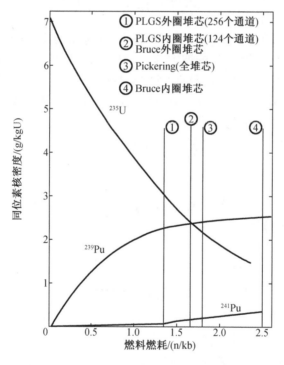

图 1-6-3 裂变同位素核密度随燃料燃耗变化的曲线

表 1-6-1 裂变同位素核密度随燃料燃耗变化数据

燃料燃耗 /(n/kb)	^{235}U 核密度 /(g/kgU)	^{239}Pu 核密度 /(g/kgU)	^{241}Pu 核密度 /(g/kgU)
0	8.20	0	0
0.2	6.37	0.60	0.002
0.4	5.62	1.10	0.009
0.6	4.90	1.48	0.025
0.8	4.30	1.77	0.049
1.0	3.76	1.98	0.078
1.2	3.32	2.14	0.107
1.4	2.90	2.25	0.145
1.6	2.56	2.33	0.177
1.8	2.26	2.39	0.211
2.0	1.98	2.43	0.245
2.2	1.74	2.46	0.278
2.4	1.54	2.48	0.309
2.6	1.35	2.49	0.338
2.8	1.18	2.50	0.366
3.0	1.03	2.50	0.393

注:严格来讲,本表给出的值适用于 Pickering 反应堆,有时也适用于所有天然铀、D_2O 慢化剂的反应堆。

图 1-6-4 所示为反应性随辐照变化的曲线。初始时,如同复合曲线($^{235}U + ^{239}Pu$)所指出的,^{239}Pu 的正贡献超过了 ^{235}U 燃耗的负贡献,因此总效果是反应性增大。虽然每消耗掉 10 个 ^{235}U 原子只产生出 8 个 ^{239}Pu 原子,但是较大的 ^{239}Pu 裂变截面足以弥补 ^{235}U 的不断消耗。最终,^{239}Pu 趋向于其平衡浓度,^{239}Pu 的积累率下跌(^{239}Pu 在反应堆内停留时间不够长,不能非常接近于其平衡浓度)。^{239}Pu 产量下降意味着不能再补偿 ^{235}U 的不断消耗,于是曲线就反过来了。

图 1-6-4 中显示了由于 ^{240}Pu 的出现而导致的反应性稳步下降,而裂变材料 ^{241}Pu 的积累只部分弥补了这种下降。吸收中子的裂变产物造成负的反应性,这些裂变产物随辐照的加深而不断积累。注意,图 1-6-4 没有考虑强吸收的裂变产物氙-135 的影响。氙极其重要,在短时间内它能剧烈影响反应性。

任何指定裂变产物的积累率都依赖于吸收截面的大小。经过类似于 3.3 节关于 ^{239}Pu 的推理,我们可以看到,每种裂变产物都会趋向于其平衡浓度,趋向的速率依赖于吸收截面。吸收截面大的裂变产物较快达到平衡浓度;图 1-6-4 裂变产物反应性曲线的初始部分较陡,原因就在于此,特别是 ^{149}Sm(吸收截面为 42 000 b)。裂变产物反应性长期变化的原因是弱吸收体的积累。

所有这些贡献的总效果在图 1-6-4 中以"总的"曲线给出。起初的下跌(持续几天)是由于 ^{149}Sm 积累造成的优势效果。一旦 ^{149}Sm 达到了平衡浓度,^{235}U 和 ^{239}Pu 的净总贡献将使反应性变化保持为正,直到约 1 n/kb 的辐照量。超过这一辐照量,反应性将减少,因为[235]U 继续消耗,[239]Pu 接近于平衡浓度而增长率下降,并且裂变产物和[240]Pu 在燃料中平稳积累。[241]Pu 降低了反应性的损失率,但是不能逆转趋势。因此,在某个时刻,有必要用新燃料替换已经过燃耗的燃料。

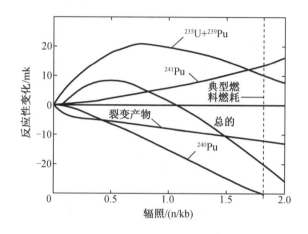

图 1-6-4   反应性随燃耗变化的曲线

还可采用另一种方法来观察燃料棒束因中子辐照而发生反应的情况,也就是观察随着燃料燃耗的变化 k_∞ 是怎样变化的。图 1-6-5 给出了四因子参数、k_∞ 和 k 随燃料燃耗的变化。首先应指出,快裂变因子(ε)和逃脱共振概率(p)没有什么可引起注意的变化。这是意料之中的,因为这两个因子由燃料中的[238]U 量决定,而[238]U 的百分比变化很小([238]U 构成了约 99% 的燃料,不管这种燃料是否被辐照过)。

最重要的变化在于再生因子(η),有

$$\eta = v\,\frac{\Sigma_f(燃料)}{\Sigma_a(燃料)}$$

η 在起始处有剧烈下跌,这是由于裂变产物[149]Sm 的积累,在反应堆运行的开始几天,[149]Sm 积累到它的平衡值。因为"燃料"的定义包括了燃料棒内的所有材料,而[149]Sm 的热截面高达 4.2×10^4 b,它显著增大了燃料棒束的吸收截面而没有影响裂变截面。然后,η 的值逐渐增大,因为[239]Pu 起初的积累能弥补[235]U 的燃耗而有余。当 η 达到峰值之后,因[235]U 继续消耗,[239]Pu 的增长变慢,[240]Pu 和裂变产物的积累,η 再次下降(图中未考虑[135]Xe 的影响)。

热利用因子(f)略有增加,原因在于燃料的吸收相对于堆芯结构材料的吸收有增加。(注意,[239]Pu、[240]Pu、[241]Pu 和裂变产物的积累都导致燃料吸收的增加。)

图 1-6-5 也显示了 k_∞ 和 k 的变化。这两种曲线形状的变化类似于 η 的变化曲线。辐照不会对不泄漏因子有多少改变,因此 k 曲线几乎等同于 k_∞ 曲线,只是 k 曲线向下移了约 30 mk。

辐照对 k 的长期影响是逐渐减小,反应堆最终将耗尽其反应性,因此我们必须开始更换燃料。通常,我们的目标是使反应堆在满功率下运行,带有少量备用的正反应性(通常约 5 mk),这是压氙能力以外的余量。图 1-6-6 显示了在这种目标水平之上的"过剩反应性"(实践中,这种过剩反应性是由慢化剂内适量的毒物所控制的)。

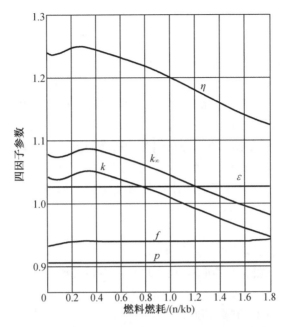

图 1-6-5 四因子参数、k_∞ 和 k 随燃料燃耗的变化

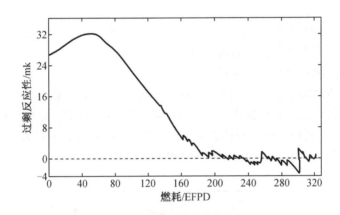

图 1-6-6 反应性作为燃耗的函数

图 1-6-6 中显示出,要维持目标反应性,在约 180 EFPD 之后要开始换料。此后,反应堆处于平衡燃耗工况(我们称此前的状态为新燃料工况)。这时,每天都要换料(一天 8~18 个棒束),增加反应性的速率等于燃耗损失率。从反应堆所卸出燃料的平均燃耗高于图1-6-6 所预计的,因为图中引用的堆芯假设为均匀燃耗,而实际反应堆包含辐照深度各不相同的燃料棒束。其中一些棒束(快要卸出的那些)的辐照深度明显大于"均匀堆芯"计算所允许的值,但是它们引起的反应性"赤字"将由辐照量低于平均值的棒束来弥补。

1.6.5 燃耗对反应堆动力学的影响

当 ^{235}U 燃耗、^{239}Pu 积累时,缓发中子总份额的变化将对反应堆动力学产生主要影响。^{235}U 的缓发中子份额(β)是 0.006 5,而 ^{239}Pu 的缓发中子份额只有 0.002 1。因此,随着燃料成分的改变,有效缓发中子份额将逐渐变小。这将直接影响反应堆对反应性变化的响应速度。

1.6.6 燃料管理

换料工程师要确保尽可能采用最佳燃料循环。总目标是要以最低的燃料费用保持最大的反应堆功率输出,同时要避免燃料的超标使用,并避免功率分布出现明显的不对称。

现在有多种计算机程序能跟踪棒束在堆芯的历史。比如,这些程序能够求出预计的轴向、径向功率分布,每个棒束在堆芯的燃耗,以及可获得的过剩反应性。要校验这些程序计算的正确性,可以把程序求出的功率分布同各种通道的流速和温升(ΔT)所得到的分布相比较。如果存在较大歧离,那么就要修改程序的物理参数,直到理论和实际结果充分符合。

换料工程师借助这一类程序的输出结果来决定哪些通道要换料,以及什么时候换料。换料时必须考虑以下几个方面:

①卸出燃耗最深的燃料;

②每个通道换料都要有大的反应性增益;

③如果可能有必要做降功率处理,在高功率区不要换料;

④保持对称性;

⑤每个液体控制区的换料数相同;

⑥从反应堆的两端交替换料;

⑦对邻近通道的影响;

⑧实验棒束的特殊需求;

⑨优先对已知有失效燃料的通道换料;

⑩保持对事故保护停堆的安全裕度。

只要对某个通道换了料,下一次运行计算机程序时就必须输入其棒束位置的对应变化。如果反应堆轴向通量分布相当平直,以所谓的8或10棒束轮流倒料可能比较便利。图1-6-7显示了8棒束轮流倒料时棒束位置的变化。8棒束轮流倒料有一个明显的优点:位置的移动能使最外区棒束的中子总辐照趋于相同。

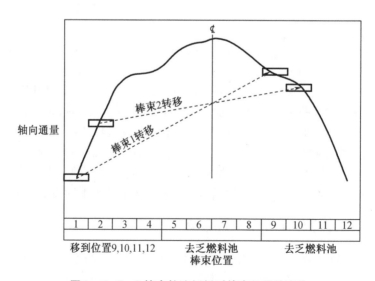

图1-6-7 8棒束轮流倒料时棒束位置的变化

1.6.7 ^{135}Xe 反应性影响

所有的裂变产物都可以归类为反应堆毒物,因为它们在某种程度上都吸收中子。大多数裂变产物只是随着燃料的燃耗而缓慢积累,并且长期影响反应性。^{135}Xe 和^{149}Sm 作为裂变产物或裂变产物的子核,吸收截面大,产量高。^{135}Xe 的微观吸收截面是 3.5×10^6 b,占总裂变产物产额的 66%,^{149}Sm 的微观吸收截面是 42 000 b,占总裂变产物产额的 1.4%。在这两种毒物中,^{135}Xe 更为重要。下面介绍随着反应堆的运行^{135}Xe 的积累方式。

^{135}Xe(通常简称为氙)在燃料中以两种方式产生:

①直接来自裂变。裂变产物总量中约 0.3% 是^{135}Xe。

②间接来自^{135}I 的衰变。^{135}I 或是直接的裂变产物,或由裂变产物^{135}Te 衰变产生,衰变链如下:

$$^{135}_{52}\text{Te} \xrightarrow[T_{1/2}=11 \text{ s}]{\beta,\gamma} {}^{135}_{53}\text{I} \xrightarrow[T_{1/2}=6.7 \text{ h}]{\beta,\gamma} {}^{135}_{54}\text{Xe} \xrightarrow[T_{1/2}=9.2 \text{ h}]{\beta,\gamma} {}^{135}_{55}\text{Cs}$$

^{135}Xe 的吸收截面与中子能量的关系如图 1-6-8 所示。

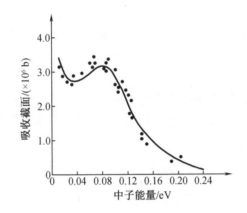

图 1-6-8 ^{135}Xe 的吸收截面与中子能量的关系

^{135}Te 和^{135}I 占裂变产物总量的 6.3%,由于^{135}Te 的半衰期短,因此通常认为这 6.3% 的裂变产物全部为^{135}I。

现在来推导方程式,描述带功率时^{135}I 和^{135}Xe 在反应堆的积累如图 1-6-9 所示,其中,描述这两种同位素的产生率和消失率的各项都在图中标注了。产生率依赖于单位体积的裂变率,这由乘积 $\Sigma_f \Phi$ 给出,Σ_f 是宏观裂变截面,Φ 是热中子平均通量。

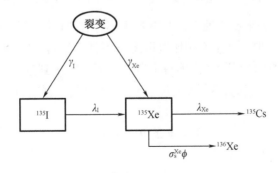

图 1-6-9 ^{135}I、^{135}Xe 的产生率和消失率

1. ^{135}I

^{135}I 来自裂变的单位体积产生率 $= \gamma_I \Sigma_f \Phi$，其中 γ_I（$\gamma_I = 0.063$）是 ^{135}I 的裂变产物份额（即导致 ^{135}I 裂变的分数）。

N_I 是 ^{135}I 的每立方厘米原子密度（浓度）。

^{135}I 消失的另一种可能原因是 ^{135}I 由辐射俘获而燃耗掉，即

$$^{135}\text{I 的燃耗率} = \sigma_a^I N_I \Phi$$

式中，σ_a^I 是 ^{135}I 对热中子的微观吸收截面。实际上，σ_a^I 很小（7 b），所以相对于辐射衰变，此时 ^{135}I 的燃耗可以忽略不计。

任意时刻，碘浓度的净变化率 $\left(\dfrac{\mathrm{d}}{\mathrm{d}t}(N_I) \right)$ 是碘同位素的产生率（$\gamma_I \Sigma_f \Phi$）减去碘同位素的消失率（$\lambda_I N_I$），即

$$\frac{\mathrm{d}}{\mathrm{d}t}(N_I) = \gamma_I \Sigma_f \Phi - \lambda_I N_I \tag{1-6-6}$$

2. ^{135}Xe

^{135}Xe 既直接作为裂变产物而产生，又可以是碘衰变的结果，它有两个产生项：

①^{135}Xe 来自裂变的单位体积产生率（$\gamma_{Xe} \Sigma_f \Phi$），其中 γ_{Xe}（$\gamma_{Xe} = 0.003$）是 ^{135}Xe 的裂变产物份额。

②^{135}Xe 来自 ^{135}I 衰变的单位体积产生率（$\lambda_I N_I$）。

这里，必须考虑两种损失源。对于 ^{135}Xe 来讲，燃耗和衰变都是其重要的移出过程。^{135}Xe 的衰变是

$$^{135}_{54}\text{Xe} \xrightarrow[T_{1/2} = 9.2 \text{ h}]{\beta, \gamma} {}^{135}_{55}\text{Cs}$$

单位体积损失项是

$$^{135}\text{Xe 的衰变率} = \lambda_{Xe} N_{Xe}$$

$$^{135}\text{Xe 的燃耗率} = \sigma_a^{Xe} N_{Xe} \Phi$$

这里 N_{Xe} 是 ^{135}Xe 的每立方厘米原子密度（浓度），而衰变常数 $\lambda_{Xe} = 2.09 \times 10^{-5}/\text{s}$。与 ^{135}Xe 的截面相比较，因中子俘获而形成的 ^{136}Xe 的截面，还有 ^{135}Xe 衰变产生的 ^{135}Cs 截面，都可以忽略不计。

因此，氙浓度的净变化率方程为

$$\frac{\mathrm{d}}{\mathrm{d}t}(N_{Xe}) = (\gamma_{Xe} \Sigma_f \Phi + \lambda_I N_I) - (\lambda_{Xe} N_{Xe} + \sigma_a^{Xe} N_{Xe} \Phi) \tag{1-6-7}$$

根据式（1-6-7），如果反应堆启动时燃料中不存在 ^{135}I，那么 ^{135}I 初始时以适当的速率开始积累，因为右边第二项与产生率相比可以忽略不计。但是，随着时间的推移，N_I 逐渐增大，$\lambda_I N_I$ 也增大，因而碘的净增长率开始下降。最终，N_I 达到这样一个值，使得 $\lambda_I N_I = \gamma_I \Sigma_f \Phi$，净增长率变成零。这时，称 ^{135}I 浓度达到了平衡值。在这种条件下，式（1-6-7）变为

$$0 = \gamma_I \Sigma_f \Phi - \lambda_I N_{Ieq}$$

式中，N_{Ieq} 是 ^{135}I 的平衡浓度。于是

$$N_{Ieq} = \frac{\gamma_I \Sigma_f \Phi}{\lambda_I} \tag{1-6-8}$$

^{135}I 作为时间函数的积累量表示式是

$$N_I = N_{Ieq}(1 - e^{\lambda_I t})$$

反应堆运行 40 h 后，^{135}I 浓度要达到平衡值范围，这里允许有 2% 的差值。注意，式 (1-6-8) 给出了 ^{135}I 的平衡浓度，它正比于热中子通量 Φ。

氙的积累过程比碘的积累过程复杂，在平衡点，仍然有

$$\frac{d}{dt}(N_{Xe}) = 0$$

因为这时氙的产生率等于氙的消失率。由于 ^{135}I 的积累比 ^{135}Xe 要快一些，因此此时 ^{135}Xe 浓度也达到了平衡值。所以，可以用式 (1-5-8) 右边的表示式代替式 (1-6-7) 中的 N_I，得到

$$\gamma_{Xe} \Sigma_f \Phi + \gamma_I \Sigma_f \Phi = \lambda_{Xe} N_{Xe} + \sigma_a^{Xe} N_{Xe} \Phi$$

经过整理，^{135}Xe 的平衡浓度是

$$N_{Xeeq} = \frac{\gamma_{Xe} + \gamma_I}{\lambda_{Xe} + \sigma_a^{Xe}\Phi} \Sigma_f \Phi \qquad (1-6-9)$$

图 1-6-10 显示了 ^{135}Xe 的积累过程。与 ^{135}I 一样，^{135}Xe 浓度也在反应堆运行 40 h 后达到平衡值范围，这里允许有 2% 的差值。前面指出过，^{135}I 的平衡浓度正比于功率水平，不过，对于大型 CANDU 反应堆，^{135}Xe 的平衡浓度在 50% ~ 100% 满功率范围内随功率变化不明显，观察式 (1-6-9) 就可以知道这一点。对于 CANDU 反应堆，取典型满功率通量 $\Phi = 7.0 \times 10^{13}$ n/(cm$^2 \cdot$ s)，式 (1-6-9) 分母两项的大小分别是

$$\lambda_{Xe} = 2.09 \times 10^{-5}\ \text{s}^{-1}$$

$$\sigma_a^{Xe}\Phi = 3.5 \times 10^6 \times 10^{-24} \times 7 \times 10^{13} = 24.5 \times 10^{-5}\ \text{s}^{-1}$$

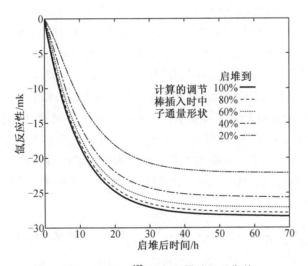

图 1-6-10　^{135}Xe 积累量趋于平衡值

当通量接近于正常运行值时，上面第一项相对于第二项可以忽略，于是有

$$N_{Xeeq} = \frac{(\gamma_{Xe} + \gamma_I)\Sigma_f \Phi}{\sigma_a^{Xe}\Phi} = \frac{(\gamma_{Xe} + \gamma_I)\Sigma_f}{\sigma_a^{Xe}}$$

消去通量项 Φ 后，^{135}Xe 的平衡浓度与功率水平相对独立，至少在 50% ~ 100% 满功率

范围是这样的。

3. 氙的反应性影响

氙有极强的射线吸收能力,它的积累在堆芯产生了巨大的负反应性。氙的反应性价值称为氙负荷(Δk_{Xe})。氙负荷正比于氙浓度。图1-6-11所示为氙负荷随反应堆(稳定)功率的变化情况。与平衡氙相关联的反应性在功率处于50%满功率以上时改变不明显,对于满功率运行的大型CANDU反应堆,平衡氙的反应性价值近似为-28 mk。

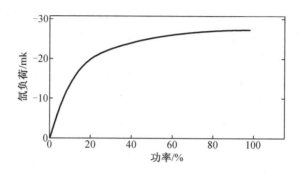

图1-6-11 氙负荷随反应堆(稳定)功率的变化情况

通常还把碘浓度表示成以mk为单位的碘负荷。倘若所有现有的碘突然都变成了氙,这时对反应堆所置入的反应性称为碘负荷。对于这种情况要小心,并且要懂得我们所谈的并非真实存在于系统的反应性,而只是一种潜在的反应性,它只可能发生于所有的碘由于某种原因全部转换成氙的情形。碘负荷的典型值约为-320 mk。

4. 瞬态氙的形状

通过把反应堆设计成具有足够的正反应性,以克服由氙引起的负反应性。这意味着没有氙出现的时候,系统必定存在很大的潜在过剩反应性。没有氙的情形可以是反应堆启动运行之前,或是长期停堆之后(这时氙已经衰变掉了)。我们必须抵消这种过剩反应性。最常用的做法是把中子毒物(硼或钆)溶解到慢化剂中;当启动了反应堆时,氙开始积累,这时再把溶解毒物去除。启动时把毒物加入慢化剂的做法称为氙模拟。

用上面提出的办法可以处理平衡氙,不过又产生下一个问题:反应堆带功率运行后停堆时,氙反应性实际上迅速上升,并经过一个峰值时期(两天左右)。为了弄明白这是怎样发生的,再回头看式(1-6-7),它描述了氙浓度作为时间的函数是如何变化的。在式(1-6-7)右边各项的下面指出其相对大小,数值针对一个CANDU反应堆,这个堆以满功率稳定运行了足够长时间,已建立平衡状态,即

$$\frac{\mathrm{d}}{\mathrm{d}t}(N_{Xe}) = (\gamma_{Xe}\Sigma_f\Phi + \lambda_I N_I) - (\lambda_{Xe}N_{Xe} + \sigma_a^{Xe}N_{Xe}\Phi)$$

$$5\%95\%10\%90\%$$

可以看两个产生项,容易说明来自碘衰变的氙产生率比氙作为裂变产物直接产生的速率要大得多。由式(1-6-8)可知,第二个产生项为$\gamma_I\Sigma_f\Phi$,因而两个产生项之比就是γ_I/γ_{Xe},也就是95%与5%之比。对于损失项,已经确定了在满功率条件下因子λ_{Xe}仅为因子$\sigma_a^{Xe}\Phi$的十分之一。所以,中子俘获时氙的燃耗约占氙损失的90%,而氙本身的辐射衰变仅占氙损失的10%左右。

现在考虑反应堆满功率运行了足够长时间之后再停堆,将会出现什么情况。这时,通量 Φ 在 1 min 左右跌落到接近于零值,因此氙的产生率下跌5%,初始时它的总产生率保持在稳态值的95%。但是,在损失项方面,由于燃耗跌落到零值,氙总移出量的90%没有了,只剩下辐射衰变项。于是,停堆后的即刻,移出率下跌到稳态值的10%,而产生量仍然以稳态产生率的95%发生。后果就是氙浓度开始相当快速地上升,如图 1 - 6 - 12 所示。但是这不会无限继续下去,因为堆芯内的碘含量是有限的,反应堆一停堆就不会产生更多的碘。因而,氙在停堆约 10 h 后达到峰值,此后随着碘的衰变而逐渐减少,因为氙是由碘提供的。

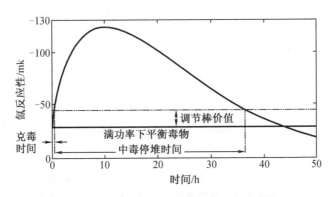

图 1 - 6 - 12　CANDU 反应堆的氙反应性瞬态

停堆后的氙产生率正比于碘的平衡浓度,碘的平衡浓度又正比于停堆前的通量,因此氙负荷的峰值高度强烈依赖于通量水平。这样,一方面,Pickering 和 Bruce 反应堆的氙峰值约高于平衡值80 mk;而另一方面,核电研究(NPD)反应堆的通量较低,它的氙峰值仅高于平衡值约 22 mk,它的平衡值与大堆的值没有太大差异。CANDU 反应堆的满功率通量比 Pickering 反应堆的通量值要大一些,所以图 1 - 6 - 12 显示的峰值比平衡值高约 100 mk。

事故保护停堆后的氙负荷上升率也是停堆前平衡状态的函数。对于 CANDU 反应堆的满功率事故保护停堆,这种上升率的典型值为 24 mk/h 左右。如果反应堆最大可获得反应性为 15 mk,那么必须在 30 min 内使反应堆回到高功率状态(30 min 是克毒时间),来燃耗掉 Xe(通过增大中子吸收),否则,反应堆不可能再次启动,直到氙瞬态经过了峰值并衰减下来,这种情况称为反应堆中毒停堆,中毒停堆时间可高达 38 h。

为压制氙(压氙)提供所需正反应性的最常见方法是提出调节棒,这些棒在正常情况下都在堆芯内。使用调节棒所付出的代价是减小了可达到的燃料燃耗深度。所以,这促使人们要把与调节棒关联的反应性保持在最小必需限度。实践中,通常对提供过剩反应性的费用按产生的能量做了优化。在中毒停堆期间能量是不会产生的。

图 1 - 6 - 13 所示为初始满功率下,功率阶跃降低后的氙瞬态。对40%的功率降低(即从 200 MW 到 120 MW),中子俘获造成的氙去除量也从它的满功率值减少40%,但是氙还在被去除,瞬态将达不到它的停堆峰值。由图 1 - 6 - 13 可知,对于40%的功率降低,可得过剩反应性约 10 mk,正好完全压制瞬态。最终,氙还会恢复平衡状态,此时氙负荷是对应于满功率通量60%的值。图 1 - 6 - 13 中还显示了功率降低60%情形的氙积累率小于功率降低100%的情形的氙积累率,因此克毒时间更长。

图 1 - 6 - 14 显示了克毒时间的变化情况正如上所述,即对固定的过剩反应性,克毒时

间依赖于功率降低的大小。

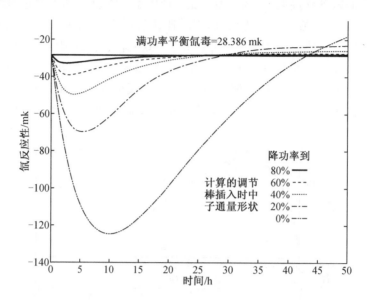

图 1 - 6 - 13　初始满功率下,功率阶跃降低后的氙瞬态
（假设氙原先处于平衡状态、燃料处于平衡辐照状态）

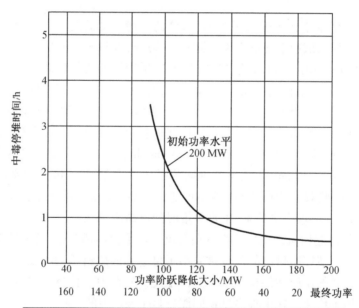

额外数据				
其他初始功率水平	阶跃大小/MW	中毒时间/h	阶跃大小/MW	中毒时间/h
120 MW	80	2.25	120	1.0
160 MW	80	2.5	160	0.7
180 MW	80	5.4	80	2.33

图 1 - 6 - 14　中毒停堆时间与功率阶跃降低的关系

初始功率水平为 200 MW。其他初始功率水平在图 1 - 6 - 14 中给出。燃料为平衡辐

照状态时可以反过来应用相关曲线,例如反应堆以140 MW 功率运行(平衡状态),把它提高到200 MW,由于氙积累的增大,立即产生的影响是反应性增加。与此同时,会产生更多的碘,此时出现的碘还不能产生额外的氙。氙曲线要经过一个最小值,然后氙产生量再上升,因为碘衰变增大了。最终,氙浓度达到新的平衡值,它对应于200 MW 的运行状态。图1-6-15简要显示了整个过程。通常,这不会引起任何运行问题。

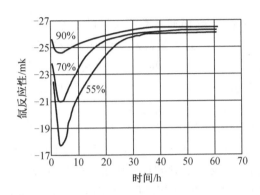

图 1-6-15 功率增大后的氙负荷变化,给出几种初始功率水平(满功率的百分比)

5. 氙振荡

氙反应性能导致反应堆经历通量水平的周期振荡,这种振荡必须由适当设计的控制系统来加以控制。暂时忽略反应堆内其他可能引起反应性反馈的源,先单独讨论氙。设反应堆以满功率运行,现在功率发生了小波动,产生的影响是稍微增大了全系统的通量。通量增大,氙的燃耗率也相应增大,这又增加了堆芯的反应性,造成通量的进一步增大。因此,存在着一种正反馈效应,使通量越来越大,除非采用某种方法来降低反应性,抵消掉增长的氙燃耗。

实践中,要由控制系统加以干预,以防止通量不断增长,并使功率降低。即使控制系统不干预,功率的向上漂移最终也会停下来,因为高通量水平引起碘浓度增大,导致对氙的输入增大,从而引起反应性降低。这会使通量减小,因此减少了氙燃耗,从而增大了负反应性。这时,通量开始下降,只是在较低功率情况下,碘产生量变小,导致对氙的输入更小,通量开始恢复(图1-6-16)。这样,反应堆功率有一个振荡幅度,周期是几小时。

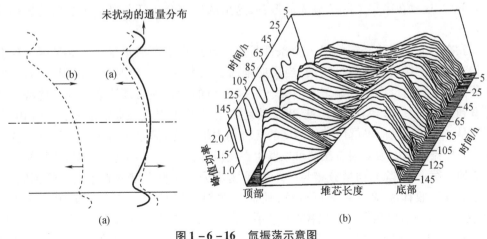

图 1-6-16 氙振荡示意图

这种振荡是可以防止的,只要控制系统对整个功率的波动能立即做出反应,使整个功率维持在或多或少恒定的水平上即可。

对于小堆,为了防止振荡,只需要小心监测反应堆的总功率,以便能够采取补救措施。但是,对于大堆,如全尺寸的CANDU反应堆,只监测反应堆的总功率是不够的,因为有可能发生局部氙振荡,使得反应堆的一个区域功率上升,另一个区域功率下降,尽管总功率保持不变。

假定反应堆的总功率不改变,而通量在反应堆的一个区域增大,同时,在另一个区域减小。正常通量分布的这种改变称为通量倾斜。例如,当控制棒或类似机构插入一个区域,同时又从另一个区域提出控制棒时,就可能出现这种情况。在通量增大的区域,氙燃耗起来比发生变化前要快,它的浓度就降低了。氙浓度的降低导致通量更小,这又造成局部氙燃耗的增大,局部反应性增大,通量增大,等等。

与此同时,在通量降低的区域,由于燃耗减少,原先在高通量情况下已产生的碘继续衰变,引起氙浓度升高。氙浓度升高,使这个区域的反应性下降,通量变小,等等。这样,功率在这个区域减小,而在另一区域增大,同时,反应堆总功率却保持不变。

局部功率的这种漂移不会永久继续下去。在高通量区域,通量增大引起氙加速燃耗的同时,也增大了碘的产生量。碘的衰变最终导致氙浓度增大、反应性降低,从而减小了该区域的通量和功率。同样,在低通量区域,碘产量降低,再有已积累氙的衰变,使局部反应性增大,从而增大了该区域的通量、功率。

这样,除非采取措施加以控制,否则反应堆不同区域间(从顶到底,或从一侧到另一侧)的通量和功率有可能发生振荡。计算表明,氙的空间振荡由一个峰到下一个峰的周期为15 ~ 30 h。

这种局部氙振荡只可能发生在大堆,所谓大堆是指反应堆的空间尺寸与中子的扩散长度相比很大。对于小堆,一个区域开始的扰动会影响到其他区域,因为从起初受扰区域泄漏出去的中子把扰动散布到了堆芯的其余部分。如前面提到过的,在这种场合基于总功率水平的调节系统足以防止氙振荡。如果反应堆的尺寸大大超过热中子在其寿期内所能穿行的距离(大型CANDU反应堆就是这种情况),那么从一个地方开始的扰动不能把它的影响散布到堆芯的远处,所以不同区域的活动情况会有不同的独立形式。比如说,当一个区域由燃耗变化而出现通量增长时,基于保持总功率不变的控制系统会在另一个区域降低通量来做补偿,这就在第二个区域造成氙振荡,这里的振荡会正巧与第一个区域的振荡位相相反。

引发空间氙振荡所必需的另一个条件是反应堆运行于高通量水平。这是因为这个过程首先是由氙燃耗的增大而推动的,当反应堆通量增大到某一值时就会出现氙燃耗增大。为了使氙浓度对通量变化有显著响应,式(1 - 6 - 7)的燃耗项必须比衰变项占优势。我们已经看到,对于大型CANDU反应堆,事实就是如此,其中的燃耗项通常是衰变项的10倍。

于是,CANDU反应堆就像其他类型的几种动力堆一样,满足了可能有空间氙振荡存在的两个必要条件。因为空间氙振荡可以发生在反应堆(总)功率不变的情况,这种振荡会不受察觉地持续下去,除非通量分布与(或)功率密度分布在整个堆的若干点上受到监测,并提供了局部吸收体来调节局部反应性,使通量倾斜得以抵消。功率200 MW的Douglas Point反应堆是具有区域吸收体以控制氙振荡的第一个CANDU反应堆,它配备了四个吸收体,这四个吸收体实际上控制了反应堆的四个区域。功率540 MW的Pickering反应堆相当大,因此把它分成14区,每个区都有通量探测器,探测器的输出被用于调节区域控制舱室的轻水吸收体容量。Bruce、Darlington反应堆和CANDU反应堆都保留了这种设计。

重要的是,即使有了区域控制系统,反应堆仍然可能发生氙振荡,其大小足以造成严重损坏燃料的风险。通量倾斜的严重性取决于反应性扰动的大小,正是这种扰动引发了氙振荡;通量倾斜的严重性还依赖于补偿反应性的深度,区域控制系统可以提供这种反应性。如果振荡很大,足以使液体区域达到运行极限,那么对于这一部分的堆芯区域,空间控制就会失效。具有如此大小的通量振荡,系统继续运行下去会导致反应堆超功率事故保护停堆,更严重时会导致危险的局部燃料高温,甚至熔化。即使没有造成这样严重的后果,氙振荡还是使堆芯材料经历了不必要的温度升降循环,导致材料过早老化失效。

1.6.8 ^{149}Sm 反应性影响

还有一种裂变产物相当重要,我们要对它进行单独讨论,就是^{149}Sm。在燃料中,^{149}Nd和^{149}Pm衰变形成了^{149}Sm,如图1-6-16所示。

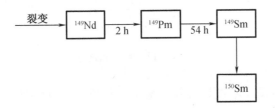

图1-6-16 ^{149}Sm 反应性影响

^{149}Sm和^{135}Xe有一个重要区别,即钐是稳定同位素。因此,停堆后它保留在堆芯中,而不像氙那样最终衰变掉。由于钐是稳定同位素,因此只能通过反应堆在功率运行状态下的中子俘获过程去除它,此过程所形成的^{150}Sm吸收截面较小,所以它的反应性影响不显著。由于^{149}Sm的截面远小于^{135}Xe的截面,相应地,达到平衡值的时间也长。

可以像讨论^{135}I和^{135}Xe一样,写出描述^{149}Pm和^{149}Sm浓度变化率的方程,即

$$\frac{dN_{Pm}(t)}{dt} = \gamma_{Pm}\Sigma_f\Phi - \lambda_{Pm}N_{Pm}(t)$$

$$\underset{\text{衰变}}{\overset{\text{直接}}{}} \quad ^{149}\text{Pm 衰变}$$

$$\frac{dN_{Sm}(t)}{dt} = \lambda_{Pm}\sigma_{Pm}(t) - \sigma_a^{Sm}\Phi N_{Sm}(t)$$

$$^{149}\text{Pm 衰变} \quad ^{149}\text{Sm 吸收}$$

^{149}Nd的半衰期与^{149}Pm相比很短,可以把^{149}Nd的裂变份额与^{149}Pm的裂变份额合在一起,得到总份额1.13%。^{149}Pm的吸收截面很小,它的燃耗率与放射性衰变引起的损失率相比完全可以忽略不计,^{149}Pm的净变化率方程在形式上等同于^{135}I的方程。因此,钐也会以同样的方式积累到平衡值,不同之处在于,钐达到平衡值所需时间较长(^{149}Sm半衰期长)。

^{149}Sm的积累量方程比^{135}Xe的积累量方程简单,因为没有由裂变直接产生钐的过程,由于^{149}Sm是稳定的,也没有衰变损失率。反应堆运行约300 d,钐积累达到平衡值,反应性数值近似为-5 mk。达到平衡所需的时间是通量水平的函数,但是平衡钐浓度与通量无

关,即

$$N_{Sm}(\infty) = \frac{\gamma_{Pm}\Sigma_f}{\sigma_a^{Sm}}$$

与氙的情况相同,钐浓度在停堆后要增大。钐继续由钷衰变而产生,但是它吸收中子的燃耗过程却随通量的消失而停止了。停堆后的最大钐负荷依赖于停堆前的钷负荷。对于大型 CANDU 反应堆,最大钐负荷约为 -15 mk。图 1-6-17 显示了钐的积累过程。

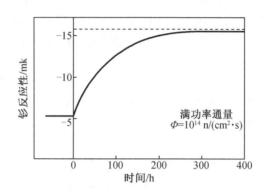

图 1-6-17 钐的积累过程

有意思的是,虽然反应堆设计必须考虑平衡钐负荷,但停堆后钐负荷并不引起任何问题。其原因有两个:

①观察图 1-6-17 的时间尺度,可以知道直到氙瞬态过去了很久,最大钐负荷才出现。当发生最大钐负荷时,会有许多可供利用的反应性来处理钐的积累。还可以看到,在压氙期间,钐负荷的增长是可忽略的,所以不会引起任何问题。

②停堆后,钐的产生率受 ^{149}Pm 半衰期控制,其半衰期等于 54 h,这几乎与 ^{239}Np 的半衰期相同(56 h)。^{239}Np 是 ^{239}Pu 的父核,^{239}Pu 在燃料中积累,增加了系统的反应性。在停堆后,^{239}Pu 开始增长,高于停堆前的值,因为它正在由 ^{239}Np 衰变而形成,另一方面,却不再因吸收中子而燃耗掉。结果是,由 ^{239}Pu 积累而获得的反应性增长弥补因 ^{149}Sm 增长所造成的反应性损失还有余。两种效应一起形成的总收益是几 mk 的反应性。这意味着,反应堆再启动时,会比不考虑这种效应所预计的时间较早达到临界。然后,当状态恢复平衡时,损失掉的过剩反应性必须通过去除毒物或换料来补偿。

复 习 题

1. 原子核由哪些粒子组成?这些粒子的主要差别是什么?

2. 如何用化学符号来表示一个化学元素 X?

3. 原子核中原子序数 Z、质量数 A 和中子数 N 之间有什么关系?

4. 什么叫同位素?列出铀和钍的三种同位素。

5. 氢的同位素有哪些?

6. 轻水和重水有什么本质区别?

7. 何谓放射性?

8. 试给出放射性衰变常数的定义,其表达式是什么?

9. 什么是放射性核素的半衰期 $T_{1/2}$?

10. 半衰期 $T_{1/2}$ 的表达式是如何推导出来的,其与衰变常数的关系是什么?

11. 简述半衰期与平均寿期的关系。

12. 放射性核素的衰变类型有哪几种?

13. 一种核素的质量数和原子序数在上题衰变中如何变化?

14. 试列举出运行中的轻水堆 γ 射线的几种主要来源。

15. 何谓"质量亏损"?

16. 试给出爱因斯坦能量 – 质量关系式。

17. 什么叫结合能和比结合能?

18. 试给出自然界中稳定核素的中子和质子比曲线。

19. 试给出比结合能随原子质量数的变化曲线。

20. 如何从结合能的概念来解释核裂变时会释放能量?

21. 天然铀中 ^{238}U 和 ^{235}U 各占多少?

22. 什么是中子与原子核作用中的共振现象?

23. 简单描述堆芯内中子随能量的分布。

24. 反应堆内中子按能量可分为哪三类?

25. 核反应堆中常见的中子源有哪几种类型?

26. 什么是光激中子源? 举例说明。

27. 重水堆内光激中子是怎样产生的?

28. 什么是自发裂变中子源? 举例说明。

29. 是否所有 γ 射线打在 Be 或 D 上均可产生光激中子?

30. 在热中子反应堆中,中子从高能慢化到低能起主要作用的是哪种散射,为什么?

31. 写出辐射俘获 (n, γ) 的一般反应式。

32. 什么是可转换同位素? 什么是铀—钚循环和钍—铀循环?

33. 写出 (n, α) 反应的一般反应式,并举一重要例子。

34. 什么是微观截面?

35. 什么是宏观截面,其表达式是什么? 说明宏观截面的物理意义。

36. 怎样计算单位体积内第 i 种核素的原子核个数?

37. 什么叫"$1/v$"吸收体?

38. 非弹性散射截面 σ_i 有什么特点?

39. 弹性散射截面 σ_e 有什么特点?

40. 什么是平均自由程?

41. 什么是中子通量?

42. 什么是核反应率?

43. 写出反应堆的功率与通量的关系式。

44. 试说明 ^{235}U 的裂变截面随中子能量的大致变化规律。

45. 优质慢化剂的三个主要性质是什么?

46. 慢化剂的原子量应该多大为好?

47. 试比较 H_2O 与 D_2O 作为慢化剂的优缺点。

48. 硼的慢化能力不小,为什么它不能用作慢化剂?

49. 从反应堆物理的角度看,良好的慢化剂材料应具有什么样的性能?

50. 试列出常用慢化剂的慢化能力和慢化比。

51. 什么是"同位素参数"?

52. 在 CANDU 反应堆中,慢化剂同位素参数值的使用范围是怎样的?

53. 为什么天然铀反应堆不能用轻水作慢化剂?

54. CANDU 反应堆能用天然铀作燃料最主要的原因是什么?

55. 什么是共振俘获?

56. 什么是寄生吸收?

57. 画出中子的寿命循环示意图。

58. 说明当功率由 50% 提升到 100% 时,平衡氙负荷变化很少的原因。

59. 说明从 100% 平衡功率停堆后的峰值氙是从 50% 平衡功率停堆后的峰值氙近两倍的原因。

60. 停堆后为什么有氙浓度的瞬态增长,以及这种增长如何依赖于停堆前的运行功率?

61. 在没有空间控制与保护机制的情况下,氙的空间振荡是如何发生的?

62. 反应堆必须具备什么样的条件,才能发生氙振荡?

63. 说明停堆后 ^{149}Sm 的增长可以在反应堆设计中忽略不计的原因。

64. 为什么说 ^{135}Xe 和 ^{149}Sm 对热堆十分重要? 试说出两条理由。

65. 何谓"平衡氙毒"?

66. 氙的效应在反应堆运行中是很重要的。请说明怎样达到氙的平衡状态? 并讨论氙达到平衡值之后不久反应堆功率上升时可能出现的反应性变化。

67. 画出秦三厂反应氙启动后 ^{135}Xe 浓度随时间的变化曲线。

68. 画出秦三厂反应堆从满功率平衡氙停堆后氙毒反应性随时间的变化曲线。

69. 画出秦三厂反应堆满功率快速下降到不同的功率水平后,氙毒反应性随时间的变化曲线。

70. 画出秦三厂反应堆从不同的功率水平提升至满功率后,氙毒反应性随时间的变化曲线。

71. 反应堆从无氙开始投入运行并保持在稳定功率状态下,运行多久, ^{135}Xe 上升到平衡浓度的 90%? 要多长时间才能很接近它的平衡浓度(饱和值)?

72. 画出秦三厂反应堆平衡氙反应性与稳定运行功率的关系曲线。

73. 画出反应堆功率从零负荷、25% 的额定功率、50% 的额定功率和 75% 的额定功率升到满功率后,由于 ^{135}Xe 浓度的变化而引起的反应性变化曲线。

第 2 章 反应堆热工水力

反应堆热工设计的任务是设计一个安全、可靠、经济的堆芯传热系统,在整个反应堆的设计中,这一点很重要,与其他很多方面都存在一定的联系,其中不仅包括反应堆物理、反应堆结构、反应堆材料和反应堆控制,而且包括核电站中主回路系统和二回路系统的设计。

反应堆热工设计要解决的问题是,在已知反应堆类型和必需的一些热工设计条件的前提下,确定燃料元件的几何布局、燃料元件的总传热面积、冷却剂流速(或者是质量流速)、温度和压力,以达到较高的技术和经济目的。

反应堆热工水力基础知识可以通过专业教材进行学习,本教材主要学习 CANDU 反应堆相关应用知识。

2.1 反应堆热工设计准则

在反应堆冷却系统的设计中,需要事先确定一些条件以确保反应堆的安全运行。这些条件通常被称为反应堆热工设计准则。在整个反应堆运行过程中,无论是在稳态工况还是在预料的事故工况下,反应堆的有关热工参数都必须满足设计准则。

CANDU 反应堆堆芯热工水力设计准则如下:

①临界功率比(CPR)。在正常运行和缓慢失去反应性控制条件下,保证具有堆芯最小临界功率比的燃料元件包壳表面不发生烧干(或称干涸)。使用临界含汽量和沸腾长度关系式以及考虑了关系式的不确定性后的临界功率比控制在 1.30 以上。

②水力稳定性。在正常运行工况和超功率瞬态工况下,在燃料管中不发生流动不稳定性。

③燃料管道组件的流速。在所有热传输泵都运行的情况下,每个燃料管道组件中的实际流量必须大于或等于设计流量,但是小于上限流量。每个燃料管道组件中的设计流量以管道组件中的功率为基础,以便反应堆在电厂寿期末的正常满功率运行的条件下在出口集管处达到一定的含汽量(对于 CANDU-6,含汽量大约为 4%)。每个燃料管道的组件上限流量是以疲劳试验的结果为基础的。在某一流量下,流动所引起的燃料棒束的振动水平、棒束的磨损及压力管的磨损都是可以接受的,此流量称为上限流量。已有的试验结果表明:在单相流时,流量可以上升至 30 kg/s;在两相流时,流量可以上升至 24 kg/s,不会引起过分的流质振动以及棒束和压力管的磨损。

④燃料温度。在正常运行工况和中等频率的事故工况下,燃料峰值温度必须低于它的熔点(~2 840 ℃),同时保证燃料棒束和燃料元件包壳的完整性。

2.2 临界热流密度和临界功率比

临界热流密度工况的特点是换热表面附近的流体被蒸汽代替,从而导致局部换热系数急剧降低。在这种情况下,表面热流密度是一个独立的变量,当达到临界热流密度的值时,表面温度急剧增加,而当用温度控制加热表面,达到临界热流密度的工况时,热流密度将下降。

过冷流体和饱和的汽水混合物都可以发生临界热流密度工况。事实上,对于非均匀加热管中的临界热流密度可以表示为流体焓的连续函数。根据临界状态前的焓和传热机理,临界热流密度曲线可分成三个区域。临界热流密度处的主流体温度过冷的沸腾称为过冷DNB(偏离核态沸腾)——偏离过冷核态沸腾点。相似地,临界工况发生之前主流体就为饱和沸腾的沸腾称为饱和DNB——偏离饱和核态沸腾点。干涸是引起临界热流密度工况的主要原因。

实际上,所有对临界热流密度起始点的实验研究都是采用独立控制热流密度,而不是采用独立控制温度的加热表面来进行的。这种情况下,当超过临界热流密度值时的温度瞬变的严重性在这三个区域有明显的不同,在较高含汽量的情况下,这种危害将会明显降低。事实上,在过冷区发生的瞬变就足以使加热表面发生熔化。

2.2.1 临界热流密度机理

CANDU反应堆中采用的是水平放置的燃料管。Fisher等人对于水平管中的机理进行了研究。在广泛的压力和含汽量范围内,归纳出以下三种主要的烧毁机理:

①在较低含汽量区,随着在管道上方形成一个蒸汽条带,会发生相对稳定的分层流动,从而导致该区过热。

②在低含汽量区和中等含汽量区,沿着管道出现"泡沫波浪","泡沫波浪"润湿管道的上表面,这样集聚的液膜就会被排走,同时在加热管上被蒸发。如果在下一个"泡沫波浪"到达之前,这种液膜被完全排掉的话,那么加热管就出现间断性的干涸和过热。

③在高含汽量区,水平管中出现环状流,液体集中到管道的底部,在管道顶部的流体层很薄。这样即使在很低的热流密度下加热管也会出现干涸。

2.2.2 临界热流密度计算式

对于CANDU反应堆,有四个临界热流密度关系式可以用于CANDU反应堆中燃料元件棒束的计算。

1. U-111低范围临界热流密度关系式

用于预测干涸起始点和轴向分布的下限关系式如下:

$$q_{DNB} = 1.595 \times 10^{6} \exp(-3.281\,9x) \tag{2-2-1}$$

式中,q_{DNB} 为棒束局部平均临界热流密度,W/m^2;x 为棒束平均含汽量。

式(2-2-1)在Bruce反应堆的设计上已使用多年。

2. 局部临界热流密度关系式

在U-1水试验装置中,对于长为6 m、轴向热流密度分布均匀的37根棒束的试验段进行相关试验,得到临界热流密度的试验数据,把这些数据进行拟合就可以得到一定的关系式。

棒束的平均临界热流密度关系式可以写成下面的形式:

$$q_{DNB} = \frac{(F_1 - F_2 x) C}{F_3} \qquad (2-2-2)$$

式中,x 为棒束平均含汽量;q_{DNB} 为棒束局部平均临界热流密度,W/m^2;$F_1 \sim F_3$ 分别为

$$F_1 = 1.018\,5 \times 10^{-4} P^{0.212\,488} G^{193\,244\,1}$$

$$F_2 = 1.226\,4 \times 10^{-11} P^{1.656\,134} G^{2.323\,55}$$

$$F_3 = 1.0 + 0.539\,17 \times 10^{-5} P^{-0.173\,42} G^{1.777\,6}$$

式中,P 为压力,kPa;G 为质量流速,$kg/(m^2 \cdot s)$。

式(2-2-2)中参数 C 为考虑轴向热流密度分布不均匀时的临界热流密度修正因子,其表达式为

$$C = \frac{\eta}{1 - \dfrac{(1-\eta)\Delta x}{x - \dfrac{F_1}{F_2}}}$$

式中,η 为在某一恒定的流动中,考虑轴向热流密度的分布,引入的一个13%折扣的因子,即 $\eta = 0.87$;Δx 是在局部条件下从进口开始算起的质量含汽量的增加。

3. 对于干涸起始点(OID)和稳态工况(STC)的临界质量含汽量和沸腾长度关系式

OID 和 STC 的临界质量含汽量和沸腾长度关系式是在 U-1 回路临界热流密度试验数据的基础上得到的。与局部临界热流密度关系式不同,这些新的关系式中用到沸腾长度的假设,可以更好地对于干涸点的非均匀临界热流密度数据进行关联。

OID 和 STC 的临界质量含汽量和沸腾长度关系式是最优估计关系式,其表达式如下:

$$x_c = \frac{C_1 \cdot P^{C_2} \cdot G^{C_3} \cdot L_B}{C_4 \cdot P^{C_5} \cdot G^{C_6} + L_B}$$

式中,x_c 为临界质量含汽量;P 为管道节点的压力,MPa;G 为管道中的质量流速,$t/(m^2 \cdot s)$;L_B 为管道中的沸腾长度,m;$C_1 \sim C_6$ 分别为

$$C_1 = 0.858\,872 \quad C_2 = 0.219\,668 \quad C_3 = -0.598\,701$$

$$C_4 = 1.839\,57 \quad C_5 = 0.062\,491\,5 \quad C_6 = -0.449\,541$$

4. 37 根棒束的临界热流密度查验表

37 根棒束的临界热流密度查验表对 CANDU 反应堆中 37 根天然轴棒束组成的水平棒束串列的临界热流密度的预测是很有效的。

临界热流密度的数据基础包括来自加拿大、美国、俄罗斯、德国和法国的 30 000 个以上的稳态临界热流密度数据点。棒束临界热流密度查验表是基于下列资料得到的:临界热流密度查验表中圆管的参数趋势;水冷管束的临界热流密度数据;氟利昂冷却管束的试验数据;分层流动的修正因子。

2.2.3 影响临界热流密度(q_{DNB})的因素

q_{DNB} 是水堆设计的重要参数,因此分析影响 q_{DNB} 的各种因素,从而找出提高 q_{DNB} 的各种途径,是一个十分重要的问题。影响 q_{DNB} 的因素较多,有些因素研究得比较成熟,有些因素

研究得不够成熟。就目前所知,影响 q_{DNB} 的主要因素,除前面已讨论过的热流分布不均匀、冷壁及定位格架等外,还有水的质量流量、进口处水的过冷度、工作压力、冷却剂焓、通道进口段长度以及加热表面粗糙度等。对有些因素的影响,不同研究人员的看法不尽相同。下面只对影响临界热流密度的一些主要因素做一个定性的讨论。

1. 水的质量流量的影响

对过冷沸腾和低含汽量的饱和沸腾,当水的质量流量增加时,流体的扰动增加,气泡容易脱离加热面,从而使 q_{DNB} 数值增加。但流速增加一定数值后,再继续增加流速对提高 q_{DNB} 的贡献就小了(在高含汽量饱和沸腾的情况下,如果冷却剂的流形是环状流,这时增加冷却剂流速反而会使加热面上的液膜变薄,从而加速烧干)。

2. 进口处水的过冷度的影响

进口处水的过冷度越大,加热面上形成稳定的汽膜所需的热量就越多,即 q_{DNB} 越高。但当过冷度增大到某一数值时,热管中的冷却剂就会发生汽水两相流动的不稳定性,导致热管内冷却剂流量减少,从而使 q_{DNB} 下降。同样,过冷度小到某个数值,也会使汽水两相流动出现不稳定性。因此,进口水的过冷度不但会直接影响 q_{DNB} 值,而且还会因汽水两相流动不稳定性而间接影响 q_{DNB} 值。究竟如何确定进口处水的过冷度的具体数值,要根据系统具体的热工和结构参数而定。

3. 工作压力的影响

压力的影响比较复杂,随着压力的升高,液体的表面张力减小,汽化核心数增多,但与此同时,汽水密度差减小,气泡不易脱离加热面,从而延长了受热过程,使气泡脱离加热面时直径扩展较大。

在加热的流动沸腾系统中,关于压力对 q_{DNB} 的影响,不同研究人员的观点也不同。有些研究人员认为,随着压力的升高,q_{DNB} 稍有下降;有些研究人员认为,当系统加热量一定,压力增加时,冷却剂的含汽量也在变化,因而 q_{DNB} 可能增加。

4. 冷却剂焓的影响

临界沸腾发生处的冷却剂焓值的大小,主要反映在含汽量的大小上,冷却剂焓值越高,含汽量 x_c 值越大,从而临界热流密度 q_{DNB} 也越小。

5. 通道进口段长度的影响

冷却剂通道尺寸对 q_{DNB} 的影响,常用通道进口长度 l 与通道直径 d 的比值表示。一般来说,l/d 值越小,受进口局部扰动的影响越大,因而 q_{DNB} 值增加。当 l/d 值小于 50 时,l/d 值的改变对 q_{DNB} 的影响较大;当 l/d 值大于 50 时,l/d 值的改变对 q_{DNB} 的影响就小了。此外,随着进口过冷度和质量流密度的增加,l/d 值对 q_{DNB} 的影响相对减小。还应指出,在相同的实验条件下,不同形状通道的 q_{DNB} 值是不同的。

6. 加热表面粗糙度的影响

加热表面粗糙度的影响,只对新堆比较明显。加热表面粗糙度一方面可以增加汽化核心的数目,另一方面可以增强流体的湍流扰动,在过冷沸腾和低含汽量饱和沸腾的情况下,会使 q_{DNB} 增加。但是在高含汽量的饱和沸腾的环状流情况下,加热面上的粗糙度大,会加强流体的湍流扰动,使加热面上的一薄层液膜变得更薄,从而加速沸腾临界(干涸)的到来。运行一段时间后,加热面上的粗糙度因受流体冲刷而变小了,它对烧毁热流密度的影响也就小了。

q_{DNB} 值受到很多因素的综合影响,要想分别确定这些因素的影响是很困难的。这个问题还有待今后进一步研究。

2.2.4 临界功率比

CANDU 反应堆的热工水力设计中采用临界功率比(CPR)作为安全评估指标。临界管道功率(CCP)定义为在不发生干涸和熔化,也就说保证燃料管道的完整性的前提下,管道能获得的最大管道功率的值。

在 CANDU 反应堆的安全分析中,通常假定进出口集管之间的压降(ΔP_{HH})、入口温度(T_{ROH})和出口集管压力(P_{POH})固定,来预测临界管道功率。因为 ΔP_{HH} 为常数,这意味着管道流量是依赖于功率的函数,所以管道流量必须在每个功率水平下进行计算。CCP 的定义对于具有多个平行通道的反应堆中的慢失去调节事件(LOR)是很有实际意义的。然而,通过对主功率提升到事故停堆设置点规定的超功率情况下的效果的评估,可以对由确定的集管条件下计算得到的临界管道功率进行修正。临界管道功率和参考的名义功率之间的比值称为临界功率比(CPR)。

有时候还要用到的另一个参数就是临界流量比(CFR),它定义为临界管道流量和参考的名义管道流量之比。临界管道流量是指在一定的管道功率、出口集管压力和进口集管温度下,达到临界状态时(即发生间断的干涸或者是达到包壳温度标准),管道内的流量。这种临界流量比一般在每个回路只有一个泵运行或者流动阻塞时需要用到。

2.3 核电厂瞬态热工分析

核反应堆在正常发电时以稳定工况运行,在这种工况下反应堆热工水力参数只是空间位置和运行状态的函数,而与时间变量无关。反应堆启动、提升功率和停堆以及反应堆随外界负荷变化而调整工况,或因某些扰动引起功率、流量、压力和温度变化的过程称为核反应堆动态运行工况,或称瞬态运行工况。本章将简单介绍一些反应堆的瞬态热工分析问题。

CANDU 反应堆有许多区别于其他反应堆的与安全有关的内在特点。这些特点主要是:

①分散在整个堆芯内的大的低温热阱提供了一个分离的冗余和连续的运行冷却系统。这个系统确保当反应堆发生失水事故并且应急冷却水注入系统(ECI)同时失效时,能够把大量的热量从堆芯中去除以避免燃料熔化。

②停堆和反应性控制机构放在低压慢化剂系统中,所以不存在由于压力引起的弹棒带来反应性引入的可能性,同时由于不停堆换料具有低的剩余反应性,控制系统的反应性价值很小。

③在额定的系统压力和温度下利用停堆冷却系统能够去除衰变热量。这个系统包括辅助给水系统。辅助给水系统可以确保在蒸汽发生器所有给水丧失的情况下,对停堆冷却系统起到保护作用。

④不停堆换料导致主压力边界周期性开放和关闭,并且换料机也构成了主压力边界的一部分。这就意味着当换料机连接到燃料通道,并且燃料通道的密封环和密封插销被抽出或者重新插上时,所涉及的一些偶然事故也必须考虑。

⑤一次侧热传输系统主要由小直径管子组成。这意味着大多数的失水事故可能是从

小破口开始的。

2.3.1 一回路大破口失水事故简单分析

失水事故造成的严重程度与一回路中管道破裂的位置及破口尺寸的大小有关。一回路系统由于其部件具有"先渗漏后破裂"的特性,以及具有分布广泛的泄漏探测系统和在役监测系统,所以突然发生大破口的概率是极小的。我们仍然把所有不同尺寸的破口作为CANDU反应堆安全分析的一部分加以评定。假设堆芯外限于下述三类破裂:

①泵吸入口管道100%破裂,致使冷却剂以最高的速度排入安全壳,并使安全壳压力峰值达到最高;

②入口集流总管100%破裂,致使堆芯区的初始冷却剂空泡率达到最高,并使正反应性引入速度达到最高;

③入口集流总管35%破裂,致使燃料包壳温度达到最高。

为了便于分析,失水事故可分为以下三个阶段:

①喷放阶段。此时,一回路系统压力从其额定运行值(11 MPa)降到冷却剂应急注入系统的注入压力值。

②再湿和再灌水阶段。此时,冷却剂应急注入系统把冷却剂注入一回路系统,使燃料元件再湿并使一回路系统再度充满水。

③事故后的"恢复"阶段。此时,冷却剂应急注入系统提供长时间的冷却条件。

假设破口发生在堆芯外,堆芯入口一侧的破口产生的后果会比出口一侧的破口严重,其原因是:

①反应堆入口集流总管外的冷却剂温度比反应堆出口集流总管处的温度低约44 ℃,而冷却剂的压力却比反应堆出口集流总管处的压力高约1.34 MPa。因此,在同样的破口尺寸下,堆芯入口一侧发生破裂时冷却剂的排出速度比出口一侧快。

②堆芯入口处破裂时,流动滞止和流动反向将发生在喷放阶段的早期,当燃料表面的热流密度仍然很高时,受损的堆芯燃料管道的传热能力将下降。堆芯出口处破裂时,通过堆芯的流量速率最初有增加的趋势,以致仍能维持最初的传热能力,并使传热能力变坏出现在喷放失水阶段的末尾。此时,反应堆的功率和热流密度由于反应堆停堆已大大地减小。

一回路系统的每条回路都有隔离措施,以致在失水事故中某一条回路破裂后,极不可能同时影响两条回路。尽管如此,安全壳系统的设计还是做了保守的假设,即在失水事故期间未破裂的回路也将因另一条回路的破裂受到影响,它们通过互相连接的管子,以比破裂回路低的速度排走管子中的冷却剂。

为了在失水事故后迅速降低一回路系统的压力,可将冷却剂早点引入一回路系统,对一回路系统进行"快速安全冷却"(通过发现并证实失水事故发生的信号),此时蒸汽发生器二次侧的蒸汽排到空气中。

合理地组合各种设计性能(图2-3-1和图2-3-2),可给堆芯和安全壳提供充分的传热能力,即使在失水事故的恢复期又发生严重程度为"设计依据地震"的地震事件也不例外;此时,由应急电源供电的应急供水系统提供可靠的后备导热能力。

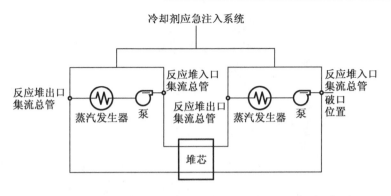

图 2-3-1 在较大的破口下不能形成正常再循环的"一次通过"典型流程图

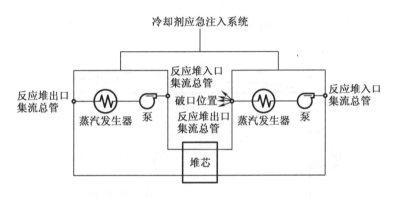

图 2-3-2 在较小破口下仍能维持正常再循环的典型流程图

图 2-3-3 至图 2-3-9 所示为人们对 CANDU 反应堆失水事故分析的一些典型结果。

一回路系统的布置形式特殊,每一条环路包含两个分隔开的堆芯部分,其中冷却剂的流动方向是相反的。因为堆芯的这两部分离破口的距离不同,故它们受失水事故的影响是不同的:位于破口上游的那部分堆芯失水比位于破口下游的那部分堆芯慢。图 2-3-3 所示为反应堆入口集流总管最大破裂后的空泡瞬变。

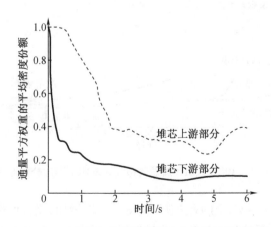

图 2-3-3 反应堆入口集流总管最大破裂后的空泡瞬变

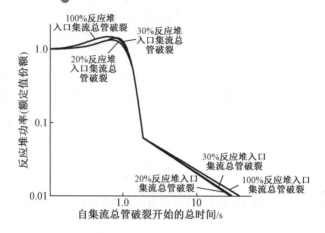

图 2-3-4   反应堆入口集流总管破裂后反应堆功率与时间的关系

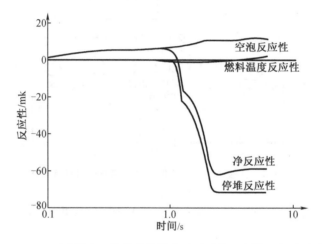

图 2-3-5   反应堆入口集流总管最大破裂后的反应性瞬变(新燃料)

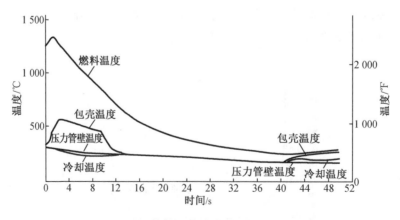

图 2-3-6   100%入口集流总管破裂时堆芯下游部分的温度瞬变

失水事故后,堆芯中冷却剂生成空泡而使得反应性增加,反应堆功率稍有上升。

图 2-3-4 所示为反应堆入口集流总管破裂后反应堆功率与时间的关系。

图 2-3-5 所示为反应堆入口集流总管最大破裂后的反应性瞬变(新燃料)。

图 2 - 3 - 6 所示为 100% 入口集流总管破裂时堆芯下游部分的温度瞬变。

图 2 - 3 - 7 所示为泵吸入口集流总管最大破裂后释放到安全壳中的总能量与时间的关系。

图 2 - 3 - 8 所示为泵吸入口集流总管最大破裂后安全壳的压力瞬变。

图 2 - 3 - 9 所示为装有喷淋系统的单堆电站安全壳压力与时间的关系。

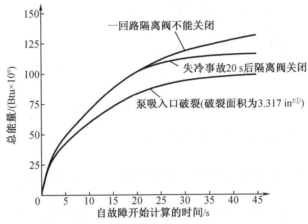

图 2 - 3 - 7 泵吸入口集流总管最大破裂后释放到安全壳中的总能量与时间的关系

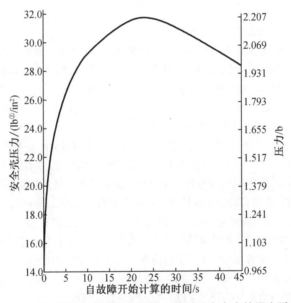

图 2 - 3 - 8 泵吸入口集流总管最大破裂后安全壳的压力瞬变

1 in = 2.54 cm。

1 lb = 0.454 kg。

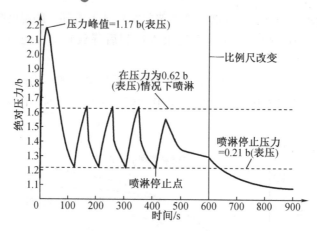

图 2-3-9 装有喷淋系统的单堆电站安全壳压力与时间的关系

当反应堆入口集流总管 35% 破裂时,堆芯热点中的最高包壳温度约达 1 200 ℃,在包壳允许温度极限以内。

对 CANDU 反应堆堆芯外一回路系统发生破裂所引起的单一故障类的假想失水事故所进行的安全分析表明:

①每一个停堆系统(SDS-1 和 SDS-2)所引入反应性的速度及停堆深度,都足以独立地克服由一回路系统的空泡效应而引起的正反应性瞬变;

②对于所有不同尺寸的破口,都能用堆芯应急冷却系统对燃料进行冷却,使燃料在堆芯的所有区域内保持可冷却的几何形状;

③安全壳构筑物内的压力瞬变不超过设计值;

④个人和公众的辐射剂量大体上符合加拿大原子能管理局关于单一故障类事故所规定的参考剂量。

对于堆芯外一回路系统破裂所引起的双重故障类的假想失水事故,安全分析取决于假设已经失效的个别安全系统。因为反应堆有两个完全独立的停堆系统(SDS-1 和 SDS-2),每一个都能使反应堆停堆转入冷态,故任一组停堆系统失效都将使事故后果处于单一故障类事故的范围内。然而,冷却剂应急注入系统失效或安全壳系统损坏,自然会大大地影响事故后果。

对 CANDU 反应堆的失水事故与冷却剂应急注入系统失效的双重故障类事故所进行的安全分析表明:

①每一个停堆系统(SDS-1 和 SDS-2)都具有足够的停堆深度和反应性引入速度;

②慢化剂冷却系统(有备用泵)以及慢化剂本身具有的热容量提供了足够的传热能力,轻水屏蔽的热容量可作为后盾,以使燃料在堆芯的整个区域内保持可冷却的几何形状,即使保守地假设包壳和冷却剂相互作用所产生的附加热,安全壳构筑物内的压力瞬变也不应超过设计值;

③从燃料和一回路系统中释放的放射性物质仍然大量地保留在安全壳系统内,个人的和公众的辐射剂量大体上符合加拿大原子能管理局关于双重故障类事故规定的参考剂量。

对 CANDU 反应堆失水事故与安全壳损坏的双重故障类事故所进行的安全分析表明:

①每一个停堆系统都具有足够的停堆深度和引入反应性的速度;

②对所有不同尺寸的破口都能用冷却剂应急注入系统对燃料进行冷却,同时在整个堆芯中保持可冷却的燃料几何形状;

③个人和公众的辐射剂量大体上符合加拿大原子能管理局对双重故障类事故所规定的参考剂量。

压力管式反应堆应考虑由于压力管破裂而在堆芯内发生的失水事故(属于假想事故范畴),而轻水堆则无须考虑这一点。对压力管破裂而在堆芯内发生的失水事故所进行的安全性分析表明:

①任何一个故障扩展到另一根压力管的概率是很低的,尽管压力管因受到中子通量辐照而变脆;

②紧靠压力管破裂处周围的容器管可能会发生一些局部的凹痕;

③一部分容器管将暂时被压扁,但仍保持在弹性范围内;

④排管容器的爆破膜可能被爆破;

⑤即使几根压力管同时破裂(这种情况极不可能),排管容器也能保持其完整性;

⑥即使紧靠破裂部位的一些安全棒没有插入堆芯,用固体控制棒仍能维持停堆的能力;

⑦用钆注入系统(SDS-2)足以维持停堆能力。

2.3.2 一回路小破口失水事故简介

小破口失水事故由于破口面积小、流量损失慢,故其发生后的情况不同于大破口失水事故。下面我们选择反应堆进口集管的两种破口情况来说明由小破口引起的热工水力瞬态特性。

①一种是3%的破口,它等同于两根最大的给水管截断破裂故障。在这种情况下,堆芯中形成空泡而导致的反应性引入很小,并且可以用正常反应堆的控制系统来补偿这种反应性。

图2-3-10所示为反应堆进口集管3%破口时选择计算的瞬态特性。随着进口集管破裂,冷却剂通过破口流失,导致一回路压力下降。冷却剂的泄漏率远远大于来自稳压器中的流量补充率。最初,冷却剂通过破损堆芯通道的流量急速下降,然后由于来自稳压器的补充,基本上保持常值(大约4 Mg/s)。虽然流量下降,但由于沸腾的强化传热,使燃料包壳的温度始终保持常值。

在大致55 s时,反应堆在一个稳压器低水位保护信号下停堆。燃料热量产生率的忽然下降导致一回路压力迅速下降到6 MPa。然后,来自蒸汽发生器二次侧的热量补充短时间内减慢压力的下降,直到75 s时蒸汽发生器的迅速冷却功能自动启动。接着到80 s时,应急冷却水开始投入运行。由减压而引起的冷却剂进一步沸腾导致通过破损堆芯通道的流量进一步下降。然而,在沸腾强化传热和燃料热量产生率低的联合作用下燃料温度接近于已降低的冷却剂饱和温度。

由于一回路继续减压,因此应急冷却剂注入率增加。这时,应急冷却剂量连同小量的重水补给流量,正好等于冷却剂泄漏流量。

②一种是10%破口,它是小破口范围的上限,等同于几个给水管的截断破裂故障。

选择进口集管破裂是因为相对于其他潜在位置破裂来说,其可以导致冷却剂最大的初始泄漏率。

图2-3-11所示为反应堆进口集管10%破口时选择计算的瞬态特性。在破裂的堆芯通道,由于飞快地减压和来自燃料的热量加入使得在受损的堆芯通道中冷却剂初始蒸发量足够大以至于反应性不能够用正常的控制系统来控制。因此,在这种情况下,随着进口集管破裂,在流量紧急停堆信号(0.3 s)和中子紧急停堆信号(0.6 s)下,反应堆立即停堆。早期的泄漏很大以至于蒸汽发生器的冷却功能对减压速率影响很小。

冷却剂存量的减少和压力下降的联合作用引起泵吸入段沸腾,导致泵压头下降和相应的循环流量减小。然而,循环继续以高速流动来冷却燃料。

随着减压的继续,泄漏率减小,注入率增加。大约在150 s时,注入速度达到2 000 kg/s的峰值,超出了通过破口的泄漏速度,导致回路再灌水。

在应急冷却剂注入的早期,在破损堆芯通道中冷却剂流量继续减小,在200 s时接近于0。这是一个短暂的停滞,导致燃料温度升高。由于储存在燃料内的热量较早地除去以及燃料产生的热量较低,因此燃料温度的升高率是很小的。当回路再灌水时,泵就变得更有效。堆芯中流量的增加导致燃料温度的升高率减小,随后,燃料温度渐渐降低。最后,回路再灌水结束并且反应堆达到平衡状态。

上边的例子表明了应急冷却水的注入(ECI)尽早起作用的重要性,它可以保持一定量的冷却剂。这就要求注入的压力接近于蒸汽气泡的压力。

蒸汽发生器中的快速冷却用来加速减压并允许低压和高流量的ECI泵变得有效。然而,较慢的蒸汽发生器冷却速度可以用在小破口事故的后期,这可以通过高压注射泵再循环积累在反应堆厂房地坑里的冷却剂来完成。在这种方法中,一回路的冷却剂存量可以在无限时间内维持,压力保持在接近蒸汽气泡时的压力。这将给操作员的操作提供反应时间。可是这要求热传输泵继续运行。

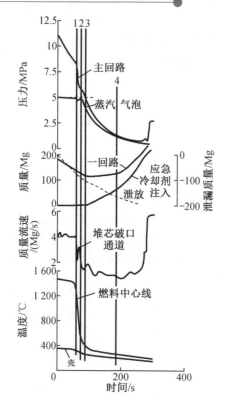

1—反应堆行程；2—二回路冷却；
3—高压应急冷却剂注入；4—低压应急冷却剂注入。

图 2 - 3 - 10 反应堆进口集管 3% 破口时选择计算的瞬态特性

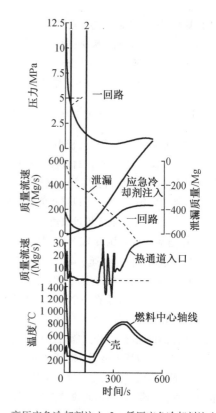

1—高压应急冷却剂注入；2—低压应急冷却剂注入。

图 2 - 3 - 11 反应堆进口集管 10% 破口时选择计算的瞬态特性

需要指出的是，这些瞬态现象是对蒸汽－水两相流采用均匀热平衡模型计算出来的。在蒸汽－水回路试验中的观察指出只有当流量超过一定的阈值时，流动才是均匀的。当流量低于这个阈值时，重力对流体的作用超过惯性力，将使蒸汽和水分离。分离首先发生在回路的水平段（例如燃料管道和集水管），引起蒸汽和水分层。水和蒸汽相互作用，但是这种作用很微弱。蒸汽比水的流动速度更快。水倾向于向回路中较低的位置流动（如燃料通道）。水和蒸气之间微弱的相互作用意味着它们之间可以有不同的温度。对于以上描述的小破口事故，ECI 系统要保持流量高于蒸汽－水的分离阈。然而，流动分离在大破口事故中起着重要的作用。

2.3.3 失流事故简介

对 CANDU 反应堆中一台或几台一回路系统水泵发生电气的或机械的故障，或所有泵断电而引起的失去流量事故的分析方法，与轻水堆相同。就加压水冷型反应堆而言，CANDU 反应堆一回路系统水泵的转动惯量大，在断电情况下泵有足够长的惰转时间，使之在各种假想的失去流量的事故中避免任何燃料的损失。事实上，CANDU 反应堆的一回路系统有两个分开的环路，每个"8"字形布置的环路中都串联两台泵，这两台泵可提供一个附加的安全裕度，减小发生单泵故障的影响。临界热流密度的计算关系式与轻水堆相似。

单泵瞬时卡住，是最严重的失去流量事故，此事故发生的概率非常低。单泵瞬时卡住使回路的流量迅速减小到约为其额定值的 60%，并且随后通过两个信号（由双重而又互相独立的、不同的传感器发出）使反应堆立即停堆，反应堆功率迅速下降到衰变水平。在这短暂的过渡期内，储存在燃料元件细棒中的热量被排出，在与泵故障回路有关的堆芯某些有限区域中，几秒内燃料表面可能出现过度沸腾。然而，分析表明,即使发生严重的失去流量事故,燃料也不会损坏。必须再一次指出,由于对一回路系统的所有泵及轴承进行连续的监视和在役检查,一回路系统泵发生瞬时卡住的概率是很低的。发生故障的水泵、电机在一段时间内振动加剧及功耗增加,可通过这些迹象来预报任轴承损坏的趋向。

水泵机组转动惯量大,使得各类假想失流事故的后果不如假定单台泵瞬时卡住的后果严重。例如,假定全部水泵同时惰转,并随后停堆,分析表明反应堆堆芯中任何一处都不会达到临界热流密度值。

复 习 题

1. 秦三厂采用哪种堆型,该堆型有何特点?

2. 热传输系统的作用是什么?

3. 反应堆热工分析的任务是什么?

4. CANDU 反应堆设计中规定的稳态热工设计准则是什么?

5. 什么是热点?什么是热管因子?

6. 什么是焓升工程热管因子和热负荷工程热管因子?

7. 降低热管因子及热点因子的途径有哪些?

8. 什么是临界热流密度?

9. 哪些参数和条件的改变可以使临界热流密度增大?

10. 什么是临界功率比?

11. 反应堆堆芯冷却系统故障和事故主要分为哪两类?

12. 为什么在失水(小或大)事故中,必须将应急冷却剂注入堆芯?

第3章 反应堆动力学

反应堆处于动态平衡时,由裂变反应产生的中子数恰好等于吸收泄漏的中子数,因此中子密度不随时间变化。介质的温度效应、裂变产物的毒物效应、燃料的燃耗效应,以及控制棒的运动都能引起反应堆的增殖系数 k_{eff} 的变化,此时中子将处于不平衡状态。反应堆中子动力学主要研究反应性变化时,堆内中子通量密度等有关参量与时间的关系。

当反应堆处于临界状态时,中子的产生和消失相等,因而没有必要区分瞬发和缓发中子。然而在研究中子通量密度随时间变化的情况下,缓发中子是特别重要的。正是因为缓发中子的缓发效应,使得堆内中子通量密度变化的周期变长了,使反应堆的控制成为可能。

在研究核反应堆临界问题的单群扩散方程中引入缓发中子效应后,同样可以定性地描述核反应堆的时间特性。实际上,这种模型用于反应堆动态分析往往过于详细。因此,在开始研究核反应堆动态时,还需要将单群扩散模型进一步简化,即假设可以用单一的空间模态(即基态)描述反应堆内中子通量密度的空间变化。根据此假设,可以消去扩散模型内的空间变量,用仅包含时间变量的常微分方程来描述中子的动态过程,这种模型称为点堆动力学模型。这样说有些用词不当,因为此模型并不真正将反应堆当作一点来处理,而仅仅假设了其中子通量密度的空间形状不随时间变化。点堆动力学模型虽然是简化模型,但它是分析反应堆(中子)特性的理论基础,也是反应堆功率控制系统设计及工作的基础。

本章的讨论限于均匀裸堆,而且采用单群扩散模型。但许多普遍性结论,同样适用于非均匀的带反射层的反应堆。

3.1 概　　述

3.1.1 瞬发中子

观察裂变中子(即快中子)在无限均匀介质中慢化、扩散直至被介质吸收的情况,其中子所经历的平均时间称为中子的平均寿命。设 L_∞ 为无限大均匀堆内中子的平均寿命,显然中子的平均寿命包括两部分:一部分为快中子被慢化到热中子所需的平均时间,称为平均慢化时间,用 t_{m} 表示;另一部分为热中子扩散直至被吸收所需的平均时间,称为热中子平均扩散时间,也称热中子平均寿命,用 t_{d} 表示。L_∞ 可以用下式表示:

$$L_\infty = t_{\text{m}} + t_{\text{d}} \tag{3-1-1}$$

设热中子被吸收前走过的平均路程为热中子平均吸收自由程 λ_{a},热中子平均速率为 $\bar{v}$,则热中子平均扩散时间 t_{d} 为

$$t_{\text{d}} = \frac{\lambda_{\text{a}}}{\bar{v}} = \frac{1}{\bar{v}\Sigma_{\text{a}}^{\text{T}}} \tag{3-1-2}$$

式中,$\Sigma_{\text{a}}^{\text{T}}$ 为介质的热中子宏观吸收截面。设常温下热中子的平均速率为 2 200 m/s,$\Sigma_{\text{a}}^{\text{T}}$ 的值可在核物理常数手册中查得。

如果介质由燃料和慢化剂均匀混合,用式(3-1-2)计算 t_d 时,分母中的 Σ_a^T 要用均匀混合物时宏观吸收截面来代替,即

$$t_d = \frac{1}{\bar{v}(\Sigma_{aF}^T + \Sigma_{aM}^T)} \qquad (3-1-3)$$

式中, Σ_{aF}^T、Σ_{aM}^T 分别表示燃料和慢化剂的热中子宏观吸收截面。

热中子利用系数 f 为

$$f = \frac{\Sigma_{aF}^T}{\Sigma_{aF}^T + \Sigma_{aM}^T}$$

纯慢化剂的热中子平均扩散时间用 t_{dM} 来表示(表3-1-1)。显然

$$t_{dM} = \frac{1}{\bar{v}\Sigma_{aM}^T}$$

表3-1-1 常温下不同介质的 t_m、t_{dM}

介质	平均慢化时间 t_m/s	热中子平均扩散时间 t_{dM}/s
水	1.0×10^{-5}	2.1×10^{-4}
重水	2.9×10^{-5}	0.15
铍	7.8×10^{-5}	4.3×10^{-3}
石墨	1.9×10^{-4}	1.2×10^{-2}

将以上两式代入式(3-1-3)可得出燃料、慢化剂均匀混合系统的热中子平均扩散时间 t_d:

$$t_d = (1-f)t_{dM} \qquad (3-1-4)$$

例3-1-1 常温下工作的无限大 ^{235}U-水均匀热堆,临界时 $k_\infty = 1$,$\eta = 2.06$,求该系统的热中子平均扩散时间 t_d。由表3-1-1可知水的热中子平均扩散时间 $t_{dM} = 2.1 \times 10^{-4}$ s。

解 临界时 $k_\infty = \varepsilon p f \eta = f\eta = 1$(因为没有 ^{238}U,所以中子逃脱共振吸收概率 $p = 1$,快中子裂变因子 $\varepsilon = 1$)。有

$$f = \frac{1}{\eta} = \frac{1}{2.06} = 0.485$$

根据式(3-1-4),有

$$t_d = (1-f)t_{dM} = (1-0.485) \times 2.1 \times 10^{-4} = 1.1 \times 10^{-4} \text{ s}$$

例3-1-2 无限大天然铀-石墨非均匀堆。$\varepsilon = 1.028$,$p = 0.905$,$\eta = 1.31$,临界时 $k_\infty = 1$。求该系统的 t_d。

解 临界时 $k_\infty = 1$,则

$$f = k_\infty / \varepsilon p \eta = 1/(1.028 \times 0.905 \times 1.31) = 0.82$$

由表3-1-1可知石墨的热中子平均扩散时间 $t_{dM} = 1.2 \times 10^{-2}$ s。则由式(3-1-4)算得

$$t_d = (1-f)t_{dM} = (1-0.82) \times 1.2 \times 10^{-2} = 2.16 \times 10^{-3} \text{ s}$$

从表3-1-1和算得的热中子反应堆的热中子平均扩散时间的结果来看,一般 $t_m \ll t_d$,

所以大型热堆的平均中子寿命主要由热中子扩散平均时间 t_d 决定,即

$$L_\infty \approx t_d \qquad\qquad (3-1-5)$$

对于快堆和中能中子反应堆,由于中子基本上不发生热化,因而 $t_m \gg t_d$,L_∞ 值要相对下降几个数量级。

对于有限大小的反应堆,有一部分中子要泄漏到堆外去,故有限大小反应堆内中子的平均寿命 L_0 应为无限大介质的中子平均寿命 L_∞ 乘以中子不泄漏概率 $\dfrac{1}{1+L^2B^2}$,即

$$L_0 = \frac{L_\infty}{1+L^2B^2} \qquad\qquad (3-1-6)$$

考虑一个没有外加中子源的均匀裸堆,且堆内由于裂变反应释放的裂变中子都是瞬发的,反应堆原先处于临界状态 $k=1$(在中子动力学部分,k 即 k_{eff},下同),$t=0$ 时刻,k 有一个很小的变化,使反应堆变得超临界或次临界,之后保持 k 不变,问中子通量密度将有怎样的响应?

当 $t<0$ 时,$k=1$;当 $t>0$ 时,$k=$ 常数。

设 t 时刻平均中子通量密度为 n,由于中子与 ^{235}U 的裂变反应,过了一代后平均中子通量密度将增为 nk,净增 $n(k-1)$。

因为瞬发中子是在中子被 ^{235}U 吸收而发生裂变这一瞬间产生的,因而相继两代瞬发中子之间的平均时间(即平均每代时间)就应等于中子的平均寿命 L_0。这样,堆内中子通量密度变化率满足

$$\frac{dn}{dt} = \frac{n(k-1)}{L_0} \qquad\qquad (3-1-7)$$

因为 $t>0$,k 为常数,式(3-1-7)的解为

$$n(t) = n_0 e^{\frac{k-1}{L_0}t} \qquad\qquad (3-1-8)$$

n_0 为 $t=0$ 时的中子通量密度。

若 $k>1$,即引入的是正反应性,反应堆处于超临界状态,中子通量密度 $n(t)$ 以 e 指数形式增长。

若 $k<1$,即引入的是负反应性,反应堆处于次临界状态,中子通量密度 $n(t)$ 以 e 指数形式减少。

若 $k=1$,反应堆处于临界状态,中子通量密度 $n(t)$ 不随时间变化,是常量。

设反应堆原来的运行功率为 1 MW,若引入一个正的小反应性 0.001 mk,且假设 $L_0 = L_\infty = t_d = 1.1 \times 10^{-4}$ s,根据式(3-1-8),其 1 s 末时堆功率将增至 8 900 MW。如果研究的对象是快中子堆和中能中子堆,由于其中子寿命 L_0 还要小几个量级,如快中子堆的 L_0 可为 10^{-7} s,那么中子通量密度的增长速率还将更大。

中子通量密度增长速率如此之大,按目前的技术水平,这种反应堆是无法控制的。但实际上裂变中子有一小部分是缓发的,因而延长了相邻两代中子之间的代时间,使得功率的增长变得缓慢,因而堆的控制才成为可能。考虑缓发中子后的中子动力学行为仍然满足指数律,即对于超临界的反应堆,其中子通量密度以指数规律增长。

式(3-1-7)从动力学角度说明了中子随 t 变化的规律,故称为不计缓发中子效应时的中子动力学方程。对于式(3-1-8),还需注意下列两点:

①推导式(3-1-8)时,假定中子通量密度变化完全由堆内燃料链式裂变反应来决定,

外中子源等于零。反应堆在功率运行时,由于通量高,外加中子源影响小,上述假定是完全可以的。当反应堆刚刚启动,堆内中子通量密度主要由外加中子源决定时,上述假定就不成立了。

②推导式(3-1-8)时假定了 $t>0$ 时,k 为常数。当控制棒运动时,k 不为常数,此时中子通量密度的变化更为复杂。

3.1.2 反应堆周期

t 时刻反应堆内中子通量密度变化 e 倍所需的时间,称为该时刻反应堆的周期 T。T 由下式定义:

$$n(t) = n_0 e^{\frac{t}{T}} \qquad (3-1-9)$$

因为按式(3-1-9),$t+T$ 时的中子密度为

$$n(t+T) = n_0 e^{\frac{t+T}{T}} = e n(t) \qquad (3-1-10)$$

比较式(3-1-8)与式(3-1-9)可得

$$T = \frac{L_0}{k-1} \qquad (3-1-11)$$

反应堆周期 T 可以描述堆内中子的变化速率。对于一个给定的反应堆,L_0 有确定的数值,周期由 k 决定。当 $k>1$,即反应堆处于超临界状态时,周期 T 为正值,中子通量密度随 t 增长,且 k 越大,T 越小,即中子增长越快。当 $k<1$,即反应堆处于次临界状态时,周期 T 为负值,中子通量密度随 t 增长而减小。

通常人们还采用中子通量密度的相对变化率来直接定义反应堆周期。对式(3-1-9)两边取对数,并对时间取导数,则有

$$T = \frac{n(t)}{\dfrac{dn(t)}{dt}} \qquad (3-1-12)$$

式(3-1-12)表明,周期 T 等于反应堆内中子通量密度相对增长率的倒数。实验测定反应堆周期的仪表就是按照这样的定义设计的。

有时采用倒周期 ω,它是这样定义的:

$$\omega = \frac{1}{T}$$

在实际应用中,多采用反应堆倍增周期 T_d 来描述堆内中子通量密度的变化速率,其定义为 t 时刻反应堆内中子通量密度变化 1 倍所需的时间。根据定义及式(3-1-9),可以得到倍增周期 T_d 与周期 T 的关系为

$$T_d = T \times \ln 2$$

例 3-1-3 反应堆功率(P_r)随时间(t)的变化见表3-1-2。

表 3-1-2　反应堆功率(P_r)随时间(t)的变化

t/s	0	2	4	6	8	10
$P_r/\%$	50	50.1	50.2	50.3	50.4	50.5

求反应堆的周期随时间的变化。

解 根据式(3−1−12),$t = 2$ s 时刻的周期为

$$T = \frac{n(t)}{\dfrac{\mathrm{d}n(t)}{\mathrm{d}t}} = \frac{50.1}{(50.1 - 50)/(2 - 0)} = 1\,002 \text{ s}$$

其他时刻的周期计算以此类推,结果见表 3 − 1 − 3。

表 3 − 1 − 3 其他时刻的周期

t/s	0	2	4	6	8	10
$P_{\mathrm{r}}/\%$	50	50.1	50.2	50.3	50.4	50.5
T/s	—	1 002	1 004	1 006	1 008	1 010

3.1.3 缓发中子效应

裂变释放的中子可以分成两类,即瞬发中子和缓发中子,占裂变中子总数99%以上的瞬发中子在裂变后 $10^{-17} \sim 10^{-14}$ s 的极短时间内发射出来。另外不到1%的缓发中子在裂变后大约几秒钟到几分钟之间陆续发射出来。

缓发中子发射的实验研究表明,^{232}Th、^{233}U、^{235}U、^{238}U、^{239}Pu 等核素在裂变时,都存在缓发中子的发射。实验同时指出,缓发中子可按先驱核半衰期的长短,分成6组。表 3 − 1 − 4 给出了 ^{235}U 热中子裂变的缓发中子数据。

表 3 − 1 − 4 ^{235}U 热中子裂变的缓发中子数据

组号	半衰期 $T_{\frac{1}{2}i}$ /s	衰变常数 λ_i /s^{-1}	平均寿命 t_i /s	能量 /keV	产额 y_i	份额 β_i
1	55.79	0.012 4	80.65	250	0.000 52	0.000 125
2	22.72	0.030 5	32.79	560	0.003 46	0.001 424
3	6.22	0.111	9.09	405	0.003 10	0.001 274
4	2.30	0.301	3.32	450	0.006 24	0.002 568
5	0.610	1.14	0.88	—	0.001 82	0.000 748
6	0.230	3.01	0.33	—	0.000 66	0.000 273
总计	—	—	—	—	0.015 80	0.006 502

大多数中−质比(原子核中中子与质子的个数比)较大的裂变产物都进行 β 衰变,然而在少数情形中,所产生的子核处于某种激发态,并具有足够的能量,可能发射一个中子。缓发中子就是这样产生的,其特征半衰期由缓发中子先驱核素的半衰期决定。

图 3 − 1 − 1 所示为半衰期为 55 s 的缓发中子产生的机理。^{87}Br(半衰期55 s)的 β 衰变中大约70%形成 ^{87}Kr 的一个(或几个)激发态,其激发能略大于核内最后一个中子的结合能,即5.4 MeV。于是,这个激发态核立即发射一个中子,形成稳定的 ^{86}Kr。这个中子的能量在图中用 E_{n} 表示。虽然图中所表示的只是从 ^{87}Kr 的一个激发态发射的中子,但中子的能量有一个小的分布范围。观测到的缓发中子发射率由 ^{87}Kr 的形成率决定,^{87}Kr 的形成率又

取决于 ^{87}Br 的衰变率。所以发射中子的半衰期为 55 s。

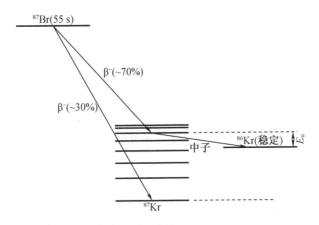

图3 - 1 - 1　半衰期为 55 s 的缓发中子产生的机理示意图

表 3 - 1 - 4 中的 $T_{\frac{1}{2}}$ 为第 i 组先驱核的半衰期，λ_i 为第 i 组先驱核的衰变常数，t_i 为第 i 组先驱核的平均寿命，产额 y_i 是指每次裂变所产生的第 i 组缓发中子数，份额 β_i 是指第 i 组缓发中子占裂变中子（瞬发中子与缓发中子的总数）的百分比。每次裂变平均放出的中子数为 ν，则 $y_i = \nu\beta_i$。显然，缓发中子总份额 $\beta = \sum\limits_{i=1}^{6}\beta_i$。

缓发中子的初始能量平均值一般比瞬发中子低。因而，它在被慢化到热中子时的不泄漏概率和逃脱 ^{238}U 共振俘获概率都比瞬发中子的大，具有较大价值。然而缓发中子不能引起快裂变，因而其价值较小。为了考虑两者价值上的差异，将先驱核第 i 群的份额 β_i 乘以价值因子 I，即 $\beta_{i,\text{eff}} = I\beta_i$，称为第 i 组的有效缓发中子份额；$\beta_{\text{eff}} = I\beta$，称为总的有效缓发中子份额。$I$ 值与反应堆的具体性质有关。对于小型压水堆，I 值为 $1.1 \sim 1.3$；对于大型压水堆，I 值可小于 1，如 0.98。

缓发中子虽然只占裂变中子不到 1% 的份额，但由于它的存在，中子每代时间增长了，因此反应堆的周期大大地延长了。如果说第 i 组缓发中子先驱核的平均寿命为 t_i，那么这一组内的每一中子都可以看作在裂变后平均时间 t_i 时才出现，即 t_i 是第 i 组缓发中子的平均延发时间；而瞬发中子的延发时间 t_0 为零。如果第 i 组缓发中子占总裂变中子的份额是 β_i，则这一组的平均缓发时间是 $\beta_i t_i$。于是所有各组缓发中子总的平均缓发时间，也就是先驱核的权重平均寿命，就等于各 $\beta_i t_i$ 项的和，即等于 $\sum \beta_i t_i$。

那么考虑到缓发中子的影响后，两代中子间的平均时间（即平均每代时间）$\overline{L}$ 为

$$\overline{L} = L_0 + \left[\sum_{i=1}^{6}\beta_i t_i + (1 - \beta) t_0 \right] \approx L_0 + \sum_{i=1}^{6}\beta_i t_i \qquad (3 - 1 - 13)$$

仍以 ^{235}U 与水的无限均匀热堆为例，$L_0 = L_\infty = 1.1 \times 10^{-4}$ s，由表 3 - 1 - 4 中数据可计算出

$$\overline{L} = L_0 + \sum_{i=1}^{6}\beta_i t_i = 0.000\,11 + 0.084\,8 = 0.084\,91 \text{ s}$$

可见，考虑缓发中子后的平均每代时间比不考虑缓发中子时的大大增长了，它比中子

平均寿命(0.000 11 s)大了许多。$\bar{L}$ 值几乎全由缓发中子的缓发效应来决定。这样,反应堆的 k 值由 1 跃变为 1.001 后,反应堆周期应为

$$T = \frac{\bar{L}}{k-1} = \frac{0.084\ 91}{1.001-1} \approx 85\ \text{s}$$

它比不考虑缓发中子时的周期(0.11 s)长得多。这时的中子增长速率就可以通过控制棒进行控制了。

3.2 点堆动力学方程

在中子动力学问题中,对于均匀裸堆,考虑与时间 t 有关的单群扩散方程为

$$\frac{\partial N(r,t)}{\partial t} = Dv\,\nabla^2 N(r,t) - \Sigma_a v N(r,t) + S(r,t) \qquad (3-2-1)$$

式中,右端第一项为 t 时刻、单位时间内因扩散而进入 r 附近单位体积内的中子数;第二项为 t 时刻、单位时间内在 r 附近单位体积内被介质吸收的中子数;第三项为源项,在 t 时刻、单位时间内 r 附近单位体积内产生的中子数,它应包括瞬发中子、缓发中子和外加中子源的贡献。单群理论认为,瞬发中子、缓发中子以及外加中子源的中子具有相同的速率。方程左端是 t 时刻、单位时间内在 r 附近单位体积内中子密度的变化率。

而缓发中子先驱核密度 $c_i(t)$ 满足下列平衡方程式:

$$\frac{dc_i(t)}{dt} = \beta_i k\Sigma_a v N - \lambda_i c_i(t) \qquad (3-2-2)$$

式中,右端第一项是第 i 组先驱核的生成率;第二项是相应的衰变消失率;显然,等式左端为第 i 组先驱核浓度的变化率。

式(3-2-1)和式(3-2-2)是考虑缓发中子单群扩散与时间有关的方程组。

下面采用时空变量分离法来求解式(3-2-1)和式(3-2-2)。这里省略复杂的数学推倒,直接给出结果,即

$$\frac{dn(t)}{dt} = \frac{k_{\text{eff}}(1-\beta_{\text{eff}})-1}{L_0}n(t) + \sum_{i=1}^{6}\lambda_i c_i(t) + q \qquad (3-2-3)$$

$$\frac{dc_i(t)}{dt} = \frac{k_{\text{eff}}\beta_{i\text{eff}}}{L_0}n(t) - \lambda_i c_i(t) \qquad (3-2-4)$$

式中,$n(t)$ 为与时间相关的中子密度;$\beta_{i\text{eff}}$ 为第 i 组有效缓发中子份额;β_{eff} 为有效缓发中子份额,且 $\beta_{\text{eff}} = \sum_{i=1}^{6}\beta_{i\text{eff}}$;$\lambda_i$ 为第 i 组缓发中子先驱核的衰变常数;$c_i(t)$ 为第 i 组先驱核密度;L_0 为瞬发中子平均寿命;q 为外加中子源的平均强度。

方程(3-2-3)、方程(3-2-4)合称为点堆模型的中子动力学方程组,简称点堆模型基本方程。

这些基本方程有明确的物理意义。对于式(3-2-3),等式左端表示 t 时刻、单位时间、单位体积内所变化的中子数。右端第一项 $\frac{k_{\text{eff}}-1}{L_0}n(t)$ 表示 t 时刻、单位时间、单位体积内增加发射的瞬发中子数;$-\frac{k_{\text{eff}}\beta_{\text{eff}}}{L_0}n(t)$ 为 t 时刻、单位时间、单位体积内被扣发的缓发中子数。

右端第二项 $\sum\limits_{i=1}^{6} \lambda_i c_i(t)$ 代表各先驱核在 t 时刻、单位时间、单位体积内发射的缓发中子总数。

方程(3-2-4)的右端第一项为 t 时刻、单位时间、单位体积内所产生的先驱核数;第二项为相应的衰变项。等式左端显然是 t 时刻、单位时间、单位体积内先驱核原子数的变化率。

对于中子动力学方程需做以下讨论:

①点堆模型在数学上假定中子密度 N 可按时空变量分离,在物理上就是假定不同时刻中子密度 $N(r,t)$ 在空间中的分布形状是相似的。也就是说,反应堆内各点中子密度 $N(r,t)$ 随时间 t 的变化涨落是同步的,堆内中子的时间特性与空间无关。所以,反应堆在时间特性问题上,就好像一个没有线度的元件一样,故这个模型称为点堆模型。

②由推导过程可见,点堆模型可讨论临界状态附近的问题。一个均匀裸堆开始处在临界状态上,之后由于某种原因而对临界状态产生了一些小的偏离,处理这个问题就可以应用点堆模型。在反应堆的实际问题中,不管是从次临界启动到临界,还是功率运行下的工况变化与停堆,k_{eff} 值变化一般都很小,基本上都在 1 附近,故可利用点堆模型来做一些分析。

与此相应,在这个模型下常可做这样的理解:k_{eff} 并不是时间的敏感函数,可近似等于 1。但 $k_{\text{eff}}-1$ 却可以是时间的敏感函数,故常有

$$\rho \approx k_{\text{eff}} - 1 \tag{3-2-5}$$

③n 为堆内中子平均密度,单位为中子/cm^3,c_i 为堆内第 i 组先驱核的密度,单位为原子核数/cm^3。由式(3-2-3),可知 q 的量纲与 dn/dt 相同,故当 n 为堆内中子平均密度时,q 即为堆内外加中子源的平均强度,单位为中子/$(cm^3 \cdot s)$。

一般来说,n 可代表堆内中子平均密度、反应堆功率或每秒裂变次数,但 c_i 及 q 的单位须分别与 n 及 dn/dt 相同。

④点堆模型的主要缺点在于,它不能给出与空间有关的细致效应。譬如在大型反应堆中,某一点的局部扰动影响传到另一点需要一定的时间,所以过渡过程中堆内中子空间分布会有不均匀的变化。点堆模型不能反映这种空间的精细变化特征。

3.3 小反应性阶跃变化时点堆模型的中子动力学方程组的解

3.3.1 有外源时的稳定态

如果反应堆处于次临界,堆内没有外中子源,那么次临界堆内的中子平均密度 n 将衰减至零。如果此时堆内有一个外中子源,中子平均密度的变化将是另一种形式。

下面我们用点堆模型基本方程来研究反应堆停闭时的中子平均密度随时间变化的问题。

已知反应堆的停堆深度 $\rho_0 < 0$,而反应堆就处在停堆深度上,ρ_0 为常数。堆内有一个独立的外中子源,每秒每立方厘米体积内均匀放出 q_0 个中子。求反应堆内中子平均密度的变

化规律。

首先,写出点堆模型的中子动力学方程组,即

$$\begin{cases} \dfrac{\mathrm{d}n(t)}{\mathrm{d}t} = \dfrac{k_{\mathrm{eff}}(1-\beta_{\mathrm{eff}})-1}{L_0}n(t) + \sum_{i=1}^{6}\lambda_i c_i(t) + q_0 \\[3mm] \dfrac{\mathrm{d}c_i(t)}{\mathrm{d}t} = \dfrac{k_{\mathrm{eff}}\beta_{i\mathrm{eff}}}{L_0}n(t) - \lambda_i c_i(t) \end{cases}$$

显然,式中 β_i、β_{eff}、λ_i、L_0 都是已知常数。

系统达到稳定态时,n、c_i 不随时间 t 变化,即

$$\frac{\mathrm{d}n(t)}{\mathrm{d}t} = 0$$

$$\frac{\mathrm{d}c_i(t)}{\mathrm{d}t} = 0$$

则

$$n = \frac{q_0 L_0}{1 - k_{\mathrm{eff}}} \tag{3-3-1}$$

由式(3-3-1)可知,有外中子源的反应堆处于次临界状态时,存在一个稳定态,其稳定态的中子密度由式(3-3-1)决定。式中,因为 $k_{\mathrm{eff}}<1$,所以 $n>0$。该式同时表明,稳定态的中子密度大小与停堆深度成反比,停堆深度越浅,$(1-k_{\mathrm{eff}})$ 越小,则稳定态的中子密度越大;反之,稳态中子密度越小。

可以从物理上解释上述结果。因为 $k_{\mathrm{eff}}<1$,所以根据幂级数展开,式(3-3-1)可以写成

$$n = q_0 L_0(L + k_{\mathrm{eff}} + k_{\mathrm{eff}}^2 + \cdots) \tag{3-3-4}$$

设第一代寿期末时,堆内单位体积中有 $q_0 L_0$ 个中子。

第二代寿期末时,增加了 $k_{\mathrm{eff}}q_0 L_0$ 个中子。再加上第一代的中子 $q_0 L_0$ 个共有 $q_0 L_0(1+k_{\mathrm{eff}})$ 个。

第三代寿期末时,相应的中子数为 $q_0 L_0 + (q_0 L_0 + k_{\mathrm{eff}}q_0 L_0)k_{\mathrm{eff}} = q_0 L_0(1 + k_{\mathrm{eff}} + k_{\mathrm{eff}}^2)$。

实际上这是一个等比级数,且比例系数 $\dfrac{a_{i+1}}{a_i} = k_{\mathrm{eff}} < 1$,其无限项之和即为式(3-3-1)。

图 3-3-1 所示为有外中子源时次临界反应堆内中子相对水平的变化。图中纵坐标为中子密度的相对值 $n/(q_0 L_0)$,横坐标以平均寿期 L_0 为单位的时间。稳定值由式(3-3-1)算得 $n/q_0 L_0 = 1/(1-k_{\mathrm{eff}})$。不同曲线与不同的 k_{eff} 值相对应。可以看到,k_{eff} 较小时稳定值小,系统达到稳定态所需时间也短。当 $k_{\mathrm{eff}} \to 1$,即 $\rho_0 \to 0$ 时,稳定值趋向无穷大,达到稳定态所需的时间也趋向无穷大。即有外加中子源的临界堆,其中子密度永远是增加的,不可能有稳定态。

由点堆模型的中子动力学方程组也可看出,$k_{\mathrm{eff}}=1$,$q_0 \neq 0$。

$$\frac{\mathrm{d}n(t)}{\mathrm{d}t} = -\frac{\mathrm{d}\left(\sum\limits_{i=1}^{6} c_i(T)\right)}{\mathrm{d}t} + q_0 \tag{3-3-3}$$

另一方面,系统若要达到稳定态,即 $\dfrac{\mathrm{d}n(t)}{\mathrm{d}t} = \dfrac{\mathrm{d}\left(\sum\limits_{i=1}^{6} c_i(t)\right)}{\mathrm{d}t} = 0$,则 q_0 必须为零,这与前

提矛盾。

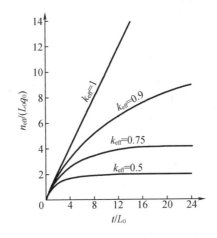

图 3-3-1   有外加中子源时次临界反应堆内中子相对水平的变化

实际上,若忽略缓发中子的影响。取 $\dfrac{\mathrm{d}\left(\sum\limits_{i=1}^{6} c_i(t)\right)}{\mathrm{d}t} = 0$,则方程(3-3-3)有解

$$n = q_0 t + n_0 \qquad\qquad (3-3-4)$$

式中,n_0 为开始临界时($t=0$)时的中子密度。即有外加中子源的临界反应堆,其中子密度是按线性规律增长的。图 3-3-1 中的曲线也表明了这一点。换言之,当外加中子源不能忽略时,要使反应堆有稳定的中子密度,就不能使它处在临界状态上。但当中子密度很高,如反应堆在功率区运行时,中子源的影响可以忽略不计,稳定态即与临界状态对应。或者说,有外加中子源的反应堆其"临界状态"实质上是"微次临界状态"。

3.3.2 小反应性阶跃变化时的中子密度响应(多组缓发中子)

用六组缓发中子来处理中子的动力学方程组会得到较精确的结果。此时中子的动力学方程组可写为

$$\begin{cases} \dfrac{\mathrm{d}n(t)}{\mathrm{d}t} = \dfrac{k_{\mathrm{eff}}(1-\beta_{\mathrm{eff}})-1}{L_0} n(t) + \sum\limits_{i=1}^{6} \lambda_i c_i(t) + q_0 \\[3mm] \dfrac{\mathrm{d}c_i(t)}{\mathrm{d}t} = \dfrac{k_{\mathrm{eff}}\beta_{i\mathrm{eff}}}{L_0} n(t) - \lambda_i c_i(t) \end{cases}$$

令

$$n = A\mathrm{e}^{\omega t} \qquad\qquad (3-3-5)$$

$$c_i = B_i \mathrm{e}^{\omega t} \quad (i=1,2,\cdots,6) \qquad\qquad (3-3-6)$$

将式(3-3-5)、式(3-3-6)代入中子的动力学方程组,同时假设外中子源忽略不计,可得到

$$\begin{cases} A\omega = \dfrac{k_{\mathrm{eff}}(1-\beta)-1}{L_0} A + \sum\limits_{i=1}^{6} \lambda_i B_i \\[3mm] B_i = \dfrac{k_{\mathrm{eff}}\beta_i A}{L_0(\omega + \lambda_i)} \end{cases}$$

根据上式,得反应性方程为

$$k_{\text{eff}} = \frac{1 + \omega L_0}{1 - \beta + \sum_{i=1}^{6} \frac{\lambda_i \beta_i}{\omega + \lambda_i}} = \frac{1 + \omega L_0}{1 - \sum_{i=1}^{6} \frac{\omega \beta_i}{\omega + \lambda_i}} \quad (i = 1, 2, \cdots, 6) \quad (3 - 3 - 7)$$

将 $\rho_0 = (k_{\text{eff}} - 1)/k_{\text{eff}}$ 代入式(3-3-7)中,式(3-3-7)可写为

$$\rho_0 = \frac{\omega L_0}{1 + \omega L_0} + \frac{\omega}{1 + \omega L_0} \sum_{i=1}^{6} \frac{\beta_i}{\omega + \lambda_i} \quad (3 - 3 - 8)$$

这是一个 ω 的七次多项式,它有七个根。因此求解中子的动力学方程组的问题变为求解反应性方程(3-3-8)的问题。

方程(3-3-8)的求解一般采用图解法。把方程右端作为 ρ_0 的函数画在图3-3-2中。由图中曲线可知,当 $\omega = 0$ 时,$\rho_0 = 0$,方程右式 $= 0$。随着 ω 正值的逐渐增加,右式单调地增大并趋近于1。当 $\omega < 0$ 时,对应于六个 $\omega_i = -\lambda_i (i = 1, 2, \cdots, 6)$ 和 $\omega_7 = -\frac{1}{L_0}$,右式是奇点,且 $\omega \to \infty$ 时,右式 $\to 1$。

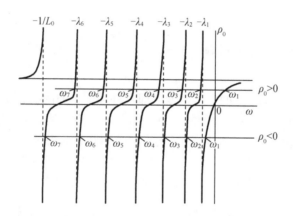

图 3 - 3 - 2　反应性方程的图解

方程(3-3-8)的根由表示该方程左端的水平线与右式的曲线交点给出。如图3-3-2所示,记为 $\omega_j (j = 1, 2, \cdots, 7)$。代数值较大的 ω 与较小的 j 相对应。其中最大的 ω_j 与 ρ_0 同号,其他六个都是负的。

应该注意到 ρ_0 的变化以1为上界,即

$$-\infty < \rho_0 < 1 \quad (3 - 3 - 9)$$

在极限情况下,

$\rho_0 = 0 \quad \omega_1 = 0 \quad$ 临界

$\rho_0 \to 1 \quad \omega_1 \to \infty \quad$ 超临界

$\rho_0 \to -\infty \quad \omega_1 \to -\lambda_1 \quad$ 次临界

最后这个极限意味着无论我们引入多大的负反应性,都不能使反应堆停堆周期短于最长寿期缓发中子先驱核所决定的周期,在以 ^{235}U 为燃料的热中子反应堆内 $\lambda_1^{-1} = 80 \text{ s}$。

于是中子密度的响应可用七个指数项之和来表示:

$$n(t) = n_0 \sum_{j=1}^{7} A_j e^{\omega_j t} \quad (3 - 3 - 10)$$

式中，n_0 是 $t=0$ 时的中子密度；A_j 由适当的初始条件定出；ω_j 与反应堆特性量 L_0、各组缓发中子的 β_i、λ_i 及阶跃值 ρ_0 有关。对于大型 ^{235}U 水均匀热堆，$L_0=0.000\ 1\ \text{s}$，$\rho_0=0.001$，则中子密度的响应为

$$n(t)=n_0(1.446e^{0.018\ 2t}-0.035\ 9e^{-0.013\ 6t}-0.140e^{-0.059\ 8t}-0.067\ 3e^{-0.183t}-$$
$$0.020\ 5e^{-1.005t}-0.007\ 67e^{-2.875t}-0.179e^{-55.6t}) \qquad (3-3-11)$$

在讨论图 3-3-2 时已经指出，若 $\rho_0>0$，式(3-3-11)中只有第一项的指数是正的，其余的指数项都是随时间而衰减的，因而反应堆的特性最终由第一项来决定。另外，当 $\rho_0<0$，反应性方程所有的根都是负的，从而所有指数项都是随时间而衰减的。但是第一个指数项比其余指数项衰减得慢些，因而中子密度仍然由第一项决定。图 3-3-3 所示为不同反应性阶跃时由六组缓发中子计算所得的中子密度变化曲线。反应堆是以 ^{235}U 为燃料的热堆，$L_0=0.000\ 1\ \text{s}$，$\beta=0.007\ 9$。图 3-3-3 表明，引入反应性阶跃后，中子相对水平即有一个相应的突变。几秒后，$\log(n/n_0)$ 与 t 之间即有线性关系。这说明了，中子密度突变以后按一定的稳定周期以指数规律上升，周期与相应的渐近直线斜率成反比。ρ_0 越大，直线斜率越大，而周期越小。

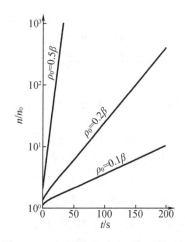

图 3-3-3　不同反应性阶跃时由六组缓发中子计算所得的中子密度变化曲线

实际上，中子密度按一稳定周期变化说明了，式(3-3-15)右端后六个指数项已相继较快地衰减了，只剩下第一项。反应堆的稳定周期由 ω_1 决定，即 $T=1/\omega_1$。因为 ω_1 与 β_i、ρ_0 以及 L_0 有关，故可对 ^{235}U 等不同易裂变核和各种值画出 $T-\rho_0$ 关系曲线。图 3-3-4 所示为反应性小阶跃变化下 ^{235}U 反应堆的周期与反应性阶跃值的关系。

不同反应堆有不同的 L_0 值，快堆与 $L_0\approx0$ 对应。例如，对 $L_0\approx10^{-4}\ \text{s}$ 的热堆，引入正反应性 0.001 时，由图 3-3-4 中曲线可查得反应堆的稳定周期约为 55 s。

图 3-3-4 的曲线表明：周期随着正反应性的增加而单调地减少。但是对于负反应性来说，周期有一个约为 80 s 的极限值。因为周期 $T=1/\omega_1=1/\lambda_1\approx80\ \text{s}$。另外我们也可以从图 3-3-4 中看出，当 $\rho_0\rightarrow-\infty$，$\omega_1=-\lambda_1$，而 $T=1/\omega_1$ 也得出同样的结论。这个结论，对反应堆的运行是很重要的，即停闭反应堆时无论引入多大的负反应性，堆内中子密度的稳定下降周期总不小于 80 s。即停闭反应堆要有一个时间过程，瞬时停闭是不可能的，停堆过程需要保持一定的冷却条件。

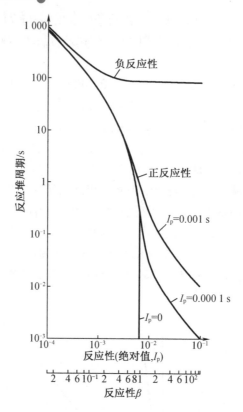

图 3-3-4　反应性小阶跃变化下^{235}U 反应堆的周期与反应性阶跃值的关系

由图 3-3-4 可以看出,在临界反应堆中引入小阶跃反应性后,无论是单组缓发中子处理还是多组缓发中子处理,中子密度的响应都是先有一个突变,然后以稳定周期指数规律变化。特别是,当 $\omega \to 0$ 或 $\omega \to +\infty$ 时,单组和多组的定量结论也完全相同。

但是,当 ρ_0 有中等大小的正值时,单组的计算结果与多组的计算结果有所不同。

如果引入 ρ_0 具有很大的负反应性时,单组处理的结果实际上已不再有效。

例如前面已经提到的 ^{235}U 作燃料的热中子堆,$\rho_0 = -0.20$,若按等效单组缓发中子的处理,其稳定周期为 -13.3 s。可是实验表明,其稳定周期约为 -80 s。如果采用多组缓发中子处理,其稳定周期为 -80 s,与实验结果一致。

3.3.3　倒时公式

倒时公式是反应堆稳定周期 T 与引入反应性 ρ 之间的关系式,是反应堆物理实验中由 T 求 ρ 的理论依据。

倒时是反应堆工程中早期采用的一个名词。一个倒时相当于反应堆功率增长的稳定周期为 1 h 所加入的反应性量。

由多组缓发中子计算反应性的公式(3-3-8)、周期 $T = 1/\omega$ 及

$$L = \frac{L_0}{k_{\mathrm{eff}}} (L_0 为有限大小介质中子的平均寿命)$$

可知

$$\rho = \frac{L}{T} + \sum_{i=1}^{6} \frac{\beta_{ieff}}{1 + \lambda_i T} \tag{3-3-12}$$

式中,L 为两代中子的平均代时间。

有时也称

$$\rho = L\omega + \sum_{i=1}^{6} \frac{\omega\beta_{ieff}}{\omega + \lambda_i} \tag{3-3-13}$$

为倒时公式。

3.3.4 瞬发临界

已经知道,反应堆的增殖系数正比于每次裂变放出的中子数 ν。但裂变中子数 ν 包括了 $\beta\nu$ 个缓发中子和 $(1-\beta)\nu$ 个瞬发中子。如果

$$(1-\beta)k_{eff} = 1 \tag{3-3-14}$$

说明该反应堆依靠瞬发中子就能保持临界。这时缓发中子在决定周期方面不起作用。于是,这个反应堆被说成是瞬发临界的。这通常是一种危险情况。

因为反应性的定义是 $\rho = (k_{eff} - 1)/k_{eff}$,将其代入式(3-3-14)得到

$$\rho = \beta \tag{3-3-19}$$

式(3-3-15)表明,如果引入的反应性 ρ 其大小等于总的缓发中子份额 β,则该反应堆处于瞬发临界状态。

瞬发临界的条件也可从中子动力学方程组得到。只考虑瞬发中子,缓发中子源项忽略,同时假设外中子源也可忽略,由于反应堆是临界的,所以 $\mathrm{d}n/\mathrm{d}t = 0$,则有

$$\frac{\mathrm{d}n(t)}{\mathrm{d}t} = \frac{k_{eff}(1 - \beta_{eff}) - 1}{L_0} n(t) = 0 \tag{3-3-16}$$

因而得到瞬发临界的条件为 $\rho = \beta$。

例 3-3-1 一热中子反应堆的瞬发中子寿命为 5.7×10^{-4} s。对于反应性 $\rho = 0.000\ 65$,求反应堆周期(用 s 表示)。

解 引入一个小反应性 ρ 以后,假设采用单组缓发中子处理,同时假设 $T \gg L_0$,再假定 6 个 λ_i 不变,反应堆的周期由式(3-3-12)计算,则

$$T \approx \frac{\beta - \rho}{\rho\lambda}$$

由单组缓发中子的数据,$\lambda = 0.077\ 4\ \mathrm{s}^{-1}$,$\beta = 0.006\ 5$,则反应堆周期为

$$T = \frac{0.006\ 5 - 0.000\ 65}{0.000\ 65 \times 0.077\ 4} \approx 116\ \mathrm{s}$$

复 习 题

一、选择题

1. 反应堆功率随时间的变化如下:

t/s	0	2
$P_r/\%$	50	50.1

则反应堆功率变化的周期为 （　　）

(a)1 001 s　　　　(b)694.5 s　　　　(c)252 s　　　　(d)174.7 s

2. 反应堆功率随时间的变化如下：

t/s	0	2
$P_r/\%$	50	50.1

则反应堆功率变化倍增周期为 （　　）

(a)1 002 s　　　　(b)693.7 s　　　　(c)252 s　　　　(d)174.7 s

二、判断题

1. 只考虑瞬发中子的中子动力学行为,其满足指数规律,但考虑缓发中子后的中子动力学行为不再满足指数规律。 （　　）

2. 反应堆周期可以描述堆内中子的变化速率。周期越大表示堆内中子的变化速率也越大。 （　　）

3. 正是因为缓发中子的作用,堆内中子密度变化的周期变长了,这才使反应堆的控制成为可能。 （　　）

4. 反应性表征了系统偏离临界状态的程度。 （　　）

5. 若反应堆处于次临界,堆内没有外中子源,则次临界堆内的中子密度 n 将衰减至零。 （　　）

6. 当外加中子源不能忽略时,要使反应堆有稳定的中子密度,就不能使它处在临界状态上。 （　　）

7. 有外加中子源的反应堆其"临界状态"实质上是"微次临界状态"。 （　　）

8. 无论我们引入多大的负反应性,都不能使反应堆停堆周期短于最长寿期缓发中子先驱核所决定的周期 $T=1/\lambda$。 （　　）

三、思考题

1. 解释反应堆周期,并写出功率的时间函数表示式,描述功率以周期 τ 上升的变化情况。

2. 对临界反应堆加以正阶跃反应性变化,在很短时间内,功率上升很快,然后上升速率变慢很多。说明功率在初始阶跃之后,它的增长率迅速下降的原因。

3. 什么是瞬发阶跃因子? 给出它的表达式。

4. 对于新堆,当堆芯超临界反应性大于缓发中子份额时,缓发中子对反应堆动力学的影响将变得微不足道,说明原因。

5. 假想一下,设若有可能用某种方法对 CANDU 反应堆增加其反应性,使其达到瞬发临界,这时当它超过瞬发临界点时,周期会突然变化吗? 说明原因。

6. 试说明缓发中子在反应堆控制中的作用。

7. 缓发中子的孕育时间是如何计算的?

8. 什么是倒时方程? 给出倒时方程。

9. 给出等效单组缓发中子近似下的倒时方程。

第4章 反应性系数

4.1 中子增殖系数和临界

在图 4-1-1 所示的链式反应中，每次只有一个中子是可用来产生裂变的，因此每秒钟发生的裂变数保持不变。

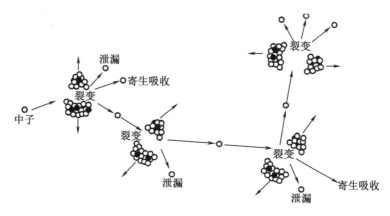

图 4-1-1 链式反应

反应堆产生的功率取决于每秒钟的裂变数。如果反应堆正在稳定地产生 1 W 功率，那么每秒钟将发生 3.1×10^{10} 次裂变。3.1×10^{10} 次裂变产生的中子在下一秒中可用来产生 3.1×10^{10} 次裂变，以此类推。中子没有增殖。

像这样稳定地维持链式反应时，功率水平是稳定的，就说这个反应堆是临界的。

核反应堆临界是指在核反应堆系统内，中子的产生率和消失率之间保持严格平衡的状态。链式裂变反应，以恒定的速率持续地进行下去，处于这种工作状态的核反应堆系统称为临界系统。临界反应堆芯部的尺寸大小称为临界尺寸或临界大小。临界反应堆系统内核燃料的装载量，也就是维持自持链式裂变反应所需的易裂变物质的最小数量称为临界质量。一个反应堆的临界质量通常指反应堆芯部中没有控制棒和化学补偿毒物情况下的临界质量。反应堆的临界质量取决于反应堆的类型、材料成分、几何形状和结构等条件，但对于任何一个特定的反应堆系统，它是一个确定的数值。例如，用 ^{235}U 作燃料的反应堆，其临界质量可以小于 1 kg，大到 200 kg。前者是含有 ^{235}U，富集度为 90% 左右的铀盐溶液系统的临界质量，后者是天然铀石墨反应堆中所含的 ^{235}U 质量。反应堆的临界条件可以通过中子增殖系数来表示。

如果功率正在增加或减少，中子增殖系数将不是恒定的。

根据前面章节中介绍的关于中子循环的知识，用中子增殖系数 k 可很方便地表示中子增殖，即

$$k = \frac{新生一代中子数}{前一代中子数}$$

反应堆可以以稳定功率、功率上升或功率下降状态运行。为了显示如何用中子增殖系数来阐述这三个不同状态,让我们假定开始时我们有 100 个中子,即第一代中子。100 个中子中的一些将被吸收或泄漏而损失,剩下的中子可用来裂变。在一定时间(代时间)内这些中子会引起裂变,第二代中子将生成。

若 $k=1$,则裂变以开始时相同的速率继续下去。功率是稳定的,就是说这个反应堆处于临界状态。从这个定义应注意到反应堆在任意功率水平都可以是临界的。

若 $k>1$,则从一代到下一代,中子数量会增加,少许中子会触发不断增长的裂变链,功率也会增加。我们把这种反应堆称为超临界反应堆。

若 $k=1.05$,则功率将在 $1/10$ s 内增加 131 倍。这个速率太快了,不能控制,实际上从来不允许倍增因子变得如此大。

若 $k<1$,在这种状况下链式反应不能维持。由于中子总数减少,因此反应堆裂变次数和功率也将降低,我们把这种反应堆称为次临界反应堆。

核反应堆的三种不同状态如图 4-1-2 所示。

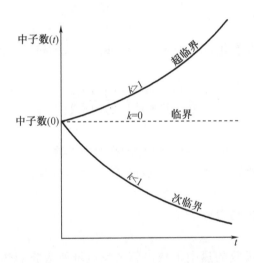

图 4 - 1 - 2 核反应堆的三种不同状态

4.2 六因子公式

4.2.1 无限增殖系数

假想的无限大增殖介质的增殖系数,通常用 k_{∞} 表示。对于无限大系统,没有中子泄漏损失,中子仅由于被系统内各种材料的吸收而损失。热中子反应堆的无限增殖系数可用下式表示:

$$k_{\infty} = \varepsilon p \eta f \qquad\qquad (4-2-1)$$

此公式称为四因子公式,它是反映系统材料增殖特性的重要参数。四因子公式在早期热中子反应堆的计算与分析中曾被广泛应用。

4.2.2 有效增殖系数

有限大反应堆系统的增殖系数,通常用 k_{eff} 表示。对有限大系统必须考虑中子的泄漏损失,根据定义,$k_{eff} = k_{\infty} \Lambda_L$,其中 k_{∞} 为无限增殖系数;Λ_L 为系统的中子不泄漏概率,它由两部分组成:慢化过程中的不泄漏概率 Λ_f 和热中子扩散过程中的不泄漏概率 Λ_t,即 $\Lambda_L = \Lambda_f \Lambda_t$,不泄漏概率不仅与系统的材料特性有关,也与系统的大小和几何形状有关。六因子公式如下:

$$k_{eff} = \varepsilon p \eta f \Lambda_f \Lambda_t \qquad (4-2-2)$$

下面是每个因子的定义。

1. 快裂变因子(ε)

快裂变因子表示了快中子数由 ^{238}U 快裂变造成的增长(对于天然铀,这个因子通常约为 1.03)。

$$\varepsilon = \frac{出自热裂变的中子数 + 出自快裂变的中子数}{出自热裂变的中子数} \qquad (4-2-3)$$

2. 逃脱共振概率(p)

逃脱共振概率是中子在慢化过程中不被 ^{238}U 共振俘获的概率。对于天然铀燃料,p 典型值为 0.90。

$$p = \frac{离开共振能区的中子数}{进入共振能区的中子数} \qquad (4-2-5)$$

3. 再生因子(η)

再生因子是燃料每吸收一个热中子所产生的裂变中子数。注意,本教材的术语"燃料"被认为包括了燃料棒束的所有成分,但不包括包壳(比如裂变材料、^{238}U、裂变产物、^{240}Pu,等等)。

天然铀燃料的典型 η 值约为 1.2。

4. 热利用因子(f)

热利用因子是燃料所吸收的热中子数占整个反应堆所吸收的热中子总数的份额(注意,这里的"燃料"和上述 η 定义中的"燃料"一致),其典型值约为 0.94。

$$f = \frac{\Sigma_{a(fuel)} \Phi_{(fuel)}}{\Sigma_{a(total\ reactor)} \Phi_{(total\ reactor)}} \qquad (4-2-6)$$

式中,$\Phi_{(fuel)}$ 和 $\Phi_{(total\ reactor)}$ 分别是燃料和全堆的平均热中子通量。

5. 快中子不泄漏概率(Λ_f)

快中子不泄漏概率是快中子不泄漏出反应堆的概率,其典型值约为 0.995。

6. 热中子不泄漏概率(Λ_t)

热中子不泄漏概率是热中子不泄漏出反应堆的概率,其典型值约为 0.98。

前四个因子实质上依赖于反应堆的材料,而不依赖于反应堆的大小。两个不泄漏概率依赖于反应堆的大小和形状,并且可以通过加上反射层而增大这种概率,我们在后面要讨论这一点。

现在我们使用刚才定义的符号来重画中子循环图,而不是像前面那样使用具体数字。

为方便起见,我们从循环的另一个起点出发,并且为了更具普遍性,不假设系统必须临界。要使用这张图对所显示的循环推导出中子增殖系数的表示式(图4-2-1)。

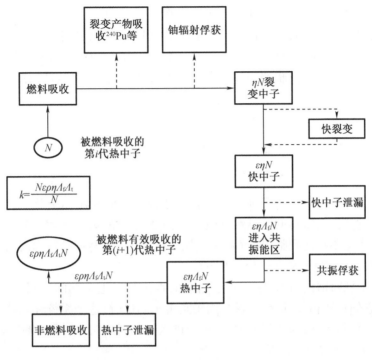

图4-2-1 中子循环的增殖系数

图4-2-1的起点是第i代开始时燃料所吸收的热中子数(N)。由上述η的定义可知,这些燃料吸收所得到的裂变中子数等于ηN(记住η的定义方式,它考虑到了在燃料中所有并不引起裂变的吸收)。在中子慢化到热能区的过程中,裂变中子数因^{238}U的快裂变而增大,所以此数增加到$\varepsilon \eta N$。

考虑到快泄漏,$\varepsilon \eta N$乘以快中子不泄漏概率;考虑到^{238}U的共振俘获,再乘以逃脱共振概率,于是实际到达热能区的中子数为$\varepsilon \eta \Lambda_f N$。

再允许热中子因泄漏而损失,$\varepsilon p \eta \Lambda_f N$乘以热中子不泄漏概率;允许非燃料物质的吸收损失,再乘以热利用因子f。考虑到所有这些可能的损失,得到的表示式(乘积$N \varepsilon p \eta f \Lambda_f \Lambda_t$)就是第($i+1$)代中子数。

现在我们可以写出中子增殖系数k的表示式,它就是第($i+1$)代中子数除以第i代中子数,即

$$k = \frac{N \varepsilon p \eta f \Lambda_f \Lambda_t}{N} = \varepsilon p \eta f \Lambda_f \Lambda_t \tag{4-2-7}$$

当然,如果反应堆正好临界,六因子的乘积就等于1。事实上,在运行一个稳定功率的反应堆时,我们所做的就是调整六因子中的一个或几个,使k的值达到1。

在这六个因子中,只有热利用因子和再生因子可以较方便地加以改变,使反应性有短期变化。比如,通过调整液态控制区或从慢化剂去除硼含量来改变堆芯吸收量,可以改变热利用因子。在某些早期的CANDU反应堆,通过改变慢化剂液位(改变了堆芯的有效大

小),可以改变泄漏项。因子 ε 和 p 被堆芯的初始设计所固定,但是因子 η 是可以改变的,比如把燃耗过的燃料棒束取出,用新燃料替换,这正是不停堆换料所做的。

只要反应堆运行了一段时间,各燃料棒束的成分就会有很大差异,因为每个棒束 ^{235}U 的燃耗深度不同,^{239}Pu 的积累量不同,裂变产物毒物量也不同。分析随辐照加深的单个棒束所发生的变化是有益的。我们可以讨论特定棒束的 k_∞ 值(这意味着一个无限大反应堆的 k 值,其成分与此特定棒束的成分相同)。一个平衡堆芯由许多棒束构成,它们的 k_∞ 值由棒束各自的燃耗深度决定。受高辐照的棒束有较小的 k_∞ 值,而这可以被低辐照、较大 k_∞ 值的棒束所补偿。

4.3 中子泄漏

如上所述,快中子、热中子不泄漏概率依赖于反应堆的大小和形状。让我们观察一下泄漏是如何受这些因素影响的。显然,堆芯的大小是主要的影响因素。放在一大桶重水中的单个燃料棒束远不够达到临界,因为有太多的裂变中子从燃料中逃逸而再也不能回到燃料区(这就是说,不泄漏概率 Λ_f 和 Λ_t 太小)。

反应堆的形状对泄漏也有重要影响。比如,设想我们把全部的燃料棒束移出 CANDU 反应堆,并把它们首尾相接排成一直线,周围是重水。这时,这个系统还会临界吗?十分明显,这个系统不再临界,因为泄漏太大了;中子逃入慢化剂之后,重新碰到燃料的机会极小,不像 CANDU 反应堆结构的情况。

这种极端几何布置不能成功的原因在于:中子的产生率与堆芯体积成正比,而泄漏率与表面积成正比(因为中子泄漏就是通过表面积发生的)。因此,为了减少泄漏因子,要使堆芯表面积与体积之比最小化。具有最小表面积体积比的几何形状是球,不过,使用与球相似的较为实际的圆柱体布置也相当不错,其高度与直径接近相等。

全尺寸的 CANDU 反应堆,其高与直径大约都是 6 m。对于这种大小,泄漏率是很低的(热中子约为 2%,快中子约为 0.5%)。这一尺寸远远大于临界质量所需的最小值;对 CANDU-6,装以新燃料、满载慢化剂,"球形几何"布置只需 100 个棒束就足以形成临界系统。如果是圆柱体布置,围绕堆芯中心轴使用实心管道,只要装载 16 个管道就可以形成临界系统(包含 $16 \times 12 = 192$ 个棒束)。对于满载燃料的堆芯,增殖系数显然会远远大于 1;这种过剩量在初始时由加入吸收体,比如调节棒和慢化剂毒物来压低。然后,慢化剂毒物逐渐被去除,以补偿氙的产生和堆芯燃耗等。

4.4 反应性的定义

反应性是表征链式反应系统偏离临界程度的一个参数,定量地表示为

$$\rho = \frac{k_{\mathrm{eff}} - 1}{k_{\mathrm{eff}}} \tag{4-4-1}$$

式中,k_{eff} 是有效增殖系数。反应性的大小主要取决于燃料的装载量和燃料的富集度,也取决于堆型和堆的结构组成。

当反应堆处在临界状态时，$k_{eff}=1$，反应性 ρ 等于零；当反应堆处在超临界状态时，$k_{eff}>1$，反应性 ρ 大于零，为正值；当反应堆处于次临界状态时，$k_{eff}<1$，反应性小于零，为负值。通常，我们处理的 k_{eff} 值都接近于 1。于是，式（4-4-1）近似等于 $k_{eff}-1$。因此，我们可以使用下列近似式：

$$\rho = k_{eff}-1 = \Delta k_{eff} \qquad\qquad (4-4-2)$$

接下来的内容，我们就取反应性为式（4-4-2）所给出的形式。

因为在正常反应堆控制中所涉及的反应性变化总是很小的，所以这种变化通常用一个更小的单位来度量，即 mk。下例可以说明这种单位的用法：

设我们有

$$k_{eff} = 1.002$$

则

$$\Delta k_{eff} = 1.002 - 1 = 0.002$$

这时，Δk 等于千分之二，我们称为 2 mk，即

$$\Delta k_{eff} = 2\ \text{mk}$$

一个典型的 CANDU 反应性控制系统，比如用于日常正规运行调节反应堆功率的系统，其反应性范围（或"价值"）约为 ± 3 mk。

4.5　反应性温度系数

4.5.1　温度系数的物理基础

当反应堆运行发电时，功率水平的任何变化一般都会改变燃料、慢化剂、冷却剂的温度。这三种成分的温度变化引起反应性变化，反应性变化又转过来影响反应堆的运行工况。为了说明这种反馈作用的大小，我们引用这三种反应堆成分各自的反应性温度系数值。

反应性温度系数定义为每单位温度增加所对应的反应性变化。其单位是 mk/℃ 或 μk/℃（$1\ \mu k = 10^{-3} \text{mk}$）。温度系数可能为正，也可能为负。

燃料、冷却剂、慢化剂的温度变化是互不相关的，因此，每一种都有一个相关联的反应性温度系数。通常人们很希望反应堆的总温度系数是负的，这样可以提供像 NRX 反应堆所显示的自调节性能（图4-5-1）。负的燃料温度系数特别有利，因为在瞬态情况，燃料的升温比堆芯其他成分的升温要快得多。

温度系数一般定义为每单位温度（℃）变化的反应性变化，即

$$\frac{\mathrm{d}k/k}{\mathrm{d}T} = \frac{1}{k}\frac{\mathrm{d}k}{\mathrm{d}T}$$

其中的增殖系数为

$$k = \varepsilon p \eta f \Lambda_f \Lambda_t$$

数学上可以证明

$$\frac{1}{k}\frac{1\mathrm{d}k}{k\mathrm{d}T} = \frac{1}{\varepsilon}\frac{\mathrm{d}\varepsilon}{\mathrm{d}T} + \frac{1}{p}\frac{\mathrm{d}p}{\mathrm{d}T} + \frac{1}{\eta}\frac{\mathrm{d}\eta}{\mathrm{d}T} + \frac{1}{f}\frac{\mathrm{d}f}{\mathrm{d}T} + \frac{1}{\Lambda_f}\frac{\mathrm{d}\Lambda_f}{\mathrm{d}T} + \frac{1}{\Lambda_t}\frac{\mathrm{d}\Lambda_t}{\mathrm{d}T}$$

这表明，我们把公式中六个因子的贡献加起来，可以得到总的温度系数。

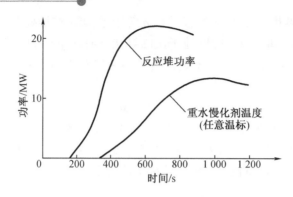

图 4 - 5 - 1　NRX 反应堆的自调节特性

反应堆中温度变化影响反应性主要考虑的三种效应包括：

①燃料中的多普勒展宽效应，它增加了^{238}U 微观截面在共振能区的中子吸收；

②热中子通量的能谱改变，它影响到各种散射过程、吸收过程、裂变过程的微观截面；

③密度改变，它直接影响了出现于反应堆内的核素的核密度。

1. 多普勒展宽效应

多普勒展宽效应直接来自燃料的温度变化。燃料温度上升增加了^{238}U 的共振俘获，原因如下：^{238}U 在共振能区的吸收截面由一组相当陡的共振峰组成，其类型如图 4 - 5 - 2 所示。在峰值区，中子被吸收的概率决定性地依赖于中子动能的确切数值，或者换一种说法，依赖于中子运动速度的确切值。实际情况比上述情况要复杂，因为决定吸收概率的重要因素是中子相对于^{238}U 核的速度。由于加热燃料使得^{238}U 原子的振动更强，因此加热燃料对中子和^{238}U 核的相对速度有影响，结果改变了峰值的形状。

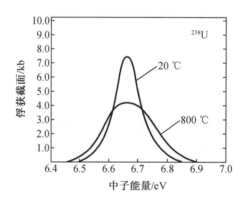

图 4 - 5 - 2　^{238}U 共振峰的多普勒展宽

为了说明情况，考虑如图 4 - 5 - 3(a) 所示的静止核。当中子速度恰巧对应于共振峰时，中子被吸收的概率很高，而中子穿行速度稍慢或稍快，其被吸收的概率就减小许多。现在考虑一下，当燃料被加热，^{238}U 核来回振动，这时所发生的情况。中子速度原先完全在共振峰能量范围之外，它可能碰到一个^{238}U 核，此核在这一瞬间的运动使得中子相对于核的速度与共振峰能量重合。图 4 - 5 - 3(b) 显示倘若^{238}U 核静止，中子速度高于共振峰所在位置，但是，这个中子碰到的是一个同方向运动的核，核的速度太小使得中子趋向于核的速度与图 4 - 5 - 3(b) 的趋向速度相同。对于这个核来说，这个中子好像就在共振能量范围之内。同样现象也会发生在倘若^{238}U核静止,中子速度低于共振峰所在位置的情况,而实际情况是中子碰到了一个"热"铀核,此核趋向中子方向,并以正好是恰当值的速率运动(图4-5-3(c))。

于是,燃料加热的最后结果是可以认为共振峰被"展宽"了,如图4-5-2显示的那样。尽管共振峰的高度降低了(因为原先应该正好以共振峰恰当速率运动的中子不再以该恰当速率运动了),^{238}U的截面还是很大的,使得在整个共振峰区域的中子实质上肯定被燃料吸收了(具有共振峰能量的中子,在燃料中的平均自由程约为0.025 mm)。加热的总效果是加宽了中子有高吸收概率的能区范围。因此,加热燃料使逃脱共振概率(p)减小,从而反应性减小。

(a)$E_n = E_{res}$,静止的核子   (b)$E_n > E_{res}$,移动离开中子的核子   (c)$E_n < E_{res}$,向中子移动的核子

图4-5-3 多普勒展宽的机理

注:这里E_n表示中子的动能,E_{res}表示共振峰能量。上面三个中子对核子都以共振能量出现。

2.中子能谱的改变

反应堆任何一种成分的温度变化、密度变化都影响中子的能量分布(能谱)。这又转过来改变了反应堆其他成分的裂变率和吸收率,因为裂变率和吸收率对中子能量很敏感。

我们知道,反应堆内的中子出发能量很高(高达几个MeV),然后在慢化剂里到处弹跳,直到后来达到较低的速度,与周围环境处于热平衡。这时,中子与核发生碰撞,增加能量和损失能力的可能性相同。

热中子以一种能量分布为特征,这种分布是通过相当复杂的数学表达式来描述的,称为热能谱(图4-5-4)。在室温下,热中子能量的最可几值为0.025 3 eV,任何物质的原子动能依赖于物质温度,因此,慢化剂、冷却剂、燃料温度变化会影响中子能谱,从而影响平均热中子能量。图4-5-4所示为慢化剂温度从20 ℃变到300 ℃的能谱变化。平均中子能量正比于慢化剂绝对温度,所以,从293 K变到573 K,平均中子能量将近翻了一倍。中子能量向较高方向的移动常被称作中子温度的升高。

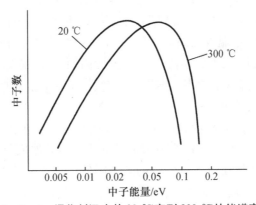

图4-5-4 慢化剂温度从20 ℃变到300 ℃的能谱变化

热中子谱随温度的变化会改变堆芯裂变率和吸收率之间的平衡关系,因为裂变截面和吸收截面都是中子能量的函数。主要受到影响的参数是再生因子(η),下面进行讨论。

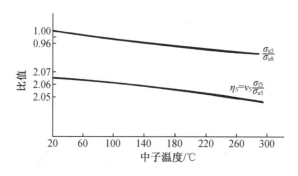

图4-5-5 中子温度随慢化剂温度变化, ^{235}U 吸收截面对 $1/v$ 律的偏离以及 η_5 的变化

前面提到,反应堆许多材料的吸收截面随中子速度的倒数变化,即, $\sigma_a \propto 1/v$。倘若所有材料对中子速度(或能量)都表现出同样的 $1/v$ 依赖关系,那么,中子温度的变化就不会影响到相对的反应率。但是, ^{235}U 和 ^{239}Pu 的吸收截面都显著偏离了 $1/v$ 性质。要说明这一点,可以画出这两种同位素吸收截面各自对 ^{238}U 吸收截面之比(^{238}U 吸收截面接近于 $1/v$ 律),比值为中子温度的函数。 ^{235}U 和 ^{239}Pu 吸收截面偏离 $1/v$ 律的情况分别在图 $4-5-5$ 和图 $4-5-6$ 的上面一条曲线给出。比如说,可以看到, ^{235}U 与 ^{238}U 的吸收比随着温度升高而下跌,而 ^{238}U 构成了燃料中的大多数。另一方面,对于 ^{239}Pu,中子温度升高造成 ^{239}Pu 相对于 $1/v$ 律吸收物的吸收比升高。升高的原因在于热谱高端中子运动进入了 ^{239}Pu 的 0.3 eV 处那个强共振峰范围(图 $4-5-7$)。

遗憾的是,实际状况比这更复杂,因为每种裂变同位素的裂变截面和吸收截面随中子能量以不同的方式变化。结果,仅仅知道裂变同位素的吸收如何随温度变化并不能说明 η 怎样变化。要显示这一点,最方便的方法是观察各种材料的 η 值,把它们当作个别的同位素。例如, ^{235}U 的 η 值 η_5 定义为 $\eta_5 = \nu_5 x(\sigma_{f5}/\sigma_{a5})$,这里仿照六因子公式中 η 的定义,六因子公式是适用于燃料整体的。 ^{235}U 和 ^{239}Pu 的 η 值变化在图 $4-5-5$ 和 $4-5-6$ 的下面一条曲线给出。在所显示的中子温度范围内,两种同位素都表现出 η 随中子温度的增大而减小, ^{239}Pu 的减小趋势更陡一些。

现在我们可以考虑燃料的总 η 值预计会发生什么情况,这个值等于燃料每吸收一个热中子所产生的裂变中子数(这里的"燃料"包括了 ^{238}U、裂变产物等)。对于新燃料反应堆,情况相当直接明了。当中子温度增高时, ^{235}U 的中子吸收率相对于燃料的 $1/v$ 成分的吸收率减少, ^{238}U 就是 $1/v$ 成分。而且, η_5 随中子温度增高而减少,意味着即使在 ^{235}U 中中子被吸收,在引起裂变方面也降低了效率。结果很清楚, ^{235}U 对 η 的温度系数贡献是负的,所以新燃料堆芯的 ${\rm d}\eta/{\rm d}T$ 也是负的。

在平衡堆芯, ^{235}U 对 η 的温度系数贡献当然还是负的。现在, ^{239}Pu 也出现了,它的吸收截面随温度增高而明显增大,这导致 ^{239}Pu 吸收相对于燃料其他成分吸收显著增高。另一方面, η_9 的减小使得这种吸收在引起裂变时的效率降低了。实际结果是前一种效果占优势,所以 ^{239}Pu 对 η 的总温度系数贡献是正的。对于平衡燃料,这种正贡献的大小超过 ^{235}U 的负贡献,所以,平衡燃料的 ${\rm d}\eta/{\rm d}T$ 是正的。

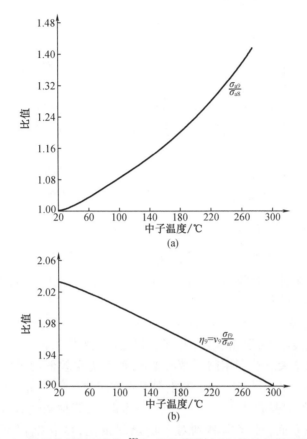

图 4-5-6 随慢化剂温度变化，^{239}Pu 吸收截面对 $1/\nu$ 律的偏离以及 η_9 的变化

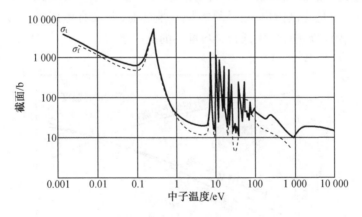

图 4-5-7 ^{239}Pu 的裂变截面和总截面（$\sigma_t = \sigma_a + \sigma_s$）

3. 原子密度变化

一方面当慢化剂或冷却剂温度增高时，原子密度减小，单位体积的原子数减小了，中子在碰撞间的飞行路程就远了，这就增大了其泄漏出反应堆的机会，从而快中子和热中子不泄漏概率减小，这倾向于降低反应性；另一方面，原子密度变小使慢化剂、冷却剂宏观吸收截面变小，这增大了热利用因子（f），于是倾向于增大反应性。对于慢化剂，如果其中包含明显数量的毒物，原子密度变小的效果特别强。对于新堆芯，这种效果最强，因为这时用于

抵消内在高反应性的毒物原子需要量最多。

4.5.2 燃料温度系数

影响燃料温度系数的主要因素有两个:一个是多普勒展宽效应,另一个是燃料温度增高造成中子能谱稍微变硬。对于新燃料,p 和 η 变化做出的贡献都是负的,占优势的贡献是多普勒展宽效应引起的 p 的减小。对于平衡燃料,多普勒较强的负贡献部分地被 η 的正温度系数所抵消,这在前面已讨论过,因为出现了 ^{239}Pu。对典型 CANDU 反应堆,计算燃料温度系数,得到下列值:

$$燃料温度系数 = -15\ \mu k/℃ \quad (新燃料)$$
$$燃料温度系数 = -4\ \mu k/℃ \quad (平衡燃料)$$

4.5.3 慢化剂温度系数

加热慢化剂所产生的主要影响有:①慢化剂密度减小;②平均中子能量增高。慢化剂温度对中子温度的影响比燃料温度、冷却剂温度所产生的影响大得多,因为慢化剂的主要作用就是首先要使中子热化。

对于新燃料和平衡燃料两种情况,计算表明 p 都随慢化剂温度的增高而减小(慢化剂温度升高使慢化剂密度减小,因此增加了中子在慢化过程所穿行的距离)。由于同样原因,快泄漏和热泄漏也都增大。热利用因子做出正贡献,因为在较低的慢化剂密度下,慢化剂吸收减少了。新燃料和平衡燃料条件下的重要差别在于再生因子 η 的温度系数对新燃料是强负值,而对平衡燃料是强正值。结果就是:一方面,计算预测到对新燃料情况,慢化剂温度系数为负;另一方面,计算预测到对平衡燃料情况,慢化剂温度系数为正。比较图 4-5-8 最上面一条曲线和最下面一条曲线,可以看到这一点(温度系数由各种情况的曲线斜率给出)。但是应该指出,在计算新燃料堆芯时,并没有考虑硼的影响,而在实践运行中,硼必须加到慢化剂中,来压低新燃料堆芯的反应性。

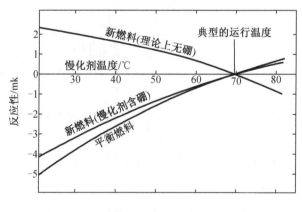

图 4-5-8 反应性随慢化剂温度的变化

当慢化剂加热时,有毒慢化剂密度的下降造成热利用因子(f)增长,慢化剂温度系数的符号由负变为正。这种效应由图 4-5-8 的第三条曲线显示出来。慢化剂温度系数(40 ~ 70 ℃)的近似值为

新燃料(慢化剂无硼) = -15 μk/℃;新燃料(慢化剂加毒) = +70 μk/℃;

平衡燃料 = +90 μk/℃。

虽然第一种情况对于运行堆没有什么实际意义,但值得关注的是,它显示了当从新燃料变到平衡燃料时,η 的温度系数符号改变的重要意义。

4.5.4 冷却剂温度系数

冷却剂温度改变在反应性效应的组成上比上面两种温度系数更为复杂,我们不做详细讨论。图 4-5-9 显示了改变 CANDU-6 冷却剂温度,通过数值计算得到的效应曲线。在温度全程范围,平衡燃料情况的温度系数是正的,其原因极其复杂,在这里不能做解释,但对于新燃料情况,冷却剂温度系数开始时是负的,在冷却剂温度 250 ℃ 左右变成正的(温度系数还是由曲线上各点的斜率给出)。

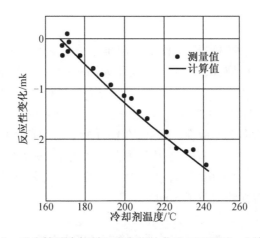

图 4-5-9 反应性随冷却剂温度变化的曲线(CANDU-6 的计算值)

由反应堆的测量值难以确定冷却剂温度系数,因为不可能做到改变冷却剂温度的同时而又不改变燃料温度。图 4-5-10 所示为 PickeringA(新燃料)由燃料和冷却剂温度改变引起的反应性变化测量值和计算值的比较。使反应堆在低功率保持临界,同时运行主泵加热传热系统。因为加热比较慢,我们可以认为燃料温度与冷却剂温度保持同步。因此,得到的结果是燃料和冷却剂温度系数的合成系数。可以看到,反应性变化的计算值和测量值符合得很好。

4.5.5 反应性随温度变化的实际问题

我们已经说过,负的温度系数是比较合乎需要的,这样系统可以具有一种自调节性能。但是,我们不能只考虑这三个温度系数的值,还有两个很重要的因素需要考虑:在给定的功率变化下每种成分所发生的温度变化的大小,以及每种成分加热所需的时间。

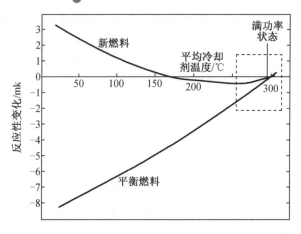

图 4 - 5 - 10 PickeringA 堆(新燃料)由燃料和冷却剂温度改变引起的反应性变化测量值和计算值的比较

表 4 - 5 - 1 提供了三种"标准"条件下反应堆成分的典型温度。CANDU - 6 从冷停堆转入满功率,反应性随反应堆各成分温度的变化如图 4 - 5 - 11 所示。对于平衡燃料,从冷停堆到满功率,总的反应性变化小于 2 mk。然而对于新燃料,从冷停堆转移到热停堆,反应性损失约为 8.5 mk;从热停堆再到满功率,进一步有 6.5 mk 的反应性损失。当反应堆再次停堆时,它重新获得这么多的反应性。因此,在估计所必需的负反应性时,一定要对这里所说的反应性留有余地,这种负反应性是用来插入到系统中,使系统即使在完全冷却之后仍保持可靠的次临界状态。对平衡堆芯,也必须小心关注从冷停堆到热停堆的情况,因为在发生这种变化期间,反应性约增益了 3 mk。

表 4 - 5 - 1 反应堆成分的典型温度 单位:℃

成分	冷停堆	热停堆	满功率
燃料	25	290	690
冷却剂	25	265	290
慢化剂	25	70	70

从热停堆转到满功率状态所涉及的反应性变化称为功率系数。这个名称容易与每摄氏度的反应性变化混淆。记住这个"系数"是两种状态之间的总反应性变化,而不是每摄氏度的反应性变化,后者是我们刚才讨论过的另外几种系数的定义方式。还要注意功率系数只包括温度变化对反应性的影响,不包括因形成裂变产物所引起的反应性损失。前面已经提到过,CANDU 反应堆的功率系数大小通常在 -3 ~ -6 mk 量级。

如果给出了各种成分的温度系数以及温度变化的大小,那么就容易算出从一种状态转到另一种状态的总反应性变化。例如,我们来估计新燃料堆从冷停堆转到满功率时的反应性损失。有关的三个温度系数在适当温度范围取平均值,其值设为

燃料的温度系数: $-15\ \mu k/℃$;

冷却剂的温度系数: $-30\ \mu k/℃$;

慢化剂的温度系数: $+75\ \mu k/℃$ 。

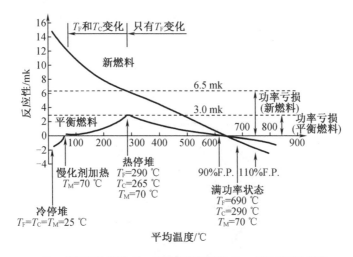

T_F—燃料平均温度；T_C—冷却剂平均温度；T_M—慢化剂平均温度。

图 4-5-11   反应性随反应堆各成分温度的变化

取表 4-5-1 的温度值，把每个系数乘以相应的温度变化，然后求和，可以算出从冷停堆转到满功率状态时预计的反应性变化，或

$$\Delta k = (-15 \times 665) + (-30 \times 265) + (+75 \times 45)\,\mu k$$
$$= (-13.0 - 13.0 + 3.4) \times 10^3\,\mu k$$
$$= -14.6\ mk$$

这个结果与图 4-5-11 显示的曲线值符合得很好。

在功率瞬态的情形，燃料温升比冷却剂温升大，而且升温比冷却剂升温快得多。事实上，燃料温度的改变差不多是瞬时的，而冷却剂温度变化要滞后于功率改变几秒钟。因此，所希望的自调节性只能通过负燃料温度系数来实现，幸而新燃料和平衡燃料都是这种情况。

4.6   空泡形成所造成的影响

慢化剂或冷却剂发生沸腾时就会形成空泡。冷却剂形成空泡的可能性比慢化剂形成空泡的可能性大，所以，我们只限于讨论失去冷却剂的效应。

反应性随着冷却剂液体的缺失而增大，因此，出于安全考虑，了解这种效应的大小很重要。冷却剂沸腾的原因可能是：

①低压（管道破裂、稳压系统失效）；

②低流量（阻塞、管道破裂、泵失效）；

③超功率（通量畸变、调节系统失效）。

在以上这些情形下，冷却剂将逐渐被蒸汽所取代，最终，通道完全失去液体冷却剂。常常称此为通道空泡化。

燃料通道空泡化在直接靠近的燃料元件内造成中子慢化作用降低。观察图 4-6-1，

可以看到,在某个燃料元件(比如元件 A)出生的中子,在到达下一个燃料元件(元件 B)之前通常穿过某些冷却剂,冷却剂提供了少许慢化作用。当通道变成空泡了,就没有了慢化作用,结果高能中子就与元件 B 的燃料发生反应。

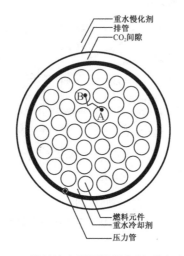

图 4 - 6 - 1　燃料棒束周围的慢化剂、冷却剂布置图

这有两个主要效应,它们都与燃料的^{238}U 成分有关。由于裂变中子从一个燃料元件运动到另一个元件时只损失了很少的能量,我们只需关注^{238}U 在高能范围的截面。图 4 - 6 - 2 显示了^{238}U 辐射俘获截面和裂变截面随中子能量的变化。

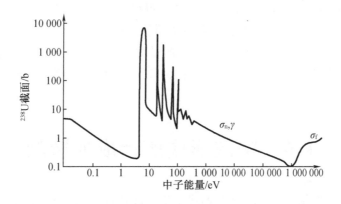

图 4 - 6 - 2　^{238}U 俘获截面和裂变截面随中子能量的变化

失去冷却剂将产生以下效应:

①快裂变因子(ε)增大,因为裂变中子仍然处于裂变阈能之上,它与^{238}U 发生反应的机会增大;

②逃脱共振概率(p)增大,因为裂变中子从燃料棒束逃逸出去之前能慢化到^{238}U 共振能区的中子少了。

还有一个效应是由热中子能谱改变引起的,此效应不如上述两个效应重要。失去热的冷却剂,热中子温度就降低了。在这里,因为我们考虑的是热中子温度降低,所以新燃料情况:冷却剂空泡导致正反应性;而平衡燃料情况:冷却剂空泡导致负反应性。

总效应是:冷却剂空泡导致正反应性,新燃料情况有最大正反应性。全堆芯空泡化的总反应性变化通常为 7~13 mk,这主要取决于燃料燃耗深度。

冷却剂空泡化还减少了反应堆吸收材料的数量;但是,对于重水冷却剂,如果冷却剂有高同位素参数值,这种减少量很小。在实际操作上,对同位素参数有一个下限,以防止在空泡化时有过大的反应性变化。

应该尽可能避免发生过多的正、负空泡反应性变化。在空泡形成期间,过多的正反应性将引起大的功率涌动,如果保护系统不能很快做出响应,就有可能严重损坏反应堆。

另一方面,在形成空泡时,过负的空泡反应性变化造成功率迅速下降,调节系统将通过增加反应性来加以补偿。然后,当空泡塌落,又会造成功率涌动。

复 习 题

1. 过慢化反应堆的慢化剂温度系数是正还是负?

2. 影响慢化剂温度系数的主要因素是什么?

3. 说明在限制功率瞬态方面,为什么燃料温度的反应性系数比冷却剂的系数、慢化剂的系数都重要?

4. 解释反应堆功率系数。

5. 说明燃料温度系数为什么在新燃料情况下比平衡燃料情况下大。

6. 给出反应性随慢化剂温度的变化曲线。

7. 说明 CANDU 反应堆冷却剂形成空泡份额增加则反应性增大的原因。

8. 如果只考虑空泡形成对反应性变化的影响,说明这时对冷却剂加入可溶毒物为什么不可取?

9. 为什么不希望反应堆因形成空泡所造成的反应性过正、过负?

10. 简要讨论负的燃料温度系数的好处与坏处。

11. 列出堆内反应性变化的不同起因(这些反应性变化要用反应堆的反应性机构来加以补偿)。

第 5 章　反应性的控制

5.1　反应堆控制对反应性机构的需求

反应性机构能造成中子增殖系数 k 变化(或反应性大小 Δk),从而造成反应堆功率变化。反应堆有两种不同的反应性机构需求,这两种需求由相互独立的系统来满足。

5.1.1　反应堆控制需求

反应堆控制系统有四种基本功能:
①对稳态功率运行,使 k 保持等于 1;
②提供 k 的少量变化来改变反应堆功率;
③防止通量振荡发展;
④在某些运行参数超出正常调节值范围的事件中,提供慢速设定降功率或快速落棒降功率。

5.1.2　反应堆保护需求

保护系统的主要目的:在一个或多个运行参数超出可接受值范围的事件中,插入大量负反应性来快速停堆(事故保护停堆)。

对反应堆控制和反应堆保护使用分离的系统是 CANDU 反应堆安全性理念的基石。事实上,从实用的观点,没有哪一种单独的系统能够充分满足反应堆控制的全部需求,更不要说同时满足调节需求和保护需求了。

5.2　堆内反应性变化

在反应堆运行期间,堆芯发生着复杂的物理变化和核变化,这意味着一个有效的调节系统必须由几类反应性机构组成。表 5-2-1 对各种不同的堆内反应性变化进行了简单分类。这些反应性变化需要加以补偿、调节控制。列表时,需按照反应性机构两个最重要的参数来归组,即

表5-2-1 堆内反应性变化

堆内反应性变化的起源	反应性大小(Δk)	时间间隔
功率改变,热停堆到热态满功率	中(ρ)	几分钟
燃料和冷却剂温度改变	中($+\rho$,$-\rho$)	几秒钟、几分钟
慢化剂温度改变	中($+\rho$,$-\rho$)	几分钟
新燃料燃耗	大($-\rho$)	6个月
平衡氙负荷的积累	大($-\rho$)	40 h
氙瞬态积累	大($-\rho$)	<12 h
通量振荡	中($+\rho$,$-\rho$)	15~30 h
平衡燃料燃耗	小(ρ)	数天(持续)
钚和钐的积累	中($+\rho$)	300 h

①反应性价值(或反应性深度)Δk(mk):这个值必须或多或少大于反应性机构所要补偿或控制的反应性变化。

②运行时间间隔:反应性机构必须能够在一段时间内提供或移去反应性,它决定了反应性的插入速率(有时称为反应性剧增率)。

每一个堆内反应性变化的起源列表项都在下面做简要描述,当这种反应性变化发生在CANDU电站时,为控制这些变化所必需的典型反应性价值在表5-2-2中也列出,以供比较。从新燃料到平衡燃料工况,这些值是变化的,它们的差异是明显的。

表5-2-2 反应性机构的反应性和响应时间

反应性机构	反应性大小(Δk)	响应时间
液体区域控制装置(LZC)	7 mk	±0.14 mk/s
调节棒(ADJ)	15 mk	±0.1 mk/s
机械吸收棒(MCA)	10 mk	±0.075 mk/s(控制驱动) -3.5 mk/s(下落)
自动钆(Gd)毒物添加	—	-0.012 5 mk/s
慢化剂净化系统树脂床除毒	—	约+0.02 mk/s(最大)
停堆系统28根SOR(Cd棒)	80 mk(稳态)	2 s内下落 0.57 mk/s拔出时
2号停堆系统6个钆(Gd)注入罐	-400 mk(稳态)	2 s内注入

5.2.1 功率改变,热停堆到热态满功率

当反应堆从热停堆状态转到热态满功率工况,功率增高时,随着燃料、冷却剂温度上升,反应性也变化。在正常工况(即非功率剧增),反应堆有一个负的反应性变化称为反应性功率系数。为了保持反应堆的临界状态,人们必须通过其他手段提供一个大小相等、符号相反的反应性价值(例如,通过区域控制系统移出一个等价的反应性价值)。

5.2.2 燃料和冷却剂温度改变

当反应堆从冷停堆状态(约 25 ℃)转到热停堆(约 290 ℃)状态时,燃料和冷却剂都加热了。对于新燃料堆芯,反应性减小,而对平衡堆芯,反应性有某种程度的增大。

5.2.3 慢化剂温度改变

正常情况下,慢化剂温度保持恒定(在排管,通常最高为 70 ℃,在热交换器出口,通常为 40 ℃),但是,改变热量从热交换器的移出率,也可以改变慢化剂温度。对于新燃料堆芯,有关的温度系数符号取决于毒物含量;但是,对于平衡堆芯,温度系数总是正的。

5.2.4 新燃料燃耗

从新燃料转到平衡燃料状态,大约要 6 个月的时间。随着燃料燃耗加深,负反应性负荷有一个大的增长,起因归于 ^{240}Pu 和长寿期、吸收中子的裂变产物(不包括 ^{135}Xe)的积累,也归因于裂变材料的消耗这种反应性变化是缓慢而持续的。

5.2.5 平衡氙负荷的积累

反应堆较长时间的停堆(40 h)之后再启动,平衡反应性负荷(直到 -28 mk)将因燃料内 ^{135}Xe 的积累而积累。

5.2.6 氙瞬态积累

在反应堆停堆 12 h 内(或者是因负荷跟踪、操作问题引起较大的降功率), ^{135}Xe 毒物浓度有很大的瞬态上升。为了能够重新启动反应堆,要提供压氙能力去补偿这种负反应性。如果这种压氙反应性能够在停堆后恰当的一段时间内插入,反应堆就可以再启动,这段时间称为压氙时间。表 5-2-1 列出了实际可获得的反应性,以及由此得出的压氙时间。

5.2.7 通量振荡

堆芯通量或功率的局部改变(比如起因于通道的部分换料,或控制棒的移动),能引发相当大的无阻尼功率振荡(氙振荡),周期为 15~30 h。

区域控制系统被用来抵消堆芯不同区域的非均衡负荷。表 5-2-2 给出了这些系统的总反应性价值。区域控制系统还用于总体功率控制。

5.2.8 平衡燃料燃耗

在平衡燃料燃耗状态,当反应堆达到了运行目标过剩反应性,裂变产物在继续积累,裂变材料在继续燃耗。当然,不停堆连续换料是在平衡燃耗下补偿裂变材料继续消耗的最重要方法。表 5-2-2 给出了 CANDU 反应堆典型通道换料得来的反应性增长。

5.2.9 钚和钐的积累

停堆后,由于镎的衰变,钚积累而增加了正反应性;由于碘的衰变,钐积累而增加了负反应性,总效应是正的,参见表 5-2-1。

可以看出,由于反应性深度和反应性插入速率的变化范围很大,试图设计出一种单独的控制机构是很不现实的。

5.3　控制反应性的方法

在讨论反应性机构之前,我们先看一下控制反应性的理论方法。回顾

$$k = \varepsilon p \eta f \Lambda_{\mathrm{f}} \Lambda_{\mathrm{t}}$$

我们要讨论这六个因子中哪个可以用来改变或控制反应性。

首先,快裂变因子(ε)和逃脱共振概率(p)不容易改变。它们依赖于^{238}U 的存在量及反应堆的栅格间距。因此,我们不去尝试用控制 ε 或 p 来控制反应性。

下一个是再生因子(η)。

$$\eta = v \frac{\Sigma_{\mathrm{f(fuel)}}}{\Sigma_{\mathrm{a(fuel)}}}$$

显然,增加裂变材料的现存量,就增大了 η。也就是说,燃料吸收掉的每个中子会产生更多的中子。

热利用因子(f)是燃料吸收掉的中子与整个堆芯吸收掉的中子之比。

$$f = \frac{\Sigma_{\mathrm{a(fuel)}} \Phi_{\mathrm{(fuel)}}}{\Sigma_{\mathrm{a(total\ reactor)}} \Phi_{\mathrm{(total\ reactor)}}}$$

显然,增加或减少非燃料吸收的量,就改变了 f,因而改变了反应性。改变中子吸收量是最常见的控制方法。

最后,还有快中子、热中子不泄漏概率(Λ_{f}、Λ_{t})。显然,改变中子在反应堆中的泄漏状况,也就能改变反应性。

5.4　反应性机构

为了讨论当前使用的反应性机构,我们将这些机构在反应堆中的基本功能分成以下五类:

①反应堆自动调节(包括总体功率控制、区域功率控制);
②克氙;
③长期反应性的控制(包括新燃料燃耗、平衡氙积累、停堆后钷和钐的积累);
④平衡燃料燃耗;
⑤停堆系统。

下面我们讨论实现每一类功能所使用的方法,以及这些方法的主要优缺点。表 5 - 2 - 2 指明了各电站使用的反应性机构,以及各机构的反应性大小。

5.4.1　反应堆自动调节

用来自动调节反应堆的方法如下(第一种方法仅为了完备性而列入,实际上已不再使用):

1.控制吸收体

固体棒,由镉不锈钢组成,可以在堆芯垂直方向操作移动。因为是寄生吸收,所以控制吸收体改变了热利用因子。

优点:以最小代价提供额外的反应性。

缺点:堆内导向管带来永久性的反应性损失(燃料燃耗的损失)。

2.液体区域控制(LZC)

反应堆内的区域控制舱,它们容纳质量可变的轻水(中子的轻度吸收物)。改变 LZC 系统的轻水容量就改变了寄生吸收,因而改变了热利用因子。

优点:

①可以独立改变各个区域的液位,从而进行区域控制。

②主要操作装置在安全壳外,因此在反应堆运行期间可以靠近操作(对辐照水平要加以适当注意)。

③容易实现冷却。

④对整个通量模式只有轻微畸变。

缺点:

①需要特殊设计,以确保液体区域自保障,即在装置失效时液体区域仍是安全的,这里指失效时注水。

②对堆内构件造成反应性(或燃料燃耗)损失。

5.4.2　克氙

调节棒的主要用途是展平通量,也可以用于克氙。这种棒的材料是中子吸收物(钴或不锈钢)。正常状态下,调节棒全插于反应堆,因而增大了寄生吸收(减少了 f)。当提出调节棒时,就提供了正反应性。

优点:

①调节棒有展平通量(径向和轴向)、压氙的双重功能。

②在正常寿期范围,反应性价值没有显著减少。

缺点:

①调节棒导致8%左右的燃料燃耗损失(调节棒使 f 减少了,所以必须加大其他某个因子,于是就加大 η,而减小了可达到的燃料燃耗深度)。

②提出调节棒会形成局部通量峰,可能会限制功率输出量。

5.4.3　长期反应性的控制

目前用来控制长期反应性的方法是在慢化剂中加可溶毒物。虽然固体棒也可以达到这种目的,但是可溶毒物系统更便宜,而且不会造成通量畸变。然而,在慢化剂中加可溶毒物降低了燃料充分到达电离室的通量,结果是,因毒物的存在必须对堆外电离室的功率读数做出校正。

所使用的毒物是硼(以硼酸的形式)和钆(以硝酸钆的形式)。天然硼和天然钆分别有两种和七种同位素。大多数同位素的热中子吸收截面比较小,但是硼有一个强吸收同位素(^{10}B),而钆有两个强吸收同位素(^{155}Gd 和 ^{157}Gd)。表 5-4-1 给出了有关的数据。

表 5 - 4 - 1 硼和钆的强吸收同位素

同位素	天然丰度/%	热吸收截面/b
^{10}B	19.9	3 840
^{155}Gd	14.8	6.1×10^4
^{157}Gd	15.65	2.55×10^5

液体毒物是以受控方式加入慢化剂的,它们的去除或是通过中子通量的燃耗,或是通过离子交换方式。每种毒物的燃耗率正比于它的截面。硼的截面比钆的小,因此它更适合于处理长期性的反应性变化,比如与新燃料燃耗有关的那些变化。另一方面,钆用于抵偿中期性的反应性变化,例如氙瞬态。表 5 - 4 - 2 归纳了使用各种毒物的场合。

表 5 - 4 - 2 硼和钆的用途

用途	毒物及选取理由	加毒物的原因
模拟新燃料燃耗,在初始启动前及反应堆包含新燃料的初始运行期间	硼 缓慢的中子通量燃耗率和缓慢的离子交换去除率密切匹配缓慢的燃料燃耗率、缓慢的燃料裂变产物积累率	由于不存在长寿期裂变产物毒物,要抵消新燃料的额外反应性,还要抵消新燃料的钚峰值
装卸料期间	硼 硼的燃耗率和去除率较密切匹配新燃料的反应性变化	部分是由于不存在长寿期裂变产物毒物,要抵消新燃料棒束的额外反应性
过装料期间(装卸料机反应性补偿控制)	硼 硼的燃耗率和去除率较密切匹配新燃料的反应性变化	抵消多余燃料的额外反应性
延长停堆期间(保证停堆状态)	钆 离子交换去除率较快。钆比硼更可溶	使反应堆次临界程度更深。补偿氙的消耗以及其他反应性效应
中毒停堆(氙瞬态)启动之后	钆 氙的积累率几乎与钆的中子通量燃耗率相同。略有不匹配可以通过从钆储存箱加钆或用离子交换柱去钆来弥补	补偿中毒停堆后的缺氙状态
持续低功率运行,再使功率较大增长之后	钆 与氙的积累率几乎相同的速率燃耗掉	持续低功率运行,再使功率较大增长,由于中子通量增高,起初将降低氙的水平。如果必需,钆将补偿氙的损耗。经过一段时间,氙将增加到新的较高平衡浓度

硼的缺点是用离子交换法去除它比去除钆慢得多,并且昂贵得多,因为硼要使用更多的离子交换树脂。D_2O 因辐照分解产生 D_2 和 O_2,钆的缺点是它会干扰 D_2 和 O_2 重新合成重水,导致这两种气体积聚在覆盖气体中。

通过化学取样,我们可以测得慢化剂中硼和钆的浓度。然而,只要硼经受了有功率的辐照,它的反应性价值就不再正比于它的浓度,因为吸收截面大的同位素燃耗比其他同位素快。硼和钆的情况不一样,下面解释原因。

硼:去除 ^{10}B 的过程是 $^{10}B(n,\alpha)^7Li$ 蜕变反应。化学取样只能测出剩余硼的浓度,而不能标出剩余 ^{10}B 的比例。结果是,总的反应性价值不定,因为我们不能确定硼浓度的降低有多少是由于燃耗,又有多少是由于离子交换柱的提纯作用。

钆:情况不一样,因为 ^{155}Gd 和 ^{157}Gd 吸收中子只产生 ^{156}Gd 和 ^{158}Gd,钆的总浓度不随辐照而改变。但是,反应性价值还是减小了,因为吸收大的同位素燃耗占优。同样,总的反应性价值不定,因为我们不能确定有多少 ^{155}Gd 和 ^{157}Gd 被燃耗掉了。

5.4.4 平衡燃料燃耗

所有大型 CANDU 反应堆都采用了不停堆换料的方式。或多或少连续不断地用新燃料换走辐照过的燃料,这样就使得裂变材料的数量近似保持不变。这种换料系统与批量换料系统相比有几个明显的优点:

①换料不用停堆;

②燃料平均燃耗较好;

③通量形状较好;

④失效燃料无须停堆即可容易地换出;

⑤避免了很大的毒物补偿量,例如采用批量换料就必须有这种毒物补偿。

其也有一些缺点,主要是装卸料机投资成本高,维护费用高。

如果由于某种原因装卸料机故障不能换料,那么反应堆只能继续运行一段有限的时间。比如,CANDU – 6 每天消耗量为 0.4 mk 左右(就是说,燃料反应性价值以这种速率减少)。倘若在满功率平衡工况,液体区域控制系统处于 50% 状态,则可提供的过剩反应性是2 mk 左右。可供反应堆运行近五天,此后就必须移出一组调节棒加以补偿。当调节棒移出堆芯时,由于通量展平差了,可能需要降低功率。

5.4.5 停堆系统

早期的 CANDU 反应堆设计只有一个单独的停堆系统。随着反应堆设计变得越来越复杂,人们对停堆系统也有了极高的要求。现在可供采用的停堆系统有以下两类。

1. 停堆棒

这是中子吸收材料构成的中空圆柱体(通常是镉,外面覆盖以不锈钢),在重力作用下可以跌落到反应堆内。停堆棒的存在大大增加了寄生吸收,因而降低了热利用因子。

优点:

①在某些最坏的事故状态下,为了保护的需求,要能快速插入反应性。图 5 – 4 – 1 所示为在停堆棒插入之后 CANDU – 6 的反应性瞬态。注意,在 2 s 内,棒插入的反应性超过– 60 mk。

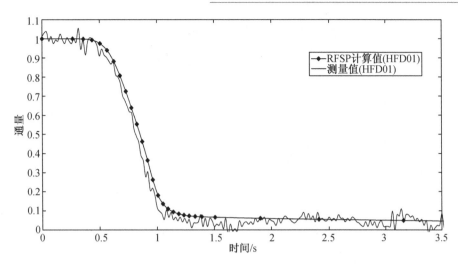

图 5 - 4 - 1　在停堆棒插入之后 CANDU - 6 的反应性瞬态

②停堆棒可以迅速从事故保护停堆状态恢复过来(提棒约需 3 min)。

缺点:

①早期的一些电厂,其负反应性不足以保证长期停堆。停堆棒能提供起初的反应性下跌,然后,假如停堆棒不可能从事故保护停堆中恢复过来,就需要慢化剂中毒以确保继续停堆。

②这种系统较复杂(相对于慢化剂排放),并且受制于机械故障。

2.毒物注入

在高压下,把毒物(钆)注入慢化剂。这会造成热利用因子大量减少。

优点:

快速插入反应性,并伴以很大的停堆深度。图 5 - 4 - 2 所示为在毒物插入之后 CANDU - 6 的反应性瞬态。注意,在 2 s 内注入反应性约为 - 95 mk。

缺点:

①从慢化剂去除毒物必须用离子交换装置,既费钱又费时间(约 12 h)。如果通过注入毒物来使反应堆关闭,那么,在能够去除掉慢化剂毒物之前,有可能发生氙中毒停堆。

②需要小心控制慢化剂化学成分,当注入硝酸钆时,不要有沉淀。

③对控制室的操作人员来说,没有可提供的直接标识,以了解停堆系统的就绪状态(现行的步骤是手工取样,随后在化学实验室做分析)。

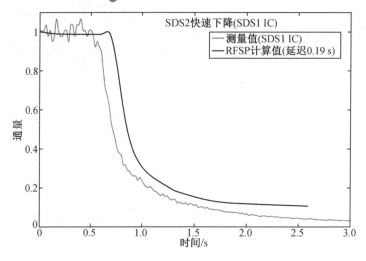

图 5 - 4 - 2　在毒物插入之后 CANDU - 6 的反应性瞬态

5.5　影响控制棒价值的因素

影响控制棒价值的因素,包括:

①控制棒的位置(例如控制棒是靠近堆芯中心,还是接近边缘);

②控制棒插入堆芯的深度;

③控制棒与其他处于堆芯的棒之间的相互作用。

5.5.1　控制棒价值对控制棒在堆芯位置的依赖关系

控制棒通常是一个圆柱棒,材料具有热中子吸收截面大的特性,比如硼不锈钢。控制棒价值是棒插入反应堆所产生的反应性变化。除了其他依赖关系,控制棒的价值还依赖于控制棒在堆芯的位置。首先,我们考虑单根控制棒插入堆芯中心且区域有高通量时的价值(图 5 - 5 - 1)。控制棒是中子的有效吸收体,因此,围绕控制棒区域的热中子通量显著下降。如果反应堆要继续运行,棒要插入、总功率要不变,那么,调节系统必须提高外区的通量来补偿中心区域通量的减小,如图 5 - 5 - 2 所示。结果是通量向堆芯边缘转移,导致热中子泄漏概率变大。

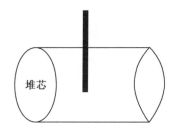

图 5 - 5 - 1　控制棒插入中心区域

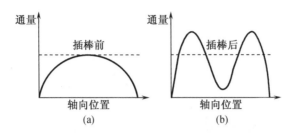

图5-5-2 插棒前后的热中子通量分布形状

因此,控制棒价值是两个因素的组合结果:①插棒区域的中子吸收增大;②棒造成通量畸变,引起中子泄漏率增大。这两个因素各自的影响大小取决于棒在堆芯的位置。假设棒位置如图5-5-3(a)所示。这里的吸收效果明显小于前面插入中心区域的情况,因为控制棒靠近堆芯边缘,只有较少的中子可被吸收。于是,调节系统必须在堆芯的其他部分使通量少量增加,以保持总功率不变(图5-5-3(b))。这时发生的通量畸变、中子泄漏概率增大,也都小于棒插入高通量区的情形。总效果就是:棒价值远远小于棒插入中心区域的情况。

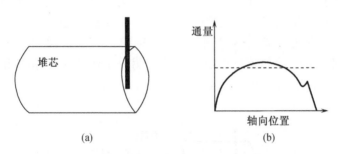

图5-5-3 棒插入堆芯边缘附近的热中子通量分布形状

5.5.2 控制棒价值随插入深度的变化——棒微分价值

调节棒逐渐插入反应堆时,调节棒的反应性影响会怎样变化? 要定量描述变化情况,我们可以引进一个因子,即棒微分价值,它的定义是棒每多加到堆芯1 mm(比如说用这个单位)时的反应性价值。如果开始时棒完全提出在外,起初,棒的移动(插入)产生比较小的影响,因为棒插入区域中子通量较低;随着棒进入堆芯变深,棒微分价值(每毫米的价值)稳步上升,当棒前端到达堆芯中央时,棒微分价值取得最大值;当棒前端经过了堆芯中央时,微分价值又下降,在全插入位置达到最小值。

图5-5-4所示为控制棒反应性价值的变化,这是位置的函数。微分价值由这条曲线的斜率来表示,可以看到,最大斜率位于棒前端到达堆芯中心线的地方。

顺便指出,棒或一组棒部分插入堆芯的情况与前一节描述的相同,会对热中子通量分布形状造成同样的畸变影响,只不过是在垂直方向。相对于堆芯下部的通量,堆芯上部的通量会降低。

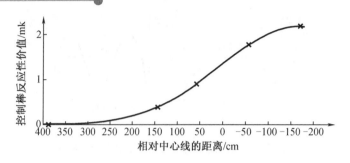

图 5 - 5 - 4　控制棒反应性价值的变化

5.5.3　控制棒的相互作用——棒间干涉效应

某个位置的控制棒价值依赖于总的通量分布形状是否发生了畸变,畸变的原因是另外插入了一个或多个棒。为了说明,假定已在堆芯高通量区插入单根棒,如图 5 - 5 - 5(a1)所示。在调节系统已补偿了插棒效果之后,通量分布形状畸变成如图 5 - 5 - 5(a2)所示那样。

现在假设插入第二根同样的棒,靠近第一根,如图 5 - 5 - 5(b1)所示。因为第二根棒所进入区域的通量已经被第一根棒压低了,所以,第二根棒所吸收的中子数少于第一根棒未插入时的情形。此外,第二根棒的出现降低了第一根棒邻近处的通量,与堆芯只有一根棒的情形相比,第二根棒的价值减小了(图 5 - 5 - 5(b2))。于是,如果每根棒独自有价值 X(比方如此),两根棒的组合价值将小于 $2X$。由于另一根棒就在近旁,使得每根棒的各自价值减小的情况称为棒间干涉(负向互屏)。

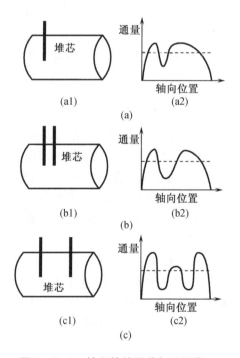

图 5 - 5 - 5　控制棒的影蔽与反影蔽

现在考虑另一种情况,第二根棒所插入的区域远离第一根棒,比如说,第二根棒处于畸变后的通量分布的峰顶位置,而这种畸变是第一根棒造成的,这时会发生什么情况呢?（图 5 - 5 - 5(c1)）。棒进入的区域是中子通量已增高的部分,这里中子通量增高是第一根棒引起的,因此,第二根棒能吸收的中子多于只有这根棒在堆芯的情况（图 5 - 5 - 5(c2)）。这时,两根棒的组合价值将大于 $2X$。由另一根棒的存在引起两根棒各自的价值增大,这种现象称为棒间干涉（正向互屏）。

复 习 题

1. 简述重水堆反应性机构的基本目的和功能。

2. 简单分析慢化剂平均温度对控制棒价值的影响。

3. 试说明堆芯燃耗对控制棒价值的影响。

4. 何谓"卡棒"准则? 制定"卡棒"准则有什么作用?

5. 简述控制棒滑步对堆功率及分布的影响。

6. 何谓控制棒的反应性价值? 控制棒价值的大小与什么成正比?

7. 说明控制棒的插入对六因子（ε、ρ、η、f、Λ_{f}、Λ_{t}）中哪些影响很大? 哪些次之? 哪些很微小?

8. 说明控制棒的插入为什么对热中子利用系数 f 影响很大?

9. 说明控制棒的插入为什么对逃脱共振概率 p 影响很大?

10. 说明控制棒的插入为什么对快中子和热中子的不泄漏概率（Λ_{f}、Λ_{t}）也会有影响?

11. 何谓控制棒组的微分价值? 它应如何估算?

12. 何谓控制棒组的积分价值? 它应如何估算?

13. 什么是控制棒间的干涉效应?

第6章 反应堆物理计算

6.1 物 理 程 序

CANDU-6 反应堆使用的物理程序包括：

①通用输入数据。

ENDF/B-VI 核数据库。

②反应堆物理程序。

a. 栅元程序 WIMS-AECL。

b. 增量截面计算程序 DRAGON。

c. 堆芯模拟程序 RFSP。

③接口程序。

a. WIMS Utilities、WIMS-AECL 和 RFSP 的接口程序。

b. T16MAC、WIMS-AECL 和 DRAGON 的接口程序。

c. RFSOCB、RFSP 和 CATHENA 的耦合程序。

WIMS-AECL/DRAGON/RFSP 对 CANDU-6 反应堆进行建模的总体流程如图 6-1-1 所示。

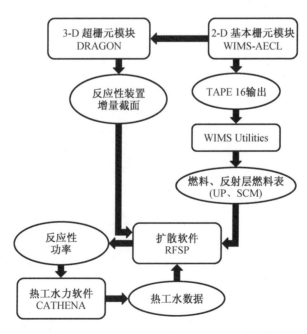

图 6-1-1 WIMS-AECL/DRAGON/RFSP 对 CANDU-6 反应堆进行建模的总体流程

6.2 栅 元 计 算

如果忽略反应性控制装置,可以认为 CANDU 反应堆的堆芯由一系列具有相同属性的正方形排列燃料通道的基本栅元($28.575 \times 28.575 \times 50\ cm^3$)组合而成,栅元模型如图6-2-1所示。每一个栅元包括 UO_2 燃料、冷却剂、慢化剂、燃料包壳、压力管和排管等不同性质的材料,对这些材料进行均匀化处理,就可以得出整个栅元的平均截面。

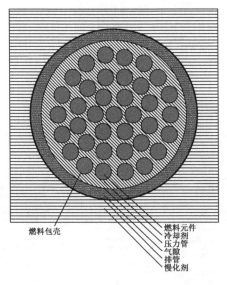

图6-2-1 CANDU-6栅元模型

基本栅元计算程序有:

①POWDERPUFS-V(PPV):在试验堆 ZED-2 测量数据的基础上,建立起来的半经验的栅元计算程序,使用 Westcott 核截面。采用简单的均匀化三区模型,一维环型几何,可实现快速计算。

②WIMS-AECL:精细二维输运理论栅元计算程序。

6.2.1 PPV

秦三厂目前使用内置于 RFSP 程序中的 POWDERPUFS-V 的栅元程序。PPV 模型的输入文件样本如图6-2-2所示。PPV 的输入数据共90个,每个参数的描述及天然铀燃料的典型输入数据如图6-2-3所示(具体详见 RFSP 用户手册)。

6.2.2 WIMS

由于 PPV 程序是基于天然铀燃料相关实验数据得出的半经验数据,因此不适用于秦三厂后续的燃料改进计划(如等效天然铀 NUE、37M 燃料)。在 NUE 或 37M 项目实施后,秦三厂必须采用 WIMS 程序来进行基本栅元计算。

```
*POWDERPUF
  1. PPV 37-ELEMENT BUNDLE FOR TQNPC-2 BURN. CALC.
196902
     .00000000E+00    .22500000E+03    .10850890E+01    .69000000E+02    .80785900E+00
     .10600000E+02    .68700000E+03    .15200000E+03    .78000000E+02    .00000000E+00
     .30890949E+02    .14127679E+03    .41604000E+00    .40000000E+01    .99833000E+02
     .40000000E+02    .67561900E+00    .41270290E+02    .70274600E+01    .27802380E+02
     .49435300E+01    .51689000E+01    .56032000E+02    .64478000E+01    .65875000E+01
     .00000000E+00    .28800000E+03    .34968710E+02    .10590000E+01    .28575000E+02
     .00000000E+00    .20000000E+02    .70000000E+02    .00000000E+00    .50000000E+02
     .00000000E+00    .90000000E+14    .00000000E+00    .24000000E-01    .00000000E+00
     .00000000E+00    .16150000E+02    .95501510E+00    .00000000E+00    .10000000E-02
     .49530000E+02    .00000000E+00    .00000000E+00    .00000000E+00    .22303000E+22
     .10000000E+00    .99000000E+02    .10000000E-01    .10000000E-02    .45000000E+01
     .00000000E+00    .76180000E-04    .00000000E+00    .10000000E-02    .76400000E+00
     .00000000E+00    .00000000E+00    .00000000E+00    .72040000E+00    .00000000E+00
     .99279600E+02    .00000000E+00    .00000000E+00    .00000000E+00    .00000000E+00
     .20000000E+01    .37000000E+02    .00000000E+00    .00000000E+00    .00000000E+00
     .00000000E+00    .00000000E+00    .00000000E+00    .00000000E+00    .50000000E+01
     .00000000E+00    .00000000E+00    .00000000E+00    .20000000E+01    .00000000E+00
     .00000000E+00    .31427000E+03    .37973000E+03    .82300000E+00    .21585000E+04
                         37-ELM NATPLUS REFLC
```

图 6 - 2 - 2   PPV 模型输入文件样本

SPECTRAL PARAM. R	FUEL NEUT. TEMP.	MODERATOR DENSITY	MODERATOR TEMP.	COOLANT DENSITY
0.00000000E+00	0.22500000E+03	0.10850890E+01	0.69000000E+02	0.80785900E+00
FUEL DENSITY	FUEL TEMP.	ANNULI NEUT. TEMP.	MOD. NEUT. TEMP.	SHEATHABS.XN.FACT.
0.10600000E+02	0.68700000E+03	0.15200000E+03	0.78000000E+02	0.00000000E+00
RUBR BAND PERIM SO	FUEL PERIM. SA	COOLANT THICKNS D	NUMBER OF ANNULI	MOD. D2O ATOM PERC
0.30890903E+02	0.14127679E+03	0.41604000E+00	0.40000000E+01	0.99833000E+02
SHEATH MATL. CODE	VOID VOLUME	FUEL VOLUME	SHEATH VOLUME	COOLANT VOL. IN RO
0.40000000E+02	0.67561901E+00	0.41270290E+02	0.70274601E+01	0.27802380E+02
HOMGNIZD RADIUS RO	RADII R1	R2	R3	R4
0.49435301E+01	0.51689000E+01	0.56032000E+02	0.64478002E+01	0.65875001E+01
R5	COOLANT TEMP.	TOT. COOLANT VOL.	FLUX RATIO C/F	LATTICE SPACING
0.00000000E+00	0.28800000E+03	0.34968712E+02	0.10590000E+01	0.28575001E+02
COOLANT MATL CODE	MATL. INDIC. M1	MATL. INDIC. M2	MATL. INDIC. M3	MATL. INDIC. M4
0.00000000E+00	0.20000000E+02	0.70000000E+02	0.00000000E+00	0.50000000E+02
MATL. INDIC. M5	INITIAL FLUX GUESS	R	SB	PSUBF
0.00000000E+00	0.90000000E+14	0.00000000E+00	0.24000000E-01	0.00000000E+00
FUEL MATL. CODE	FUEL HEAT RATING	POWER TO COOLANT	FIRST STEP EXP	NEUT.TEMP.CONV.CRIT.
0.00000000E+00	0.16150000E+02	0.95501512E+00	0.00000000E+00	0.10000000E-02
BUNDLE LENGTH	PU-240 S-S. FACT.		MOD. POISON.PPM	FUEL RAV/MOW
0.49529999E+02	0.00000000E+00	0.00000000E+00	0.00000000E+00	0.22303001E+22
EXPOSURE STEP	COOLNT D2O ATM PER	DEEMS CONV. CRIT.	W-R CONV. CRIT.	MAXIMUM FXPOSURE
0.10000000E+00	0.99000000E+02	0.99999998E-02	0.10000000E-02	0.45000000E+08
SQU. OR HEX. IND.	GEOMETRIC BUCKLING	XENON MAC ABS XSN	PU240 CONV. CRIT.	EFF/MAX FLUX RATIO
0.00000000E+00	0.76179997E-04	0.00000000E+00	0.10000000E-02	0.76400000E+00
N02(0)	N23(0)	N24(0)	N25(0)	N26(0)
0.00000000E+00	0.00000000E+00	0.00000000E+00	0.72039998E+00	0.00000000E+00
N28(0)	N49(0)	N40(0)	N41(0)	N42(0)
0.99279602E+02	0.00000000E+00	0.00000000E+00	0.00000000E+00	0.00000000E+00
DENSITY CONTROL	RODS PER BUNDLE	PERTURBATN CONTROL	Z(9)	Z(10)
0.20000000E+01	0.37000000E+02	0.00000000E+00	0.00000000E+00	0.00000000E+00
Z(11)	Z(12)	PU-239 PROD CONTROL	SFP CONTROL	PRINTOUT CONTROL
0.00000000E+00	0.00000000E+00	0.00000000E+00	0.00000000E+00	0.50000000E+01
RADIAL BUCKLING	EXTERMINATR CONTROL	PERIGEE CONTROL	BURNUP CONTROL	TNF+WR CONV CONTROL
0.00000000E+00	0.00000000E+00	0.00000000E+00	0.20000000E+01	0.00000000E+00
EXTRAP. LENGTH	CORE RADIUS	REACTOR RADIUS	RADIAL FORM FACTOR	TOTAL FISSION POWER
0.00000000E+00	0.31426999E+03	0.37973001E+03	0.82300001E+00	0.21585000E+04

图 6 - 2 - 3   PPV 模型参数描述及天然铀燃料的典型输入数据

WIMS 程序(Winfrith Improved Multigroup Scheme)最早发源于英国,1971 年被引入加拿大的查克河实验室(Chalk River Laboratories),发展成为独立的适用于 CNADU 反应堆的栅元计算程序 WIMS - AECL。目前经过 CANDU 业主联合会推动发展成适合于工业化应用的标准程序。WIMS 程序是二维 89 群的栅元计算软件,通过求解中子输运方程来计算燃料基本栅元的物理参数,包括不同燃耗深度下燃料组件中氧、铀、钚、氙、碘等 72 种核素的核子密度,以及各能群下各种核素的微观截面(如吸收截面、散射截面、输运截面和裂变截面等)。本次计算使用的 WIMS 版本为 wims25d,该程序已经过验证,可用于 CANDU 反应堆的设计、分析和运行支持。

WIMS 程序在处理 CANDU－6 栅元时,利用面积等效原则,将以上材料划分为数量不等的同心圆(图6－2－4)。以没有蠕变的压力管为例,WIMS 程序将燃料棒分成8区(每圈燃料分成2区)、包壳分成4区、冷却剂分成7区、隔离垫和支撑垫等结构材料1个区、压力管分成2区、气隙1个区、排管1个区、慢化剂分成16区,共40区,其每个分区数据见表6－2－1。

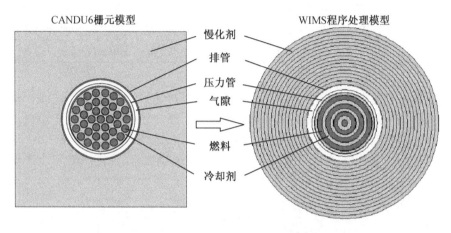

图6－2－4 WIMS 程序栅元处理模型

表6－2－1 WIMS 程序栅元分区数据表

分区编号	材料编号	分区半径/cm	分区体积/cm³	材料名称	分区编号	材料编号	分区半径/cm	分区体积/cm³	材料名称
1	1	0.423 89	0.564 49	FUEL_1	21	14	5.395 91	7.201 30	PT
2	1	0.599 47	0.564 49	FUEL_1	22	14	5.612 66	7.496 18	PT
3	2	0.639 30	0.155 02	CLAD	23	15	6.449 88	31.726 95	GAP
4	3	0.983 53	1.754 95	COOLANT	24	16	6.589 54	5.721 10	CT
5	3	1.219 97	1.636 80	COOLANT	25	17	7.189 54	25.972 95	MODER
6	4	1.602 01	3.386 94	FUEL_2	26	17	7.789 54	28.234 90	MODER
7	4	1.909 06	3.386 93	FUEL_2	27	17	8.384 70	30.241 56	MODER
8	5	1.985 09	0.930 12	CLAD	28	17	8.979 85	32.467 12	MODER
9	6	2.343 36	4.871 73	COOLANT	29	17	9.575 01	34.692 69	MODER
10	6	2.482 40	2.108 04	COOLANT	30	17	10.170 16	36.918 26	MODER
11	7	2.884 18	6.773 88	FUEL_3	31	17	10.765 32	39.143 83	MODER
12	7	3.236 46	6.773 87	FUEL_3	32	17	11.360 47	41.369 40	MODER
13	8	3.326 69	1.860 24	CLAD	33	17	11.955 63	43.594 96	MODER
14	9	3.741 47	9.210 46	COOLANT	34	17	12.550 79	45.820 53	MODER
15	9	3.869 90	3.070 96	COOLANT	35	17	13.145 94	48.046 10	MODER
16	10	4.267 37	10.160 81	FUEL_4	36	17	13.741 10	50.271 67	MODER

表 6 - 2 - 1（续）

分区编号	材料编号	分区半径 /cm	分区体积 /cm³	材料名称	分区编号	材料编号	分区半径 /cm	分区体积 /cm³	材料名称
17	10	4.630 84	10.160 80	FUEL_4	37	17	14.336 25	52.497 24	MODER
18	11	4.725 77	2.790 36	CLAD	38	17	14.931 41	54.722 80	MODER
19	12	5.109 02	11.841 13	COOLANT	39	17	15.526 56	56.948 37	MODER
20	13	5.179 15	2.266 81	COOLANT	40	17	16.121 72	59.173 94	MODER

由于后续进行全堆芯计算的 RFSP 程序只能处理分为三个区的栅元,所以 WIMS 程序在进行了 40 区的精细计算后,最后需要将整个栅元重新合并成三个区,其中燃料、包壳和冷却剂为一区,排管、气隙和压力管为一区,慢化剂为一区,分区示意图如图 6 - 2 - 5 所示。在每个区内进行均匀化处理,分别计算其均匀化中子截面参数,作为三维堆芯计算程序 RFSP 的基本输入数据。

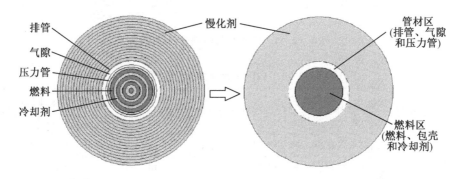

图 6 - 2 - 5　WIMS 程序栅元均匀化模型

WIMS - AECL 的输入文件分为三大数据块:

①PRELUDE DATA,定义一些计算选项;

②MAIN DATA,定义栅元结构和材料;

③EDIT DATA,定义计算后处理要求。

WIMS - AECL 的输入要求:

①WIMS - AECL 的输入文件采用自由格式输入方式,同时大小写不限。

②输入文件中每行最大允许 132 个字符,其中包括卡片的关键字,后面接着是需要输入的信息,用空格、逗号或者等号分隔开。可以跨行输入,行尾用 $ 做标记。

③WIMS - AECL 的卡片关键字以前 4 个字母为准,如 BEGIn、BEGIN、BEGI 发挥的作用一样。

④数据块中的数据输入顺序除 PRELUDE、PREOUT、BEGIN 及 INITIATE 等,其他没有限制。

⑤WIMS - AECL 程序允许同一个输入文件包括多个 CASE。每个 CASE 燃耗过程需要用户自行定义,而不是如 PPV 那样自动生成。

⑥数值输入可以有三种形式:整数、实数和指数。数值带符号,不带符号自动默认为正的。

⑦输入文件中允许出现字符串,用""标志出来。

⑧注释行用" * "标示。

PRELUDE 数据介绍:

①PRELude   * 数据块开头标识符

②TITLe' CANDU NU LATTICE CALCULATION'   * 文字说明计算用途

③NDAS   * 选择新的数据库格式

④CELL Cluster   * 定义栅元类型

⑤SEQUence Pij   * 选择输运方程计算方法

⑥SCAN   * 定义存储数组大小

⑦NRODs 37 − 12   * 定义 P_{ij} 计算参数

⑧PREOut   * 定义数据块结尾

MAIN 数据块介绍:

Annulus # 1. 295378 Coolant

Annulus # 1. 942671 Coolant

Annulus # 2. 589967 Coolant

Annulus # 3. 237263 Coolant

Annulus # 3. 884559 Coolant

Annulus # 4. 531854 Coolant   * 定义栅元结构

Annulus # 5. 179150 Coolant

Annulus # 5. 395910 PT

Annulus # 5. 612660 PT

Annulus # 6. 449880 Gap

Annulus # 6. 589540 CT

Annulus # 7. 189540 Moder

Annulus # 7. 789540 Moder

Npijan #

Polygon # 4 Moder 14. 287500

#

Array # 1 1 . 000000 . 000000

Rodsub # # . 429709 Fuel_1

Rodsub # # . 607700 Fuel_1

Rodsub # # . 648080 clad

Array # 1 6 1. 488450 . 000000

Rodsub # # . 429709 Fuel_2

Rodsub # # . 607700 Fuel_2   * 定义 4 圈燃料的结构

Rodsub # # . 648080 clad

Array # 1 12 2. 875300 . 261799

Rodsub # # . 429709 Fuel_3

Rodsub # # . 607700 Fuel_3

Rodsub # # . 648080 clad

Array # 1 18 4. 330700 . 000000

Rodsub # # . 429709 Fuel_4

Rodsub # # . 607700 Fuel_4

Rodsub # # . 648080 clad

POWEr 1 33. 4902 0. 1 1 0. 0001 　　　　　　　　* 定义燃耗控制卡

BUCKling 1e − 4 1e − 4 1e − 5 1e − 5 　　　　　　　* 定义曲率

TOLErance 1e − 6 　　　　　　　　　　　　　　* 计算收敛条件

SUPPress 1 0 1 1 1 1 1 1 1 1 1 1 1 1 − 1 0 − 1 　　* 控制输出

WATEr Coolant 0. 807859 561. 16 Cool dd2o = 99. 0000 　* 定义液体材料

WATEr water1 1. 085089 342. 16 Moder dd2o = 99. 8330 　* 定义液体材料

MATErial boron 1. 085089 342. 16 Moder b10 = 199. 259 b11 = 881. 821 　* 定义硼

MATErial gad 0. 32770 342. 16 Moder gd155 = 2292. 860 gd157 = 2455. 861 　* 钆

MIXTure moder water1 1 boron 0. 00e − 06 gad 0. 0 342. 16 moder 　* 含硼慢化剂

MATErial PT 6. 515 561. 16 Moder NB93 = 2. 58 FE54 = 0. 00266 $ 　* 定义 PT 材料

　　　　FE56 = 0. 0429 FE57 = 0. 001 FE58 = 0. 000136 CR50 = 0. 000337 　$

　　　　CR52 = 0. 0067 CR53 = 0. 00078 CR54 = 0. 000198 NI58 = 0. 00248 　$

　　　　NI60 = 0. 00098 NI64 = 3. 65e − 05 b10 = . 00002431 ZR90PT = 49. 34 　$

　　　　ZR91PT = 10. 88 ZR92PT = 16. 81 ZR94PT = 17. 41 ZR96PT = 2. 864

Material Gap 0. 00118 451. 66 Moder C = 27. 11 O16 = 72. 89 　* 定义环隙气体材料 CO2

Material CT 6. 544 342. 16 Moder FE54 = 0. 0076 FE56 = 0. 124 $ … * 定义 CT 材料

Material Fuel_1 10. 49 960. 16 Fuel O16 = 13. 44 U234 = . 0054 U235 = 0. 71 U238 = 99. 2

Material Fuel_2 10. 49 960. 16 Fuel O16 = 13. 44 U234 = . 0054 U235 = 0. 71 U238 = 99. 28

Material Fuel_3 10. 49 960. 16 Fuel O16 = 13. 44 U234 = . 0054 U235 = 0. 71 U238 = 99. 28

Material Fuel_4 10. 49 960. 16 Fuel O16 = 13. 44 U234 = . 0054 U235 = 0. 71 U238 = 99. 28

　　　　　　　　　　　　　　　　* 分别定义四环燃料的材料成分

Material Clad 6. 520 561. 16 clad ZR90CL = 49. 78 ZR91CL = 10. 977 $ ...

　　　　　　　　　　　　　　　　* 定义包壳材料

Mixture Endreg clad = 0. 33184 coolant = 0. 59515 561. 16 − cool 　* 定义端部材料

BEGIn 　　　　　　　　　　　* MAIN DATA 数据块结束标志

EDIT 数据块介绍：

BENOist 　　　　　　　　　　* 计算多区的扩散系数的标识符

BUCKling 1e − 4 1e − 4 　　　　　　　* 输入几何曲率

BEEOne 1 　　　　　　　　* 选择泄漏修正处理的方法

LEAKage − 6 　　　　　　　　　　　*

ENDCap endreg . 02690 − 1 1. 2 7 　　　　* 端部效应计算输入参数

PRINt − 2 − 2 0 0 1 0 　　　　　　　* 输出控制

REACtion oneonv = 0 U235 = 0 U238 = 0 U236 = 0 XE135 = 0 SM149 = 0 * 反应率编辑

PARTition 65 89 　　　　　　* 重新定义反应率编辑的能群

CELLav 　　　　　　　　* 栅元均匀化处理

BEGIn 　　　　　　　　* 模块结束的标志

燃耗计算：

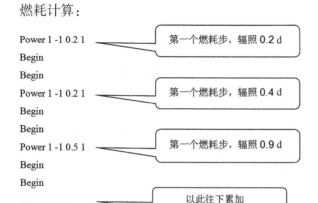

Power 1 -1 0.2 1 —— 第一个燃耗步，辐照 0.2 d
Begin

Begin
Power 1 -1 0.2 1 —— 第一个燃耗步，辐照 0.4 d
Begin

Begin
Power 1 -1 0.5 1 —— 第一个燃耗步，辐照 0.9 d
Begin

Begin
……………… —— 以此往下累加

6.3　超栅元计算

由于 CANDU 反应堆的堆芯内部存在的一系列反应性控制装置和结构材料与燃料通道成正交垂直方位，因此在对基本栅元计算时，不能计算它们的核截面，必须建立一种反应堆基本单元模型：使用笛卡儿坐标，采用一种超栅元计算模型（图6－3－1），由基本栅元和垂直于栅元的反应性装置组成。反应性装置是通过对装置最接近的相邻网格区域中基本的栅元特性修改（增加的截面）来模拟的，计算反应性装置相应对基本栅元造成的增量截面，用于堆芯模拟中的反应性装置的反应性计算。

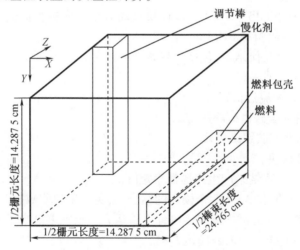

图6－3－1　CANDU－6 超栅元模型

栅元的综合截面 = 栅元的基本截面 + 反应性设备增量截面。

计算程序：

①MUTICELL（扩散程序）。

②DRAGON（输运程序）。

新堆芯的反应性增量截面和平衡堆芯的反应性增量截面有一定差异，因此在本次堆芯跟踪计算中，新堆芯的增量截面在 307 FPD 时被更换成平衡堆芯的增量截面。秦三厂堆芯跟踪和换料计算中所采用的反应性装置和结构材料的增量截面由 AECL 使用 MULTICELL 程序计算得出。

在 NUE 或 37M 项目实施后,秦三厂物理计算程序将由 1.5 群的 PPV/MUTICELL/RFSP 转换成 2 群的 WIMS - AECL/DRAGON/RFSP,届时所有的增量截面都将用 DRAGON 程序计算得到。

DRAGON 程序是加拿大蒙特利尔大学开发的一个程序,提供源代码,用户可以根据自己的需求来继续开发和验证。DRAGON 程序比 WIMS - AECL 程序复杂,它具有强大的几何建模能力,如平板、同心圆柱、球形、束棒结构、束棒加同心圆柱结构及一些自定义的曲面几何结构。在多种反应堆的物理计算中能够看到它的影子,国外将其应用在高温气冷堆、超临界堆、压水堆的超栅元计算等研究上。

DRAGON 程序具备以下功能:

①处理微观截面库;

②求解运输方程获得中子通量分布;

③共振核素的自屏效应处理;

④泄漏修正和扩散系数计算;

⑤求解 Bateman 方程求解燃耗问题;

⑥产生少群均匀参数;

⑦间隙效应计算,二维堆芯计算等。

DRAGON 程序有以下模块:

①MAC:定义或修改 MACROLIB 数据块。

②LIB:定义或修改 MICROLIB 数据块。该模块支持多种微观截面库,如 DRAGLIB、MATXL、WIMS - D4 和 WIMS - AECL。该模块自动对截面库进行插值计算,并计算各分区材料的宏观多群截面参数 MACROLIB。

③GEO:定义或修改几何结构,包括边界条件的定义。

④JMPT:执行 J ± 近似跟踪。

⑤SYBILT:执行表面流近似跟踪。

⑥EXCELT:执行完全碰撞概率跟踪。

⑦BIVACT:非标准扩散跟踪模块。

⑧SHI:自屏计算模块。

⑨ASM:基于跟踪计算结果产生碰撞概率矩阵。

⑩EXCELL:EXCELT 和 ASM 两个模块的结合,避免产生中间数据。

⑪FLU:基于计算得到的碰撞概率矩阵计算输运方程求解多群中子通量。

⑫MOCC:使用特征线方法求解输运方程。

⑬EDI:数据编辑模块。

⑭EVO:燃耗计算模块。

⑮INFO:计算轻水、重水、UO2 和 ThO2 的材料成分。

⑯MRG:均匀化处理模块。

⑰PSP:生成两维结构图示。

⑱CPO:为全堆芯计算准备反应堆截面库。

DRAGON 程序各模块之间的关系如图 6 - 3 - 2 所示。

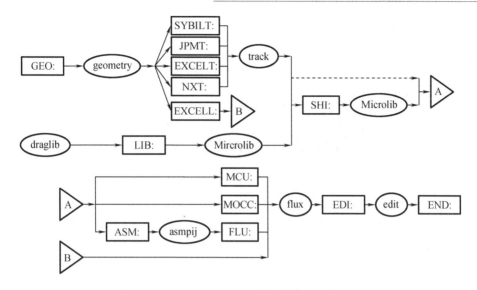

图 6 − 3 − 2 **DRAGON** 程序各模块之间的关系

以不锈钢调节棒为例,DRAGON 程序计算输入如下:

LIB:模块

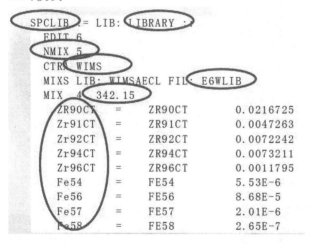

GEO:模块

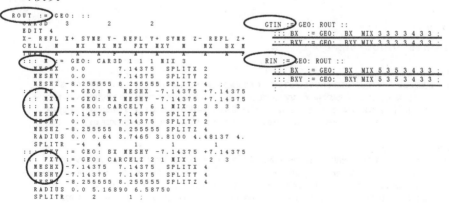

EXCELT:ASM:FLU:计算
```
TRKNAM TRKFIL := EXCELT: GTIN :
  EDIT 1
  MAXR 380
  TRAK TISO 5 7.0 ;
PIJ := ASM: SPCLIB TRKNAM TRKFIL :
  EDIT 1 ;
FLUX := FLU: FLUX PIJ SPCLIB TRKNAM :
  TYPE B B1 ;
```

EDI:计算
```
ED2 := EDI: FLUX SPCLIB TRKNAM ::
  EDIT 6
  MERG REGI
*
  1 1 1 1   1 1 1 1   1 1 1 1   1 1 1 1
  1 1 2 2   1 1 2 2   1 1 2 2   1 1 2 2   1 1 2
  2 2 2 2   2 2 2 2   2 2 2 2   2 2 2 2
*
  1 1 1 1   1 1 1 1   1 1 1 1   1 1 1 1
  1 1 1   1 1 1   2 2 2   2 2 2   1 1 1   1 1   2
  1 1 1   1 1 1   2 2 2   2 2 2   1 1 1   1 1   2
  1 1 1   1 1 1   2 2 2   2 2 2   1 1 1   1 1   2
  1 1 1   1 1 1   2 2 2   2 2 2   1 1 1   1 1   2
  2 2 2 2   2 2 2 2   2 2 2 2   2 2 2 2
*
  1 1 1 1   1 1 1 1
  1 1 2 2   1 1 2 2   1 1 2 2   1 1 2 2
  2 2 2 2 2 2 2 2 2 2 2 2   2 2 2 2 2 2 2 2
  2 2 2 2 2 2 2 2 2 2 2 2   2 2 2 2 2 2 2 2
  2 2 2 2 2 2   2 2 2
  2 2 2 2 2 2   2 2 2
*
  1 1 1 1   1 1 1 1
  1 1 1   1 1 1   2 2 2   2 2 2   1 1 1   1 1   2
  1 1 1   1 1 1   2 2 2   2 2 2   1 1 1   1 1   2
  2 2 2 2 2 2 2 2 2 2 2 2   2 2 2 2 2 2 2 2
  2 2 2 2 2 2 2 2 2 2 2 2   2 2 2 2 2 2 2 2
  2 2 2 2 2 2   2 2 2
  2 2 2 2 2 2   2 2 2
  COND 0.625 SAVE ON  'SEPGT2' ;
```

计算结果

FLUXES AND HOMOGENIZED X-S

GROUP : 1

REGION	AVERAGE FLUX	TOTAL X-S	TRANSPORT CORRECTION	DIFFUSION COEFFICIENT	ABSORPTION X-S	NUSIGF X-S	FISSION SPECTRUM	SCATTERING X-S IN GROUP	FROM GROUP
1	1.3642E-03	3.2487E-01	6.1247E-02	1.3271E+00	2.2669E-03	1.7241E-03	1.0000E+00	3.0876E-01	1.3842E-02
2	1.3564E-03	3.2598E-01	6.1042E-02	1.3268E+00	2.3156E-03	1.7225E-03	1.0000E+00	3.1005E-01	1.3611E-02

GROUP : 2

REGION	AVERAGE FLUX	TOTAL X-S	TRANSPORT CORRECTION	DIFFUSION COEFFICIENT	ABSORPTION X-S	NUSIGF X-S	FISSION SPECTRUM	SCATTERING X-S IN GROUP	FROM GROUP
1	2.4095E-03	4.5484E-01	5.1389E-02	8.4904E-01	3.7184E-03	4.1966E-03	0.0000E+00	4.4719E-01	3.9357E-03
2	2.3027E-03	4.5540E-01	5.1144E-02	8.4967E-01	4.3496E-03	4.3099E-03	0.0000E+00	4.4708E-01	3.9702E-03

6.4　全堆芯计算

我们可以使用两群(热群和快群)三维中子扩散理论计算全堆芯的中子通量和功率分布,以及堆芯的过剩反应性。两群三维中子扩散理论主要用于执行反应堆物理设计、安全分析和换料计算。目前 CANDU 反应堆通常用反应堆换料模拟程序 RFSP – IST(Reactor Fueling Simulation Program)来计算堆芯时间平均的中子通量分布,以及堆芯瞬态下的中子通量分布。该程序在秦三厂主要用于堆芯跟踪计算和换料计算。

6.4.1　节点模型

RFSP 程序采用有限差分法求解中子扩散方程。首先,要引入一系列网格点将堆芯离散化,这里使用全堆芯 $48 \times 32 \times 40(X,Y,Z)$ 网格模型(图 6 – 4 – 1)。所有的反应性控制装置和结构材料都被包含在模型中,如调节棒和调节棒导向管、停堆棒和停堆棒导向管、轻水区域控制器、2 号停堆系统的毒物喷嘴等。

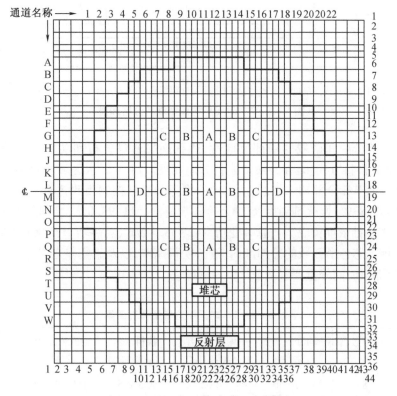

图 6 – 4 – 1　CANDU 反应堆的节点模型

6.4.2　时间平均模型计算

时间平均模型计算主要用于设计阶段,计算反应堆在长期正常运行时的平均物理特性。堆芯被分为 7 个燃耗分区(图 6-4-2),中间区域的目标卸料燃耗较高。

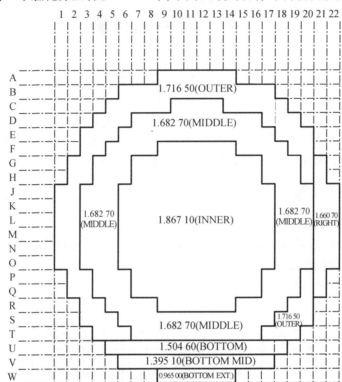

平均卸料辐照单位为 n/kb,整个堆芯平均卸料辐照 = 1.727 n/kb,k_{eff} = 1.000 95。

图 6-4-2　时间平均模型堆芯分区和燃耗

这样可以降低中间区域的局部反应性,达到展平通量分布和功率分布的目的。采用 STANDARD-8 换料方式,毗邻的通道换料方向相反。14 个轻水区域控制单元的水位均为 50%。所有的调节棒全部插入堆芯,所有的停堆棒和机械控制吸收棒全部处于堆外。慢化剂重水纯度:99.83%,慢化剂温度:69 ℃,冷却剂重水纯度:99.0%,冷却剂温度:288 ℃,燃料温度:687 ℃,铀浓度:0.72%,总裂变功率:2 158.3 MW,总热功率:2 061.4 MW。从而可以计算出平衡堆芯各个区域的平均卸料燃耗、换料速率,以及平衡堆芯的目标功率分布、燃耗分布、通道滞留时间等重要参数(表 6-4-1)。

表 6-4-1　时间平均模型计算结果

区域	通道数目 /个	平均卸料辐照 /(n/kb)	平均卸料燃耗 /(MW·h/kgU)	换料速率 /(棒束/FPD)	通道滞留时间 /FPD	反应性衰减速率 /(mk/FPD)
OUTER	84	1.716 50	172.2	2.578 5	260.619 11	0.037 237
MIDDLE	124	1.682 70	171.6	5.715 1	173.574 46	0.150 458
INNER	124	1.867 10	187.0	5.616 3	176.627 84	0.182 855
RIGHT	16	1.660 70	166.7	0.497 6	257.248 99	0.006 530
BOTTOM	14	1.504 60	151.3	0.555 0	201.789 29	0.008 066

表 6 - 4 - 1（续）

区域	通道数目/个	平均卸料辐照/(n/kb)	平均卸料燃耗/(MW·h/kgU)	换料速率/(棒束/FPD)	通道滞留时间/FPD	反应性衰减速率/(mk/FPD)
BOTTOM MID	12	1.395 10	140.4	0.426 7	225.005 39	0.003 760
BOTTOM EXT	6	0.965 00	96.8	0.260 4	184.327 27	0.000 675
整个堆芯	380	1.727 65	173.3	15.649 6	194.254 15	0.389 581

时间平均模型计算出的最大通道功率是 6.60 MW,最大棒束功率是 807 kW,可见合理调节各个区域的卸料燃耗,可以有效控制局部功率峰,使反应堆获得足够的运行裕量。堆芯时间平均模型径向和轴向的通道功率分布如图 6 - 4 - 3、图 6 - 4 - 4 和图 6 - 4 - 5 所示。

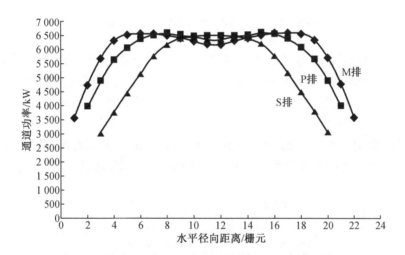

图 6 - 4 - 3　堆芯时间平均模型径向通道功率分布(水平方向)

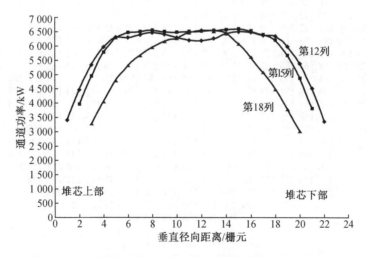

图 6 - 4 - 4　堆芯时间平均模型径向通道功率分布(垂直方向)

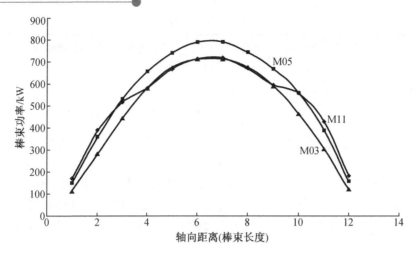

图 6 – 4 – 5　堆芯时间平均模型轴向通道功率分布

时间平均模型计算出全堆芯的平衡换料速率是 15.6 棒束/FPD（约 2 个通道/FPD）。同时,也计算出了堆芯每个区域的换料速率（表 6 – 4 – 1）。中间区域的换料速率大约是外区的两倍,这是因为中间区域的功率较高,反应性衰减速率比外区大,所以需要更快的反应性添加速度。

通道滞留时间是每个通道的换料周期,反映出各通道一个燃料循环的平均时间长度（图 6 – 4 – 6）。堆芯外区的换料速率比内区低,因而通道滞留时间比内区长。

	1	2	3	4	5	6	7	8	9	10	11	12	13	14	15	16	17	18	19	20	21	22
A								325	314	307	307	314	325									
B						359	302	264	247	237	235	235	237	247	264	301	358					
C					319	271	234	212	200	191	192	192	191	200	212	233	271	318				
D				308	258	220	192	178	171	169	172	172	169	171	178	191	220	258	308			
E			325	260	219	189	172	163	160	160	163	163	160	160	163	172	188	218	259	325		
F			270	225	193	175	164	159	178	179	181	181	179	178	159	164	175	193	224	270		
G		299	240	199	182	169	179	175	177	178	178	178	178	177	175	178	169	181	199	239	289	
H		264	216	184	173	164	176	174	176	176	176	176	176	176	174	176	164	172	183	215	254	
J	326	243	196	175	167	181	177	176	176	177	177	177	177	176	175	177	180	167	174	195	233	313
K	306	229	187	168	165	180	177	176	177	179	181	180	179	177	176	176	179	164	167	185	219	293
L	294	221	182	164	160	174	175	175	177	180	184	184	180	177	175	174	173	159	163	180	212	281
M	295	221	181	163	158	173	173	173	177	180	184	184	180	174	173	157	163	179	212	282		
N	309	228	185	165	158	173	174	176	179	182	182	180	176	174	172	172	157	164	183	218	296	
O	329	243	194	171	160	173	173	174	175	176	177	177	176	175	173	173	173	159	170	193	233	316
P		265	215	183	170	162	174	173	175	175	175	175	175	172	174	161	169	182	214	254		
Q		303	243	201	184	171	180	175	176	176	176	176	176	175	179	170	183	201	242	292		
R			279	234	203	183	168	161	179	178	179	179	178	178	161	168	182	202	233	278		
S			343	176	235	200	178	166	161	159	162	162	159	161	166	177	199	234	275	342		
T			335	276	232	198	181	172	169	172	172	169	172	181	198	231	276	334				
U			305	252	212	189	176	170	171	171	170	176	189	212	251	304						
V				327	264	224	205	193	190	190	193	205	224	263	326							
W						196	183	176	176	183	196											

图 6 – 4 – 6　通道滞留时间

全堆芯的平均出口卸料燃耗是 173.3 MW·h/kgU（设计值是 172.5 MW·h/kgU）,各个区域的卸料燃耗见表 6 – 2 – 1。堆芯中心区域的卸料燃耗较深,达到 187 MW·h/kgU,这样有利于降低局部区域功率峰,展平通量分布,以得到较大的运行裕量。

6.5　功率分布计算

用来计算功率分布的物理计算方法有两种,它们是 RFSP 扩散计算(RFSP – SIMULATE)和通量绘图计算(FLX 和 RFSP – POWERMAP)。

6.5.1　RFSP 扩散计算

RFSP 扩散计算用数学模型描述堆芯中子特性来解中子平衡方程。堆内所有对中子分布有重要影响的构件都被做成数学模型,这些构件包括压力管、排管、燃料棒束、慢化剂、冷却剂、轻水区域控制装置、调节棒、导向管、中子探测器和结构材料等。

用于计算的中子参数有中子的有效吸收截面、散射和慢化特性与有效裂变截面。它们是燃料、冷却剂和慢化剂温度,燃料辐照(燃耗)度,同位素成分,毒物浓度,功率历史和中子能量的函数。RFSP 功能之一是解两群三维扩散方程。跟踪计算模块 SIMULATE 允许进行燃耗监测和中子特性随燃耗变化的计算。慢化剂和冷却剂同位素以及慢化剂中的毒物是 SIMULATE 每一步都必须更新的参数。

对于三维计算,要将反应堆划分为各种栅元。每一个栅元都是用统一的中子特性来描述栅元内的成分的。为了给出一个与中子能谱相关效果的理想结果,两群计算得到的结果是令人满意的。而需要解决的未知数大约有 1 000 个。计算得到的结果就是整个堆芯的栅元中子通量分布。

每个棒束的功率是利用中子通量计算得到的。这种计算的优点就是功率分布的计算仅仅利用了堆芯的物理特性,这样就可改变这些特性得出预计值(例如对接近新堆芯的平衡态进行模拟)。这种计算的主要缺点是模型的不完善给中子通量带来误差,而模型的不完善主要是由缺乏确切的实际数据造成的。

RFSP 扩散计算主要用于提供堆芯反应性下降速率,提供通道换料的反应性增量,提供堆芯过剩反应性值,为基态波模计算提供堆芯功率和燃耗分布等。选择换料通道后燃料在送到控制室前,也必须由 RFSP 扩散计算进行安全验证。

6.5.2　通量绘图计算

通量绘图计算的基本方法是:使用了有限的数学函数(谐波模)绘制中子通量分布图,这些函数可以再现反应堆内每一点的中子通量。用谐波模线性组合来进行谐波综合时需尽可能精确地体现 102 个钒探测器的测量值。采用谐波模的数目总共为 28 个,具体使用的谐波模的数目由堆芯反应性装置的状态决定,每次使用的数目为 15 ~ 22。

这种方法显示出来的优点是:简单,而且使用了堆芯准确的中子通量测量值,能够比纯物理的中子扩散计算方法精确。但它的缺点是:为了得到理想的结果,必须使用已分析过的反应性装置状态下的谐波模。如果发生异常反应性装置的插入或拔出,而这种堆芯状态的谐波模没有被分析过或没有被预置在程序中,那么这种方法的准确性将受到很大的影响。

这种方法主要包括两类:离线 RFSP 中的 FLUXMAP/POWERMAP 计算程序和在线 FLX

程序。

1. 离线 RFSP 中的 FLUXMAP/POWERMAP 计算程序

RFSP 中 FLUXMAP 模块计算程序,使用了与当前适时棒束功率和燃耗一致的基态波模,其他的波模则保持不变。FLUXMAP 使用的基态波模则是基于 RFSP 堆芯跟踪扩散计算的棒束功率和燃耗分布计算出的当前适时的基态波模,它在额定堆芯运行状态下的通量绘图计算中是主要的。而有可能出现的中子通量倾斜对绘图计算的影响不是十分明显,它们将由其他波模来补偿。

RFSP 中 SIMULATE 的 POWERMAP 程序功能,则利用了 FLUXMAP 精确计算的通量分布,并考虑由于棒束燃耗不同造成的功率与通量的非线性修正因子 H 和 F,最为精确地计算出全堆芯的通道功率和棒束功率。

RFSP 中的 FLUXMAP/POWERMAP 计算出的通道功率和棒束功率分布是最精确的功率分布计算,它被要求用于物理工程师进行的在线程序验证和参数校正及通道和棒束功率运行限值确认,以及通道超功率因子(CPPF)计算和换料通道的选择。

2. 在线 FLX 程序

在线 FLX 程序完成适时通量绘图计算全堆的通量分布和区域功率,与参考的目标功率比较,计算出用于反应堆区域控制的区域功率偏差,并提供全堆 380 通道的功率和高功率区500 个点棒束功率,同时为反应堆慢速降功率(SETBACK)提供局部超功率的指示参数。FLX 使用通量绘图基本计算方法与 RFSP 中的 FLUXMAP 方法一样,28 个波模也均为 TIME 中的 AVERAGE 功率分布下计算得到的波模,除基态波模外也与 RFSP 中的 FLUXMAP 使用的波模完全一样。由于在线计算的容量和快速计算的要求,不可能也没有及时根据当前适时的棒束功率和燃耗分布更新基态波模,所以 FLX 的通量计算结果不会十分精确,同时由于在线程序也不能根据当前的棒束燃耗变化加入功率与通量的非线性修正因子,因此在线FLX 计算给出的通量只能近似当作功率。特别地,对于换料前高燃耗通道,FLX 可能会将其功率高估 10%;相反,对换料后低燃耗通道,其功率有可能被低估 10%。虽然,在线 FLX 程序的计算偏差较大,但用于在线反应堆控制已足够,而且由于棒束功率与通道功率相比,前者代表更局部的功率,所有在高功率区域选择的 500 个点,也有一定的代表性。

6.6 瞬态功率变化计算

根据 CANDU - 6 反应堆的设计特点,CANDU - 6 反应堆堆芯瞬态变化模拟的情况一般包括:

①功率瞬态变化(包括停堆和启堆)时,模拟堆芯反应性变化、LZC 水位变化以及反应性设备位置变化。

②设计反应堆功率变化方案,使氙毒反应性变化满足特殊的要求。

③长期停堆后启动,计算 Xe 和 Pu + Sm + Rh 毒物变化,为临界预计提供数据。

目前秦三厂用于瞬态功率变化计算的软件为 RFSP 程序和 Xenon 程序。根据经验,RFSP 程序仅用于计算长期停堆后各种裂变产物引入的总反应性,而不能给出各种裂变产物的反应性分项;而 Xenon 程序可以计算以上所有的瞬态功率变化。

6.6.1 RFSP 程序

利用 * SIMULATE 模块的 FI 卡可以计算裂变产物的反应性。将 FI 中裂变产物计算类型从日常的 STEADY 改为 LONG SHUT,初始功率为 1.0 FP,终点功率为 0.000 001 FP。输入文件样本如图 6 – 6 – 1 所示。

```
（带下划线的数据表示将被修改的部分）
*START···· USERNAME
100%FP; · TQNPC-1·CORE· TRACKING· AT· 3120. 9FPD·
2012-09-10·08:05·SIMULATION/·AVZL=45.0%, ·ADJ·ALL·IN
*MODEL···· TQNPC-1·CORE· TRACKING
*READ· TAPETAPE3117. 9
$HPPLATFORM
*DELETE··· OUTOFCORE· POOL·
*SIMULATE· TQNPC-1···· 154254184···· 3.00··· 1··· 0··· 1··· 300··· 50··0
E···· 2· 10·2061400. 0··· 0.95502··· 0.00001··· 1.5··· 1.0··· 0.001·1· 10·800
C········· LZCR**········· 0.500
············
BORONINMOD· 0. 15
MD2OPURITY· 99. 85
CD2OPURITY· 99. 030
NUCIRC
FI········ LONG· SHUT········ 1.0··0.000001
HI········ 3
$·
$· START· REFUELING
U········ 37-ELM· NAT
S········ 20120919···8··1
R········ N· 14········· 0.50········· 8
············
$· STOP· REFUELING
············

*CLOSE···· NORMAL· TERMINATION
```

图 6 – 6 – 1　RFSP 瞬态计算输入文件样本

但是,当反应堆运行在异常工况时,如调节棒拔出、MCA 插入或卡棒,C 卡中必须添加相应的棒位,如图 6 – 6 – 2 所示。

```
$ DANKUT
C      ADJ01 *       -1000.
C      ADJSB01       -1000.     ADJ01拔出
C      ADJSC01       -1000.
C      ADJ07 *       -1000.
C      ADJSB07       -1000.     ADJ07拔出
C      ADJSC07       -1000.
```
(a)

图 6 – 6 – 2　异常工况

```
$ MCA01 MCA04 full in; MCA02 MCA03 half in
C       MCA01       +654.0          MCA01、MCA04全部拔出
C       MCA04       +654.0
C       MCA03       +383.8          MCA02、MCA03一半拔出
C       MCA02       +383.8
```

(b)

图 6-6-2(续)

6.6.2 Xenon 程序

Xenon 程序是一个能够快速计算反应堆功率变化后各种裂变产物反应性变化的软件，它可以计算 Xe、Pu、Sm、Rh 等对反应性影响较大的裂变产物的反应性，还能够模拟 LZC 液位变化和调节棒的拔出与插入，其计算准确性也满足秦三厂的实际需求。Xenon 程序输入文件样本如图 6-6-3 所示。

```
TITLE       "11-15 outage unit2 2005"
DATE        2005-11-15        00:00:00
            YYYY-MM-DD        HH:MM:SS                (template for preceeding line)

            nomi bk#1 bk#2 bk#3 bk#4 bk#5 bk#6 bk#7 (template for next 3 lines)
AZLCOEF   13.0 13.0 13.0 13.0 13.0 13.0 13.0 13.0   LZC AZL coefficient (% / mK)
ADJLOAD   0.00 1.40 2.20 2.20 2.52 2.74 2.68 3.69   ADJuster banks reactiv. (mK)
PTH-RTD   1.00 1.00 1.00 1.00 1.00 1.00 1.00 1.00   Correct. factors for PTH-RTD

SLOW1     0.01      (%/sec)
SLOW2     0.02      (%/sec)
SLOW3               (%/sec)
NORMAL    0.17      (%/sec)
FAST1     0.25      (%/sec)
FAST2               (%/sec)

            power   xenon   iodine   azl    boron   d_iso   Pu+Sm+Rh   adj   prn
*START      100.00  28.00   322.55   55.00  00.00   0.80    0.00       0     1
NORMAL      90.00   5h00m   5m00S    0.40
*END
```

图 6-6-3 Xenon 程序输入文件样本

以下是利用 Xenon 程序计算的常见功率变化的结果。

1. 100% FP 稳定功率下停堆

①100% FP 稳定功率下,平衡 Xe 约 28 mk。

②停堆后约 30 min,反应堆进入碘坑。

③停堆后约 10 h,Xe 毒达到峰值,约 151 mk。

④停堆后约 36 h,反应堆可以跳出碘坑。

具体变化如图 6-6-4 所示。

2. 延长停堆后进入碘坑的时间

一般情况下,CANDU-6 重水堆从满功率停堆,30 min 后将进入碘坑,在后续 36 h 之内,反应堆无法重新达到临界状态。但在某些工况下,可以通过事先设计的功率变化方案,延长反应堆进入碘坑的时间。例如,维修人员需要在低功率下维修堆中一个阀门 40 min,维修工作将在不到 48 h 后进行。为尽量减少发电损失,维修工作结束后立即提升反应堆功

率,通过 Xenon 程序计算,其降功率方案如下:

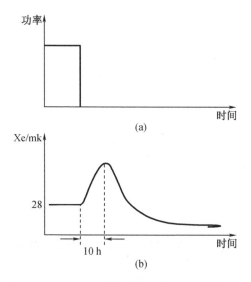

(a)

(b)

图 6 - 6 - 4　100％FP 稳定功率下停堆 Xe 毒变化趋势

①从满功率降功率到 70％FP,维持 6～8 h。

②升功率到 100％FP,维持 2 h。其间 Xe 毒一般下降 6～7 mk。

③机组停堆。堆芯约 40 min 后才进入碘坑,在此期间进行维修工作。

④40 min 后根据调节棒功率限值逐步提升反应堆功率。

具体变化如图 6 - 6 - 5 所示。

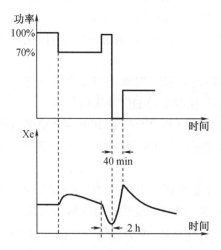

图 6 - 6 - 5　延长停堆后进入碘坑的时间

3. 长期停堆后启动

约 40 h 后,Xe 达到平衡值。

具体变化如图 6 - 6 - 6 所示。

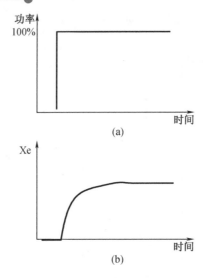

图 6 – 6 – 6   长停堆启动后 Xe 毒变化趋势

6.7   物理试验模拟计算

秦三厂重水堆的调节棒为钴棒,每个大修都需要更换钴棒。作为一种反应性控制装置,钴棒更换后必须进行相关试验来验证钴棒的制造、安装正确,以及反应性价值与预计值相符。

由于调节棒的反应性价值需要用液体区域控制装置(LZC)来进行对刻,所以在零功率阶段安排了如下三个反应性价值测量试验项目。

①调节棒全部插入状态下的 LZC 价值测量:通过向慢化剂中加入标准钆包来测量 LZC 价值;

②调节棒单棒价值测量:使用 LZC 对刻调节棒单棒价值;

③调节棒组价值测量:使用 LZC 对刻调节棒组价值。

同时,在机组升功率后的 80% FP、95% FP、100% FP 功率台阶,还需要对比 Vd 探测器实际读数和 RFSP 模拟计算获得的 Vd 探测器读数,以验证新换的钴棒对通量分布的影响符合设计要求。

为此,反应堆物理工程师需要利用 RFSP 程序来模拟 LZC、调节棒单棒、调节棒组的反应性价值,以及 Vd 探测器读数,以便于与试验测量值做对比。

RFSP 程序模拟 LZC、调节棒单棒、调节棒组的反应性价值的过程如下:

①建立模拟起点。

a. 读取停堆前最后一次跟踪计算的 TAPE 文件。

b. 输入 0 个月的钴棒增量截面。

c. 用 TRANSIENT 模式将反应堆功率从 1.0 FP 降低到 0.000 000 1 FP。

d. 用 LONG SHUT 模式将反应堆功率维持在 0.000 000 1 FP。

e. 用 TRANSIENT 模式将反应堆功率从 0.000 000 1 FP 升高到 0.005 FP。

②LZC 反应性价值模拟。

a. 读取模拟起点的 TAPE 文件。

b. 将每个 LZC 单区的液位统一设为某个值(如 30%、60% 等)。

③调节棒单棒反应性价值模拟。

a. 读取模拟起点的 TAPE 文件。

b. 将每个 LZC 单区的液位统一设为 50%。

c. 单根调节棒及相应的支座(SB)和支撑弹簧(SC)全部拔出。输入文件示例如下:

```
C          ADJ11 *         -1000.
C          ADJSB11         -1000.
C          ADJSC11         -1000.
```

④调节棒组反应性价值模拟。

a. 读取模拟起点的 TAPE 文件。

b. 将每个 LZC 单区的液位统一设为 50%。

c. 将某一组调节棒及相应的支座(SB)和支撑弹簧(SC)全部拔出。注意:如果要模拟第三组调节棒的反应性价值,在输入文件中必须拔出第一组、第二组和第三组的调节棒及相应的 SB、SC。输入文件示例如图 6-7-1 所示。

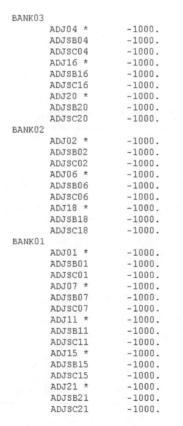

图 6-7-1　调节棒组拔出的 RFSP 输入文件样本

RFSP 程序模拟 Vd 探测器读数的过程如下:

①读取停堆前最后一次跟踪计算的 TAPE 文件。

②输入 0 个月的钴棒增量截面。

③用 STEADY 模式将反应堆功率维持在 1.0 FP。

6.8 停堆后衰减模拟计算

6.8.1 反应堆停堆后的核功率计算

1.计算原理

反应堆在次临界状态下的核功率水平与次临界深度和源强有如下关系式:

$$P = \frac{S_0}{\rho} \qquad\qquad (6-8-1)$$

其中,P 为反应堆在次临界状态下的核功率(% FP);S_0 为反应堆源强(% FP);ρ 为反应堆次临界深度。

当反应堆次临界深度不变时,反应堆核功率与反应堆源强呈正比例关系。

反应堆源强 S_0 的计算方法:

①缓发中子数据。

a.平衡堆芯。

裂变缓发中子基础数据,见表 6-8-1。

表 6-8-1 裂变缓发中子基础数据(平衡堆芯)

组	缓发裂变中子					
	1	2	3	4	5	6
份额	0.017 0	0.102 3	0.085 6	0.184 3	0.097 3	0.044 0
衰变常数	0.013 3	0.031 6	0.119 9	0.313 7	0.940 6	2.933 7

光激缓发中子基础数据,见表 6-8-2。

表 6-8-2 光激缓发中子基础数据(平衡堆芯)

组	缓发光中子								
	7	8	9	10	11	12	13	14	15
份额	1.14×10^{-5}	2.38×10^{-5}	7.54×10^{-5}	5.44×10^{-4}	4.81×10^{-4}	7.82×10^{-4}	1.63×10^{-3}	2.77×10^{-3}	4.01×10^{-3}
衰变常数	6.26×10^{-7}	3.63×10^{-6}	4.38×10^{-5}	1.17×10^{-4}	4.28×10^{-4}	1.50×10^{-3}	4.81×10^{-3}	2.46×10^{-2}	1.63×10^{-1}

b.新堆芯。

裂变缓发中子基础数据,见表 6-8-3。

表6-8-3 裂变缓发中子基础数据(新堆芯)

组	缓发裂变中子					
	1	2	3	4	5	6
份额	0.018 9	0.124 5	0.115 7	0.208 8	0.065 8	0.023 9
衰变常数	0.012 9	0.031 1	0.134 0	0.331 0	1.260 0	3.210 0

光激缓发中子基础数据,见表6-8-4。

表6-8-4 光激缓发中子基础数据(新堆芯)

组	缓发光中子								
	7	8	9	10	11	12	13	14	15
份额	1.65×10^{-5}	3.37×10^{-5}	1.06×10^{-4}	7.67×10^{-4}	6.78×10^{-4}	1.10×10^{-3}	2.30×10^{-3}	6.69×10^{-3}	2.14×10^{-2}
衰变常数	6.26×10^{-7}	3.63×10^{-6}	4.37×10^{-5}	1.17×10^{-4}	4.28×10^{-4}	1.50×10^{-3}	4.81×10^{-3}	1.69×10^{-2}	2.77×10^{-1}

②由缓发中子基础数据可查出,在满功率下各组缓发中子数目的百分比(份额)(定义为Y_i,i为缓发中子组号)。

③根据核素的衰变规律可知,停堆后的一段时间T内,各组缓发中子数目占满功率下各组缓发中子数目的百分比为$y_i = Y_i \exp(-\lambda_i T)$。

④在得出y_i后,便可以计算出在停堆后的一段时间T内,缓发中子总数目占满功率下缓发中子数目的百分比为$S_0 = \sum y_i$。此时,源强的单位为%FP。

核功率模拟计算软件计算试样如图6-8-1所示。

衰减时间			源	次临界水平	反应堆功率	次临界水平	AVZL变化	反应堆功率
d	h	s	/%FP	/mk	/%FP	/mk	/%	/%FP
				300	5			
0.0004	0.01	36	2.44E-03	300	8.13E-03	48.80	634.4	0.05
0.0042	0.1	360	9.64E-05	300	3.21E-04	1.93	25.1	0.05
0.0417	1	3600	2.81E-05	300	9.38E-05	0.56	7.3	0.05
0.50	12	4.32E+04	2.31E-06	300	7.70E-06	0.046	0.6	0.05
1.0	24	8.64E+04	1.49E-06	300	4.98E-06	0.030	0.4	0.05
1.5	36	1.30E+05	1.28E-06	300	4.26E-06	0.026	0.3	0.05
2	48	1.73E+05	1.15E-06	300	3.82E-06	0.023	0.3	0.05
7	168	6.05E+05	5.21E-07	300	1.74E-06	0.010	0.1	0.05
14	336	1.21E+06	2.81E-07	300	9.37E-07	0.006	0.1	0.05
30	720	2.59E+06	1.12E-07	300	3.74E-07	0.002	0.0	0.05
40	960	3.46E+06	6.53E-08	300	2.18E-07	0.001	0.0	0.05
60	1440	5.18E+06	2.21E-08	300	7.38E-08	0.000	0.0	0.05
90	2160	7.78E+06	4.37E-09	300	1.46E-08	0.000	0.0	0.05
180	4320	1.56E+07	3.36E-11	300	1.12E-10	0.000	0.0	0.05

图6-8-1 核功率模拟计算软件计算试样

2. 数据收集

①收集反应堆停堆前的临界状态相关数据;

②查询化学分析数据,收集反应堆停堆后的慢化剂毒物浓度;

③根据反应性平衡,计算反应堆停堆后的次临界深度。

3. 计算过程

①运行核功率模拟计算软件,将上面收集的数据填入软件里相应的表格中,选定需要计算的时间点,通过软件的自动运算,可在相应表格中输出核功率水平。

②通过上述方法,选定多个时间点,运算出对应各个时间点的核功率数据。

③如有必要,绘制核功率随时间的变化曲线。

④核功率模拟计算软件还可以通过输入预期的核功率水平,来预计反应堆需要的次临界深度。

6.8.2 借助 SUI 预计反应堆停堆后的核功率

1. 停堆后 SUI 投用时间的预计

反应堆停堆后,其核功率随时间的变化规律近似指数关系式。反应堆物理人员在反应堆停堆后,需要密切监视反应堆调节系统(RRS)电离室的对数功率(LOG)信号。根据该信号随时间的线性变化关系,来预计停堆后 SUI 的投用时间。当反应堆功率降至 RRS 电离室中间信号指示小于 2×10^{-7} FP(或反应物理人员要求)时,需要投用 SUI。

根据两台机组运行经验,使用线性外推方法可以较为准确地推出 SUI 的投用时间。在线性外推过程中,主要依据三个 RRS 电离室的对数功率(LOG)中间信号,其他两个信号仅做参考。当外推到对数功率为 -6.7 decades(即 2×10^{-7} FP)时,该功率对应的时间点就是停堆后 SUI 投用的时间。

由于投用 SUI 需要一定的时间(一般为 0.5~1 d),所以建议投用 SUI 需要提前 1 天进行。

RRS 电离室 LOG 信号的地址见表 6-8-5。

表 6-8-5 RRS 电离室 LOS 信号的地址

电离室	地址
RRS _IC_A LOG N	AI1223
RRS _IC_B LOG N	AI2405
RRS _IC_C LOG N	AI3067

2. 使用 SUI 预计反应堆核功率

在 SUI 正式投用时,反应堆物理人员需要获取此时三个 RRS 电离室对数功率(LOG)信号和 SUI 三个通道的计数率信号。这些数据是使用 SUI 预计反应堆核功率的基础。

预计方法如下:

①SUI 投用时,RRS 电离室 LOG 信号(中间信号):PLOGN(单位:decades);

②将①中的 PLOGN 转成线性功率值:$P_0 = 10^{PLOGN}$(单位:FP);

③SUI 投用时,SUI 三个功率监测通道的计数率读数:A_0、B_0、C_0(单位:cps);

④在需要预计核功率的时间点,SUI 三个功率监测通道的计数率读数:A、B、C(单位:cps);

⑤使用 SUI 读数预计的功率为 $P = P_0 \times (A/A_0 + B/B_0 + C/C_0)/3$(单位:FP)。

6.8.3 停堆期间反应性控制装置状态改变后的堆芯功率预计

在反应堆停堆期间,其次临界度是一个关键参数。从堆物理理论可知,反应性控制装置状态改变后的堆芯功率预计,可以使用公式:$P = S_0/\rho$,其中 P 为反应堆功率,S_0 为反应堆源强,ρ 为反应堆次临界深度。

反应堆功率预计的方法如下(假设装置状态改变前后的源强不变):

①反应性控制装置状态改变前,反应堆功率为 P_1,次临界深度为 ρ_1;

②反应性控制装置状态改变后,向堆芯引入负反应性为 $d\rho$;

③装置状态改变后的堆芯功率为 $P_2 = P_1 \times \rho_1/(\rho_1 + d\rho)$。

6.8.4 反应堆停堆后的衰变热模拟计算

反应堆停堆后的衰变热,可利用棒束衰变热份额参数来计算。由其他计算程序(如 ORIGEN、ANS - 5.1 等)计算出无限长时间辐照后的燃料棒束经过 T_s 时间衰减后的衰变热份额,即 $F(\text{infinite}, T_s)$。

经过 T_1 时间辐照后的燃料棒束在经过 T_s 时间后的衰变热份额 $F(T_1, T_s)$,可由下式给出:

$$F(T_1, T_s) = F(\text{infinite}, T_s) - F(\text{infinite}, T_1 + T_s) \tag{6-8-2}$$

其中

$$F(\text{infinite}, T_s) = P_s/P_0 = 0.1 \times (T_s + 10)^{-0.2} - 0.087 \times (T_s + 2.0 \times 10^7)^{-0.2} \tag{6-8-3}$$

各燃料棒束的辐照时间 T_1 计算如下:

①对于上游的 8 个燃料棒束

$$T_1 = (当前 FPD - 最近换料时 FPD)$$

②对于下游的 4 个燃料棒束

$$T_1 = (当前 FPD - 最近换料时 FPD + 通道平均驻留时间)$$

为此,燃料棒束的衰变热为

$$BP0(k) = BPOWER(k) \times 棒束衰变热份额 (k = 1, 2, 3, \cdots, 4\,560)$$

其中,$BPOWER(k)$ 为棒束 k 在反应堆停堆前的功率。

通道内 12 个棒束的衰变热之和为通道衰变热,堆芯全部棒束衰变热之和为堆芯整体衰变热。

6.9 钴产量计算

秦三厂的两座 CANDU 型重水反应堆和压水堆相比,具有大规模生产钴 - 60 的优势。压水堆上生产钴 - 60,是以多消耗 ^{235}U 为代价的;而在 CANDU 型重水反应堆上生产钴 - 60,是用钴 - 59 调节棒替换原设计的不锈钢调节棒,钴 - 59 辐照利用原本被 21 根不锈钢调节棒吸收的中子,不需要额外消耗核燃料。因此,CANDU 型重水反应堆和压水堆相比,生产钴 - 60 的成本较低。秦三厂两座重水堆生产的钴 - 60,基本上可以满足国内钴源市场需求,可以为国家节省大量的外汇。

在堆上实施钴-60生产的过程中,需要建立一套计算程序,跟踪监测钴产量情况,以确保生产的产量能够达到预期的要求。同时为机组大修时间安排、钴源生产决策提供支持。

钴产量计算从流程上可以分为两段:堆内计算和水池计算。堆内计算要考虑钴-60的产生和消耗,而水池计算,则脱离了堆内的辐照环境,没有了钴-60产生,只需要考虑钴-60衰变消耗。钴产量计算是基于钴材料燃耗方程的数值求解进行的,应用该方法首先必须获得钴芯块中的热中子通量水平,该值不能直接计算产生,可以参照燃料芯块内的通量计算方法。首先,使用超栅元或者全堆芯计算方法计算出折算因子;其次,根据换料跟踪计算得到的节块平均热中子通量,折算出芯块的平均热中子通量。

考虑到程序的建模能力,可能需要对计算的产量进行微调,以保持与测量结果一致,因此,可以简单地将计算结果归一到测量结果上。

6.9.1 计算方法

无论是堆内计算还是水池计算,钴产量计算都采用燃耗方程。堆内计算基于一组关于钴-59和钴-60密度的微分方程,在假设热中子通量定常的情况下可以求取其准确的数学解,但对于热中子通量非定常的情况,则很难直接获得其数学解。实际反应堆运行过程中,热中子通量水平更趋向于非定常的情况。因此,需要将该微分方程离散化成数值计算公式,再进行求解。离散化处理以后能够很好地将钴-59产生时间和钴-60衰变时间分离开来,这对跟踪计算钴产量更为合适。而水池计算,不考虑钴-60的产生,可以简化成一个微分方程,相比之下,求解更为简捷。

1. 堆内钴计算方法

堆内钴产量计算采用如下燃耗方程:

$$\frac{dN^{60}(t)}{dt} = \sigma^{59}N^{59}(t)\Phi_c(t) - \lambda^{60}N^{60}(t) \tag{6-9-1}$$

$$\frac{dN^{59}(t)}{dt} = -\sigma^{59}N^{59}(t)\Phi_c(t) \tag{6-9-2}$$

式中　ρ——钴芯块密度,一般取 $8.6\ \text{g/cm}^3$;

　　　N_A——阿伏加德罗常数,$6.02 \times 10^{23}\ \text{atoms/mol}$;

　　　A——钴-59的原子量,58.933。

初值条件取为

$$N^{59}(0) = \frac{\rho N_A}{A} \tag{6-9-3}$$

$$N^{60}(0) = 0 \tag{6-9-4}$$

钴-60产量即钴-60活度可以按照下式计算得出

$$A^{60}(\text{Ci/g}) = \frac{\lambda^{60}N^{60}}{3.7 \times 10^{10}} \cdot \frac{1}{\rho} \tag{6-9-5}$$

式中　$N^{59}(t)$——钴-59在t时间的核子密度,atoms/cm^3;

　　　$N^{60}(t)$——钴-60在t时间的核子密度,atoms/cm^3;

　　　Φ_c——钴芯块的热中子通量,$\text{n/(cm}^2 \cdot \text{s)}$;

　　　σ^{59}——钴-59的有效微观俘获截面,b;

λ^{60}——钴-60的衰变常数，1/s。

对于公式(6-9-1)和公式(6-9-2)，离散化以后形成如下数值计算公式：

$$N^{60}(t+\Delta t)-N^{60}(t)=\sigma^{59}N^{59}(t)\Phi_c(t)\Delta t-\lambda^{60}N^{60}(t)\Delta t_1 \qquad (6-9-6)$$

$$N^{59}(t+\Delta t)-N^{59}(t)=-\sigma^{59}N^{59}(t)\Phi_c(t)\Delta t \qquad (6-9-7)$$

在公式(6-9-6)中，将钴-60的产生时间和钴-60的衰变时间分离，Δt是以满功率天为单位的时间步长，Δt_1是以自然天为单位的时间步长。这样分离两个变量有利于处理停堆期间的产量计算，因为停堆期间没有钴-60的产生，只有钴-60的衰变消耗，停堆期间Δt应当为0，恰好能够消去公式(6-9-6)中等号右边的第一项(钴-60产生项)，只留下了等号右边的第二项(钴-60衰变消耗项)。

应用公式(6-9-6)和公式(6-9-7)进行堆内产量计算，关键在于计算钴芯块的热中子通量Φ_c。这个量无法直接计算得到，采用的计算方法是：首先对钴调节棒束所在节块建模，利用RFSP程序插值计算出节块的平均热中子通量，再折算钴芯块的热中子通量。详细计算方法参见6.9.3节。

考虑到程序的建模能力，可能需要对计算的产量进行微调，以保持与测量结果一致，因此，可以简单地将计算结果归一到测量结果上，详细参见第6.9.4节。

2. 水池产量计算方法

水池产量计算不考虑钴-60的产生。因此可以直接将公式(6-9-1)和公式(6-9-2)简化为一个微分方程：

$$\frac{dN^{60}(t)}{dt}=-\lambda^{60}N^{60}(t) \qquad (6-9-8)$$

其初始条件取出堆时的钴-60密度，即堆内计算的最后结果。实际应用时，同样对该微分方程进行离散化处理，离散后的公式如下：

$$N^{60}(t+\Delta t)-N^{60}(t)=-\lambda^{60}N^{60}(t)\Delta t \qquad (6-9-9)$$

公式(6-9-9)和公式(6-9-6)相比，仅缺少一个钴-60产生项而已。

3. 产量预计方法

产量预计考虑了两种情况：第一种情况是预计未来某个时间的总产量，简称产量预计，使用的热中子通量值为当前的数值；另一种情况是预计达到某个产量的辐照时间长度，简称时间预计。对于产量预计，其方法与1和2节提到的方法是完全一致的。对于时间预计，反解公式(6-9-6)和公式(6-9-7)则计算的精度较差，因此考虑基于公式(6-9-1)和公式(6-9-2)的数学解来进行时间预计，因为预计基于当前的热中子通量数据，因此可将热中子通量视为定常。

此时公式(6-9-1)和公式(6-9-2)的精确数学解如下：

$$N^{59}(t)=N^{59}(0)\exp(-\sigma^{59}\Phi_c t) \qquad (6-9-10)$$

$$N^{60}(t)=\left(\frac{\sigma^{59}\Phi_c N^{59}(0)}{\sigma^{59}\Phi_c-\lambda}+N^{60}(0)\right)\exp(-\lambda t)-\frac{\sigma^{59}\Phi_c N^{59}(0)}{\sigma^{59}\Phi_c-\lambda}\exp(-\sigma^{59}\Phi_c) \qquad (6.9-11)$$

公式(6-9-11)中取$C=\dfrac{\sigma^{59}\Phi_c}{\sigma^{59}\Phi_c-\lambda}$。

同时考虑到堆内的276根钴棒束，则公式(6-9-11)可以转化为下式：

$$\sum_{i=1}^{276} N^{60}(t) = \sum_{i=1}^{276} (C_i N_i^{59}(0) + N_i^{60}(0))\exp(-\lambda t) - \sum_{i=1}^{276} C_i N_i^{59}(0)\exp(-\sigma^{59}\Phi_{Ci}t)$$

$$(6-9-12)$$

公式$(6-9-12)$中等号左边为目标产量值,等号右边的$N_i^{59}(0)$和$N_i^{60}(0)$均代表当前产量情况。要反解公式$(6-9-12)$中的时间变量t,最好将公式$(6-9-12)$式简化成便于求解的线性方程。简化遵循以下原则:

当$\lambda t \to 0$时

$$\exp(-\lambda t) \approx 1 - \lambda t \qquad (6-9-13)$$

将公式$(6-9-12)$等号左边的式子简化成C,将等号右边的第一项求和式简化成A,第二项求和式简化成B和D,则公式$(6-9-12)$简化为

$$C = A(1-\lambda t) - B + Dt \qquad (6-9-14)$$

求解上式得出时间变量t为

$$t = \frac{C-A+B}{D-A\lambda} \qquad (6-9-15)$$

4. 结果和讨论

取芯块的热中子通量水平为$1.3 * 10^{14} \text{n/cm}^2 \cdot \text{s}$,则钴$-59$消耗和钴$-60$的积累如附录8.1所示。图$6-9-1$上给出了三种数据,一种是在钴芯块通量定常情况下的偏微分方程组的解析解,另一种是该微分方程组的数值解,最后一种是按照上述预计方法给出的预计结果。图示三种计算结果吻合性非常好。

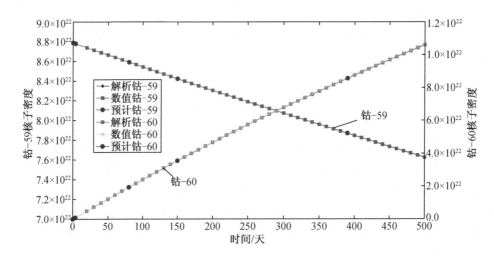

图$6-9-1$ 钴-59消耗和钴-60累积曲线

在第1小节选取堆内产量计算公式$(6-9-1)$和公式$(6-9-2)$时,没有考虑钴-60活化,因为钴-60活化相对于钴-60产生和钴-60衰变消耗要小得多,对整个产量计算影响较小。

在3节产量预计用到简化公式$(6-9-13)$,使用该公式必须满足前提条件。对于钴产量计算,λ为$0.00036/d$,$\sigma^{59}\Phi_c$为$0.00062/d$左右。可以看出,当t为100满功率天左右时,其前提条件仍基本满足,能够保证公式$(6-9-15)$的计算精度。

6.9.2 节块通量计算

1. 计算方法选择

为了满足跟踪计算的要求,利用换料跟踪计算程序 RFSP – IST 计算出的热中子通量参数来进行钴产量计算是一种可行的方法,这种方法能够很好地考虑到不同钴棒束位置的通量不一致,计算的准确度较好。但是,RFSP – IST 程序不能直接计算钴芯块的通量,需借鉴燃料芯块内的通量计算方法来求解钴芯块的通量。这种方法首先计算钴棒束所在节块的平均热中子通量,然后利用一个预先计算好的折算因子折算出钴芯块的通量。折算因子计算在 6.9.3 节中详细描述。

RFSP – IST 程序计算节块平均热中子通量有以下两种方法:

①使用扩散方程直接求解得到节块的平均热中子通量;

②以扩散计算的节块通量为基础,插值计算堆内的点通量。

以下分析两种方法计算节块热中子通量的可行性。

第一种方法是 RFSP – IST 程序计算的基础,将堆芯结构,包括调节棒,划分成如图 6 – 9 – 2 所示的节块。RFSP – IST 程序的节块是基于燃料通道布置、反应性控制机构的位置以及其影响范围来划分的。调节棒在径向被划分为 12 段,即按照燃料栅格间距分段,钴调节棒在径向分布了 16 段,即 16 根钴棒束,两者分段不对应。因此,在使用该方法进行计算前,首先必须重新调整 RFSP – IST 程序中的堆芯节块划分,真实反映钴调节棒棒束在堆芯的位置分布,由于 D 型钴棒束和 A、B、C 型钴棒束的长度不一样,势必在区域划分时出现一些非常细小区域,应用这样的区域划分,可能影响到整个堆芯计算的准确性。

第二种方法在重水堆上计算探测器响应以及堆内导向管内的点通量分布方面大量采用,并且经过大量的试验和调试结果验证。这种方法不需要改变堆芯原有的节块划分,采用插值的方法确定节块的热中子通量。首先确定插值点的位置,再采用二次插值的方法求得各局部点的热中子通量。这种方法被广泛应用在计算堆内局部点通量以及探测器响应等方面。

综合所述,选择第二种方法来进行钴调节棒棒束所在节块热中子通量计算。

2. 插值计算节块通量

使用 RFSP – IST 程序中的 ∗ INTREP 模块插值计算节块热中子通量。插值方法与前面提到的扩散计算不同,采用二次插值方法来获得点通量。首先在 X、Y 和 Z 方向上选取与插值点靠近的 3 点,组成一个 $3 \times 3 \times 3$ 三维矩阵。然后对该矩阵首先在 Z 方向上进行二次插值转化成一个 3×3 的二维矩阵,再对这个二维矩阵进行二次插值转化成一维矩阵,最后对一维矩阵插值求得目标点上的热中子通量。

调节棒在堆芯内的位置分布参见表 6 – 9 – 1。在每根钴调节棒中等间距取 3 个点插值(详细的插值点确定参见附录 6 – 9 – 1,其平均值可以作为节块的平均中子通量。以 1 号机组 503.3 d 的堆芯状态为例,计算得到的钴棒束所在节块的平均热中子通量参见表 6 – 9 – 2。

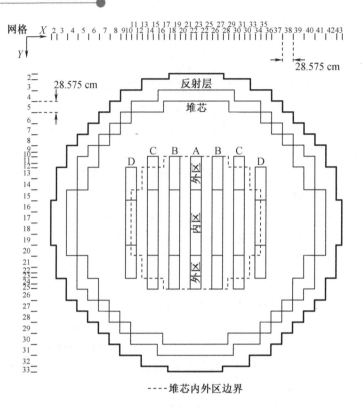

图 6-9-2　重水堆堆芯节块模型（端面视图）

表 6-9-1　调节棒在堆芯内的位置分布

调节棒编号	类型	调节棒位置						钴棒束数目
		X_0	X_1	Y_0	Y_1	Z_0	Z_1	
ADJ01	D - TYPE	197.113	225.688	322.700	437.000	352.415	401.945	6
ADJ02	C - OUTER	254.263	282.838	208.400	294.125	352.415	401.945	4
	C - INNER	254.263	282.838	294.125	465.575	352.415	401.945	8
	C - OUTER	254.263	282.838	465.575	551.300	352.415	401.945	4
ADJ03	B - TYPE	311.413	339.988	208.400	551.300	352.415	401.945	16
ADJ04	A - OUTER	368.563	397.138	208.400	294.125	352.415	401.945	4
	A - INNER	368.563	397.138	294.125	465.575	352.415	401.945	8
	A - OUTER	368.563	397.138	465.575	551.300	352.415	401.945	4
ADJ05	B - TYPE	425.713	454.288	208.400	551.300	352.415	401.945	16
ADJ06	C - OUTER	482.863	511.438	208.400	294.125	352.415	401.945	4
	C - INNER	482.863	511.438	294.125	465.575	352.415	401.945	8
	C - OUTER	482.863	511.438	465.575	551.300	352.415	401.945	4
ADJ07	D - TYPE	540.013	568.588	322.700	437.000	352.415	401.945	6
ADJ08	D - TYPE	197.113	225.688	322.700	437.000	272.415	321.945	6

表 6 - 9 - 1(续)

调节棒编号	类型	调节棒位置						钴棒束数目
		X_0	X_1	Y_0	Y_1	Z_0	Z_1	
ADJ09	C - OUTER	254.263	282.838	208.400	294.125	272.415	321.945	4
	C - INNER	254.263	282.838	294.125	465.575	272.415	321.945	8
	C - OUTER	254.263	282.838	465.575	551.300	272.415	321.945	4
ADJ10	B - TYPE	311.413	339.988	208.400	551.300	272.415	321.945	16
ADJ11	A - OUTER	368.563	397.138	208.400	294.125	272.415	321.945	4
	A - INNER	368.563	397.138	294.125	465.575	272.415	321.945	8
	A - OUTER	368.563	397.138	465.575	551.300	272.415	321.945	4
ADJ12	B - TYPE	425.713	454.288	208.400	551.300	272.415	321.945	16
ADJ13	C - OUTER	482.863	511.438	208.400	294.125	272.415	321.945	4
	C - INNER	482.863	511.438	294.125	465.575	272.415	321.945	8
	C - OUTER	482.863	511.438	465.575	551.300	272.415	321.945	4
ADJ14	D - TYPE	540.013	568.588	322.700	437.000	272.415	321.945	6
ADJ15	D - TYPE	197.113	225.688	322.700	437.000	192.415	241.945	6
ADJ16	C - OUTER	254.263	282.838	208.400	294.125	192.415	241.945	4
	C - INNER	254.263	282.838	294.125	465.575	192.415	241.945	8
	C - OUTER	254.263	282.838	465.575	551.300	192.415	241.945	4
ADJ17	B - TYPE	311.413	339.988	208.400	551.300	192.415	241.945	16
ADJ18	A - OUTER	368.563	397.138	208.400	294.125	192.415	241.945	4
	A - INNER	368.563	397.138	294.125	465.575	192.415	241.945	8
	A - OUTER	368.563	397.138	465.575	551.300	192.415	241.945	4
ADJ19	B - TYPE	425.713	454.288	208.400	551.300	192.415	241.945	16
ADJ20	C - OUTER	482.863	511.438	208.400	294.125	192.415	241.945	4
	C - INNER	482.863	511.438	294.125	465.575	192.415	241.945	8
	C - OUTER	482.863	511.438	465.575	551.300	192.415	241.945	4
ADJ21	D - TYPE	540.013	568.588	322.700	437.000	192.415	241.945	6

使用插值方法计算钴棒束所在节块的平均热中子通量,简单且容易实现,并且容易与换料跟踪计算接口,不影响换料跟踪计算的精度和换料跟踪计算的流程。

该方法在计算通量分布形状方面被广泛证实是有效的。对局部点的绝对通量计算,程序自动按照功率进行了归一,这种处理方法仍需要通过一些试验数据来检验。今后将在热室封装时对钴调节棒进行测量,届时可以根据测量的结果来反推和校验棒束的通量分布计算结果。

表 6-9-2　INTREP 插值计算的钴棒束平均热中子通量（1 号机组 503.3 d）

单位：×10^14 n/(cm²·s)

钴棒束位置

组件编号	1	2	3	4	5	6	7	8	9	10	11	12	13	14	15	16
ADJ01	2.85 3	2.842 1	2.896 3	2.888	2.942 4	3.025	—	—	—	—	—	—	—	—	—	—
ADJ02	2.88 2	2.857 9	2.871 3	2.908 8	2.793 4	2.716 8	2.693 9	2.716 4	2.742	2.776 8	2.769 2	2.745 7	2.893 3	2.958 6	2.971 5	2.952 8
ADJ03	2.725 4	2.620 6	2.598 3	2.589	2.58	2.621 1	2.608 4	2.531 5	2.558 3	2.589 2	2.597	2.590 6	2.642 8	2.713 9	2.751 2	2.775 3
ADJ04	2.834 5	2.760 5	2.737 6	2.694 3	2.597 3	2.605	2.642 4	2.651 6	2.608 5	2.596 9	2.615 4	2.657 1	2.716 5	2.708 3	2.717 1	2.79
ADJ05	2.789 5	2.747 4	2.733 3	2.661 1	2.688 5	2.638 5	2.602 1	2.618 9	2.625 5	2.658 3	2.650 3	2.585 6	2.540 1	2.524 3	2.579 4	2.716 4
ADJ06	2.856 5	2.897 9	2.917 2	2.833 4	2.779 9	2.742 3	2.725 8	2.723 2	2.697 4	2.748 4	2.765	2.739 9	2.883 6	2.904 7	2.878 7	2.876 1
ADJ07	2.887 5	2.877 9	2.931 7	2.978 4	3.022 7	3.061 4	—	—	—	—	—	—	—	—	—	—
ADJ08	3.138	3.091 4	3.118 1	3.097 9	3.169 2	3.288 5	—	—	—	—	—	—	—	—	—	—
ADJ09	3.109 2	3.069 4	3.080 9	3.127 3	2.994 9	2.895 2	2.850 6	2.859 1	2.882	2.929	2.937 1	2.929	3.106	3.180 1	3.192 2	3.174
ADJ10	2.931	2.792 1	2.757 3	2.749 7	2.736 7	2.777 3	2.757 8	2.668 1	2.695 1	2.729 9	2.740 2	2.736 2	2.803 8	2.888 8	2.937 9	2.978 7
ADJ11	3.114 8	2.987 3	2.940 4	2.900 9	2.809 4	2.830 3	2.879 1	2.890 2	2.833 7	2.808 4	2.811 6	2.842 9	2.917 6	2.932 1	2.970 5	3.079 7
ADJ12	2.991 6	2.919 1	2.892 2	2.816 7	2.848	2.795 5	2.757 6	2.776 9	2.783 2	2.817 9	2.809	2.741	2.699 7	2.690 2	2.762 2	2.931
ADJ13	3.056	3.091 6	3.114 3	3.031 3	2.972 1	2.922	2.891 6	2.879	2.851	2.914 8	2.946 3	2.935 1	3.108 6	3.137	3.112 1	3.119 7
ADJ14	3.180 8	3.139	3.168 7	3.209 5	3.267 2	3.335 4	—	—	—	—	—	—	—	—	—	—
ADJ15	2.846 2	2.824 4	2.868 4	2.854 9	2.904 3	2.983 4	—	—	—	—	—	—	—	—	—	—
ADJ16	2.905 1	2.882 2	2.894 3	2.927 1	2.808 6	2.721 2	2.684 3	2.694 5	2.713 9	2.750 1	2.744 7	2.719 8	2.863 3	2.918 2	2.926 7	2.914 7
ADJ17	2.737 6	2.637 8	2.619	2.609 8	2.598 4	2.631 7	2.61	2.526 5	2.549 6	2.581 3	2.587 6	2.575 1	2.622 4	2.687	2.722 2	2.750 5
ADJ18	2.849 1	2.781 1	2.765 8	2.729 1	2.635 5	2.635 4	2.664 7	2.67	2.62	2.602 1	2.612 7	2.644	2.690 6	2.681 8	2.697 1	2.778 8
ADJ19	2.783 3	2.744 7	2.735	2.668 5	2.702	2.656 5	2.626 3	2.650 7	2.657 5	2.689 2	2.676	2.062 7	2.550 8	2.532 2	2.588 8	2.730 1
ADJ20	2.826 4	2.874 7	2.902 7	2.828 4	2.782 2	2.747 3	2.734 3	2.738 5	2.720 1	2.775 2	2.790 9	2.762	2.906 4	2.928 2	2.904 1	2.904 8
ADJ21	2.884 4	2.875 2	2.929 9	2.973 7	3.018 5	3.059 9	—	—	—	—	—	—	—	—	—	—

6.9.3 转换因子计算

转换因子按下式给出：

$$\kappa = \frac{\Phi_{芯块}}{\Phi_{节块}} \qquad\qquad (6-9-16)$$

获得该因子的方法有两种：一种是蒙卡方法，采用 MCNP 程序进行全堆芯简化模拟，得到钴芯块中的热中子通量水平，并与 RFSP 程序计算的钴单棒节块中的中子通量相比获得转换因子；另一种方法是进行超栅元计算，直接获得钴芯块中的中子通量和超栅元节块的中子通量，二者相比就可以获得该转换因子。蒙卡方法计算钴芯块的热中子通量数据是上海核工程研究设计院在进行钴调节棒设计时提供的。

目前的 DRAGON 3.05 版使用的 WIMSD4 库不能够进行燃料燃耗计算，因此不能直接计算平衡堆芯下的转换因子，只能计算新堆芯下的转换因子，该因子只是用来对 MCNP 计算的结果进行验证。

1. 蒙卡方法

（1）MCNP 计算 $\Phi_{芯块}$

MCNP 程序是美国 Los Alamos 实验室应用理论物理部的 Monte Carlo 小组研制的用于计算复杂三维几何结构中粒子输运的大型多功能蒙特卡罗程序。MCNP 可用于计算中子、光子以及中子 - 光子耦合的输运问题，也可计算临界系统（包括次临界和超临界）的本征值问题。MCNP 可以处理复杂三维几何结构问题，栅元的面可以是平面、二次曲面及某些特殊的四阶曲面（如椭圆环面）。栅元中的材料可由任意多种核素组合而成。MCNP 程序正好用来处理 CANDU 反应堆复杂的超栅元几何。

MCNP 程序模拟的堆芯结构如下：

①堆芯本体，包括燃料通道、慢化剂、冷却剂、燃料、端屏、反应性控制装置以及密封的排管容器堆腔。排管容器为卧式圆柱状容器，两端为容器法兰，内设 380 根排管管束将重水慢化剂和冷却剂分隔。

②堆芯的裂变功率为 2 158.5 MW，额定功率为 2 061.4 MW。功率运行时冷却剂的平均温度为 288 ℃，慢化剂的平均温度为 69 ℃；冷却剂的总质量为 2.07×10^5 kg，慢化剂的总质量为 2.62×10^5 kg（堆内部分的总质量为 1.67×10^5 kg）。

③构建了 380 个燃料通道，燃料通道排管由锆组成，排管内为锆 - 铌合金压力管，压力管内放有首尾相接的 12 束燃料棒束，燃料棒束由 37 根带有锆包壳的燃料元件棒组成，冷却剂在压力管内流动，慢化剂在排管外的腔室里流动，压力管和容器排管之间充满干燥的空气作为绝热层。

④排管材料为锆 -2 合金，密度为 6.566 g/cm³。排管与压力管间为干燥的空气，密度为 1.29×10^{-3} g/cm³。压力管采用锆 - 铌合金，密度为 6.566 g/cm³。燃料元件包壳采用锆 -4，密度为 6.566 g/cm³。燃料元件为天然铀，密度为 10.6 g/cm³。

⑤钴调节棒包括中心杆、中心管、钴芯块、锆包壳以及端板。

⑥简化起见，堆芯分为内外两个燃耗分区，内区的平均卸料燃耗为 7 975 MW·d/tU，外区为 6 925 MW·d/tU。

建立上述模型以后，计算得到的钴芯块热中子通量见表 6-9-3。

表 6-9-3　平衡堆芯、满功率水平下的钴棒束内平均热中子通量

钴调节棒组件号	靶件类型	热中子通量/$[\times 10^{14}\, n/(cm^2 \cdot s)]$
11	A – outer	1.394 70
	A – inner	1.345 36
4,18	A – outer	1.312 68
	A – inner	1.288 74
10,12	B	1.163 13
3,5,17,19	B	1.125 83
9,13	C – outer	1.522 72
	C – inner	1.313 15
2,6,16,20	C – outer	1.392 21
	C – inner	1.246 64
8,14	D	1.482 05
1,7,15,21	D	1.380 49

（2）RFSP 程序计算 $\Phi_{节块}$

前面使用 MCNP 程序计算的实际上是一个时均堆芯。因此，RFSP 程序也需要在相同的堆芯状态下计算 $\Phi_{节块}$。首先，使用 * TIME - AVER 模块进行时均计算，然后再使用 * INTREP 模块进行插值。

①时均计算

时均计算是一种等效计算方法，用于模拟反应堆在长期正常运行时的平均物理特性。堆芯内每个燃料棒束所在位置的栅元参数都做过时间平均，燃耗、截面等参数都不随时间改变。时均计算需要用户给出堆芯不同通道的换料速率以获得最为经济的运行方式，由于堆内部分通道的换料一样，因此这些通道组合在一起构成一些燃耗分区，比如 2 分区、5 分区、7 分区等。在使用 MCNP 程序进行计算时，考虑到 MCNP 程序的计算效率问题，所以采用了 2 分区方式计算 $\Phi_{芯块}$，相应地，也采用 2 分区进行时均计算。

②插值计算

插值计算方法和 6.9.2 节完全一致。* INTREP 模块直接跟在 * TIME - AVER 模块以后即可。

RFSP 程序计算的钴棒所在节块的平均热中子通量参见表 6-9-4。

（3）计算因子

转换因子按照公式(9-6-16)计算，计算得到的钴棒束的转换因子参见表 6-9-5。

表 6-9-4　RFSP 程序计算的钴棒束所在节块的平均热中子通量

棒束编号

组件编号	1	2	3	4	5	6	7	8	9	10	11	12	13	14	15	16
ADJ01	3.031	2.996	3.017	3.030	3.036	3.059	—	—	—	—	—	—	—	—	—	—
ADJ02	3.134	3.124	3.109	3.059	2.886	2.805	2.774	2.762	2.759	2.760	2.767	2.798	2.925	2.944	2.907	2.860
ADJ03	2.950	2.832	2.786	2.748	2.704	2.663	2.627	2.601	2.587	2.585	2.593	2.607	2.621	2.626	2.626	2.663
ADJ04	3.052	2.984	2.952	2.909	2.819	2.747	2.689	2.644	2.623	2.625	2.651	2.698	2.766	2.790	2.789	2.797
ADJ05	2.942	2.825	2.779	2.741	2.697	2.655	2.620	2.594	2.580	2.578	2.586	2.601	2.615	2.620	2.620	2.658
ADJ06	3.123	3.112	3.097	3.045	2.874	2.792	2.762	2.750	2.747	2.749	2.757	2.789	2.915	2.934	2.898	2.851
ADJ07	3.009	2.975	2.996	3.009	3.016	3.039	—	—	—	—	—	—	—	—	—	—
ADJ08	3.341	3.267	3.252	3.246	3.247	3.280	—	—	—	—	—	—	—	—	—	—
ADJ09	3.376	3.351	3.331	3.280	3.085	2.984	2.936	2.908	2.897	2.898	2.914	2.963	3.116	3.145	3.113	3.073
ADJ10	3.172	3.012	2.943	2.897	2.842	2.795	2.757	2.730	2.715	2.711	2.718	2.733	2.752	2.761	2.771	2.833
ADJ11	3.348	3.217	3.142	3.082	2.981	2.916	2.873	2.842	2.825	2.820	2.828	2.853	2.916	2.944	2.963	3.014
ADJ12	3.166	3.006	2.938	2.891	2.836	2.788	2.750	2.723	2.709	2.705	2.711	2.727	2.747	2.756	2.766	2.828
ADJ13	3.364	3.339	3.319	3.268	3.073	2.972	2.924	2.896	2.885	2.886	2.902	2.952	3.105	3.135	3.102	3.063
ADJ14	3.317	3.244	3.229	3.223	3.225	3.258	—	—	—	—	—	—	—	—	—	—
ADJ15	3.033	2.998	3.018	3.029	3.035	3.057	—	—	—	—	—	—	—	—	—	—
ADJ16	3.143	3.133	3.118	3.065	2.890	2.807	2.775	2.762	2.758	2.759	2.765	2.795	2.920	2.936	2.897	2.850
ADJ17	2.957	2.839	2.793	2.753	2.707	2.665	2.628	2.601	2.586	2.583	2.590	2.603	2.616	2.618	2.617	2.654
ADJ18	3.061	2.994	2.961	2.915	2.823	2.750	2.691	2.645	2.623	2.624	2.649	2.694	2.760	2.783	2.780	2.788
ADJ19	2.953	2.836	2.789	2.749	2.703	2.659	2.623	2.596	2.581	2.578	2.585	2.598	2.611	2.614	2.612	2.649
ADJ20	3.133	3.123	3.107	3.054	2.880	2.796	2.765	2.752	2.747	2.748	2.754	2.785	2.909	2.926	2.888	2.842
ADJ21	3.013	2.977	2.998	3.009	3.015	3.036	—	—	—	—	—	—	—	—	—	—

表 6 - 9 - 5　蒙卡方法计算的转换因子

组件编号	钴棒束的转换因子															
	1	2	3	4	5	6	7	8	9	10	11	12	13	14	15	16
ADJ01	0.455	0.461	0.458	0.456	0.455	0.451	—	—	—	—	—	—	—	—	—	—
ADJ02	0.444	0.446	0.448	0.455	0.432	0.445	0.449	0.451	0.452	0.452	0.451	0.445	0.476	0.473	0.479	0.487
ADJ03	0.382	0.398	0.404	0.410	0.416	0.423	0.429	0.433	0.435	0.436	0.434	0.432	0.430	0.429	0.429	0.423
ADJ04	0.430	0.440	0.445	0.451	0.457	0.469	0.479	0.487	0.491	0.491	0.486	0.478	0.475	0.470	0.471	0.469
ADJ05	0.383	0.399	0.405	0.411	0.417	0.424	0.430	0.434	0.436	0.437	0.435	0.433	0.430	0.430	0.430	0.424
ADJ06	0.446	0.447	0.450	0.457	0.434	0.446	0.451	0.453	0.454	0.453	0.452	0.447	0.478	0.474	0.480	0.488
ADJ07	0.459	0.464	0.461	0.459	0.458	0.454	—	—	—	—	—	—	—	—	—	—
ADJ08	0.444	0.454	0.456	0.457	0.456	0.452	—	—	—	—	—	—	—	—	—	—
ADJ09	0.451	0.454	0.457	0.464	0.426	0.440	0.447	0.452	0.453	0.453	0.451	0.443	0.489	0.484	0.489	0.496
ADJ10	0.367	0.386	0.395	0.402	0.409	0.416	0.422	0.426	0.428	0.429	0.428	0.426	0.423	0.421	0.420	0.411
ADJ11	0.417	0.434	0.444	0.453	0.451	0.461	0.468	0.473	0.476	0.477	0.476	0.472	0.478	0.474	0.471	0.463
ADJ12	0.367	0.387	0.396	0.402	0.410	0.417	0.423	0.427	0.429	0.430	0.429	0.427	0.423	0.422	0.421	0.411
ADJ13	0.453	0.456	0.459	0.466	0.427	0.442	0.449	0.453	0.455	0.455	0.452	0.445	0.490	0.486	0.491	0.497
ADJ14	0.447	0.457	0.459	0.460	0.460	0.455	—	—	—	—	—	—	—	—	—	—
ADJ15	0.455	0.461	0.457	0.456	0.455	0.452	—	—	—	—	—	—	—	—	—	—
ADJ16	0.443	0.444	0.447	0.454	0.431	0.444	0.449	0.451	0.452	0.452	0.451	0.446	0.477	0.474	0.481	0.488
ADJ17	0.381	0.397	0.404	0.410	0.417	0.423	0.429	0.434	0.436	0.437	0.436	0.433	0.431	0.431	0.431	0.425
ADJ18	0.429	0.438	0.443	0.450	0.456	0.469	0.479	0.487	0.491	0.491	0.487	0.478	0.476	0.472	0.472	0.471
ADJ19	0.381	0.397	0.404	0.410	0.417	0.423	0.429	0.434	0.436	0.437	0.436	0.433	0.431	0.431	0.431	0.425
ADJ20	0.444	0.446	0.448	0.456	0.433	0.446	0.451	0.453	0.454	0.454	0.453	0.448	0.479	0.476	0.482	0.490
ADJ21	0.458	0.464	0.461	0.459	0.458	0.455	—	—	—	—	—	—	—	—	—	—

2. DRAGON 方法

（1）DRAGON 程序简介

DRAGON 程序是由加拿大蒙特利尔大学（Ecole Polytechnique de Montreal）核工程研究所（Institut de genie nucleaire）在 AECL、COG（CANDU Owners Group）、Hydro – Quebec 以及 NSERC（Natural Science and Engineering Research Council of Canada）等多家机构的资助下开发的一个多用途的栅元（或组件）能谱 – 燃耗计算程序。

它能进行各种类型的栅元（组件）能谱计算，主要功能包括：根据标准的多群微观截面库进行截面插值，多维共振自屏计算，多群多维中子能谱计算，栅元（组件）均匀化计算，栅元（组件）燃耗计算，并产生堆芯计算所需的少群均匀化核截面等。程序具有强大的几何处理能力，能够处理一维球、平板、圆柱，二维矩形、六角形、R – Z 以及矩形和束棒、圆柱、六角形的混合几何等，三维长方体、复杂的六棱柱、长方体和圆柱体或六棱柱的混合几何以及三维束棒结构。程序可以使用多种格式的多群微观截面库，包括 MATXS、WIMS – D4、WIMS – AECL 以及 APOLLO 格式的数据库。程序为用户提供了 JPM、SYBIL、EXCELL 和 NXT 等多种碰撞计算模块，用户可以根据实际计算的问题需要选择模块。

本教材所用到的版本是 DRAGON 3.05 版，计算过程采用的微观截面库为 WIMS – D4 核数据库。

（2）超栅元模型

CANDU 反应堆的堆芯内部存在的一系列反应性控制装置和结构材料与燃料通道呈正交垂直方位（图6 – 9 – 3），这无疑增加了进行三维堆芯中子学计算的难度。AECL 在进行三维堆芯计算时采用了基本栅元计算和超栅元计算两步走的策略，两部分计算结果相加构成栅元的总界面，即

$$\Sigma_i = \Sigma_i(\text{base}) + \Delta\Sigma_i \tag{6 – 9 – 17}$$

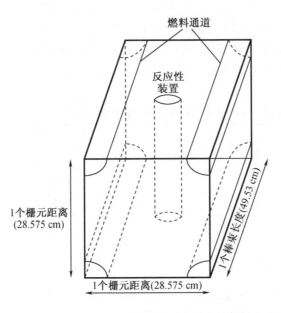

图6 – 9 – 3　CANDU – 6 反应性装置示意图

基本栅元是仅含有燃料棒束的栅距为 28.575 cm × 28.575 cm 的正方形几何栅元,基本栅元计算获得基本栅元的两群均匀化界面参数。目前我们主要采用 PPV 程序计算(现在 AECL 开发了新程序 WIMS - AECL 替代 PPV 程序)。我们更为关注的是超栅元计算,超栅元计算确定反应性控制装置对栅元界面的影响,即求解 **ΔΣ**。目前我们采用的超栅元计算程序是 DRAGON 程序,该程序是一个完整的输运理论计算程序。DRAGON 程序计算采用的超栅元模型如图 6 - 9 - 4 所示,该模型的边界条件均取反射边界条件。

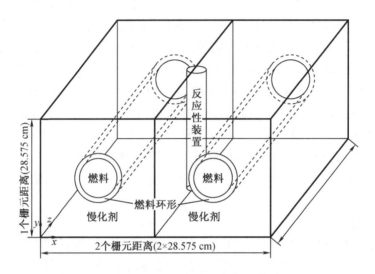

图 6 - 9 - 4　CANDU - 6 超栅元模型

DRAGON 程序可以根据需要灵活调整输出,给出钴芯块和超栅元的两群通量。

(3)计算结果

DRAGON 程序计算的转换因子详细参见表 6 - 9 - 6。值得说明的是,虽然钴调节棒分为 6 类,但考虑到 DRAGON 程序目前带的核截面库不能进行燃料燃耗计算,因此选取了新堆芯来验证 MCNP 的计算结果。对于新堆芯,不存在内外分区的问题,因此,只是计算了 1Co、2Co、3Co 和 4Co 等 4 类的转换因子。

表 6 - 9 - 6　DRAGON 程序计算的转换因子

钴棒配置	转换因子
1Co	0.5
2Co	0.478
3Co	0.446
4Co	0.423

3. 结果和讨论

图 6 - 9 - 5 给出了两种方法计算的钴芯块通量随钴单棒数目的分布情况。图 6 - 9 - 6 给出了两种方法计算的转换因子随钴单棒数目的分布情况。

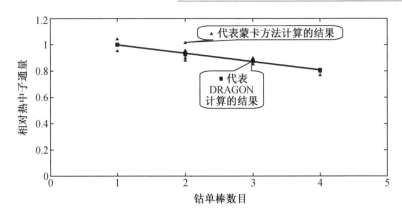

图6-9-5　两种方法计算的钴芯块通量随钴单棒数目的分布情况

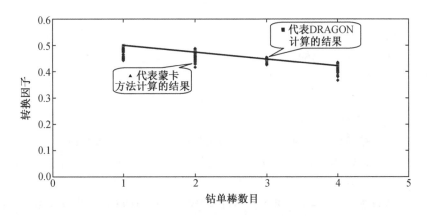

图6-9-6　两种方法计算的转换因子随钴单棒数目的分布情况

图6-9-5和图6-9-6给出的两种方法计算的钴芯块通量分布和转换因子随钴单棒数目的变化趋势是一致的,因此蒙卡方法计算的一套转换因子可以用于产量计算。

6.9.4　测量修正方法

考虑到程序的建模能力,计算的产量和实际测量的结果之间可能存在一定的差异,这种差异可以通过对计算的结果略加修正来消除。当几个生产周期以后,积累了一定的计算和测量产量数据,两者比较获得测量修正因子。对于前期的几个生产周期,修正因子取1.0,待测量修正因子产生以后再放入程序中应用。

6.9.5　总结

根据钴-59燃耗方程来进行钴产量跟踪计算是可行的,该计算与现有的换料跟踪计算之间具备良好的接口。换料跟踪计算为产量计算提供钴棒束所在的节块的热中子通量,经过合适的转换以后,获得钴芯块的热中子通量,供燃耗方程进行钴-59和钴-60的核子密度计算,并转化到钴-60产量上。

我们可以通过热室测量数据来验证该方法的计算准确性,并在几个生产周期以后,根据实际测量数据来微调计算的结果。

附录 6-9-1 ＊INTREP 模块

＊INTREP			1000			
A	13					
B	1	SDS1_SIR	34	4	1	0	0
B	2	SDS2_SIR	24	4	1	1	1
B	3	VAN_QN_SIR 102	4	0	0	0
B	4	ZCTRL_SIR	14	4	2	0	0
B	5	SDS1_IC	6	1	0	2	0	1
B	6	SDS2_IC	6	1	0	2	0	1
B	7	VFD . 5 LP 1378	1	0	2	0
B	8	HFD . 5 LP 371	1	0	2	0
B	9	VFD_LP	572	4	0	2	0
B	10	HFD_LP	154	4	0	2	0
B	11	BARE_LC	2	1	0	0	0
B	12	VIEW_PORT	53	1	0	2	0
B	13	ADJUNIT	276	3	0	0	0

```
C          382.850     +1        382.850    +1      297.18        +1
D        VFD15 - RE4    85.7250   - 46.4340   0.0000      1D          D
.............................
D        VP02    53 - 142.8750   371.4750   - 60.0000    BOTTOM     PT - 53
$ Adjustor Units
D        ADJ01   01   - 171.450   - 56.975   80.000        01
D        ADJ01   01   - 171.450   - 50.625   80.000        01
D        ADJ01   01   - 171.450   - 44.275   80.000        01
D        ADJ01   02   - 171.450   - 37.925   80.000        02
D        ADJ01   02   - 171.450   - 31.575   80.000        02
D        ADJ01   02   - 171.450   - 25.225   80.000        02
D        ADJ01   03   - 171.450   - 18.875   80.000        03
D        ADJ01   03   - 171.450   - 12.525   80.000        03
D        ADJ01   03   - 171.450    - 6.175   80.000        03
D        ADJ01   04   - 171.450     0.175    80.000        04
D        ADJ01   04   - 171.450     6.525    80.000        04
D        ADJ01   04   - 171.450    12.875    80.000        04
D        ADJ01   05   - 171.450    19.225    80.000        05
D        ADJ01   05   - 171.450    25.575    80.000        05
D        ADJ01   05   - 171.450    31.925    80.000        05
D        ADJ01   06   - 171.450    38.275    80.000        06
D        ADJ01   06   - 171.450    44.625    80.000        06
D        ADJ01   06   - 171.450    50.975    80.000        06
```

··························

$ define sds#1 & #2 Pt detectors delayed – component paras

F	1	3.9	30	250	2440	158400	
G		0.020	0.021	0.017	0.045	0.008	
H		0.011	30.	2500.	0.028	0.038	0.043

$ define zone controller Pt detectors delayed – component paras

F	2	3.9	30	250	2440	158400	
G		0.020	0.021	0.017	0.045	0.008	
H		0.011	1.0	1.0	0.0	0.0	0.0

$ define sds#2 detectors difference compensation paras

J	1	6	0.45	0.043
K			7G	3G
K			8G	4G
K			2H	5H
K			7H	8H
K			2J 3J	
K			8J 7J	

$ define the lead – cable relative sensitivities

L		SDS1_SIR	1	34	0.0032	
L		SDS2_SIR	1	24	0.0025	
L		VAN_QN_SIR1	102		0.00047	
L		ZCTRL_SIR	1	14	0.0032	
L		BARE_LC	1	2	0.0	
I		0	1	0.0		1.0

$ define I. C. log , linear , rate amplifiers para.

M	1	0.010	0.250	0.250	0.000
N		0.050	0.050	0.043	0.043

$ assign detector groups treated in current excution

TREAT   ADJUNIT

E   DETREAD

复 习 题

1. 简述 PPV 和 WIMS – AECL 的区别。

2. WIMS 程序中,栅元一般被划分成多少个区?

3. 功率分布计算有哪几种方法?

4. 钴棒更换后,进行相关反应性试验的目的是什么?

5. 重水堆的缓发中子一般分多少群?

6. 次临界状态下,反应堆功率 P、源强 S 和次临界深度 ρ 之间的关系是什么?

第7章 反应堆功率及限值

7.1 反应堆功率

针对 CANDU-6 机组,关于功率存在多个基本概念,比如反应堆总功率、燃料通道功率、燃料棒束功率、反应堆区域功率、区域参考功率等。另外,还衍生出一些与功率密切相关的概念,比如轴向功率倾斜因子、径向功率倾斜因子、CPPF 因子等。电厂物理热工人员了解并掌握这些概念,对于执行反应堆功率监测以及换料策略制定,优化整个堆芯功率分布都会大有裨益。

7.1.1 反应堆总功率

机组在功率运行期间,反应堆整个堆芯产生的或向外释放的功率大小与堆芯各区域或局部位置的功率相对。一般情况下,反应堆总功率指的就是反应堆热功率。按照设计,秦三厂两台机组在额定运行工况下,反应堆堆芯释热平衡情况见表 7-1-1;主热传输系统热平衡情况见表 7-1-2。

表 7-1-1 秦三厂反应堆堆芯释热平衡情况

反应堆堆芯释热平衡(设计)	
产热位置	总共(100% FP)
燃料	2 029.6 MW
包壳及棒束结构件	7.2 MW
冷却剂	12.3 MW
压力管	12.3 MW
总共(燃料通道)	2 061.4 MW
慢化剂	78.7 MW
反射层	5.9 MW
排管	4.3 MW
排管容器	2.0 MW
管板	1.8 MW
端屏蔽(60/40 区域)	0.7 MW
其他排管组件(包括反应性机构和导向管)	2.7 MW

表 7 - 1 - 1（续）

反应堆堆芯释热平衡（设计）	
排管容器外部结构件	1.0 MW
总共（其他反应堆组件）	97.1 MW
总裂变释热	2 158.5 MW

注:以上均为设计值,不适用于各参数限值。

表 7 - 1 - 2　主热传输系统热平衡情况

主热传输系统热平衡（设计）	
产热位置	总共（100% FP）
燃料通道释热	2 061.4 MW
泄漏到慢化剂的热量	-3.0 MW
冷却剂导出的热量	2 058.4 MW
泄漏到端屏蔽的热量	-2.4 MW
冷却剂净裂变热	2 056.0 MW
主热传输系统管道热损失	-3.0 MW
主热传输系统辅助设备热损失	-6.0 MW
总热损失	-9.0 MW
传到蒸汽发生器的净裂变热	2 047.0 MW
主泵产生热量	17.0MW
蒸汽发生器总热传输	2 064.0MW

注:以上均为设计值,不适用于各参数限值。

7.1.2　燃料通道功率和燃料棒束功率

燃料通道功率是指单个燃料通道中所有燃料棒束产生的功率大小,其数值等于通道内各个燃料棒束功率的数值之和。秦三厂机组正常功率运行期间,除换料过程外,其他运行时间段内每个燃料通道都有 12 个燃料棒束。12 个燃料棒束功率可由堆芯物理程序计算获得。

燃料通道功率和燃料棒束功率是堆芯监测和换料方案制定中的两个关键参数,这两个参数值有两种计算方法,但都来自堆芯物理程序计算。这两种方法为堆芯扩散计算和功率测绘图计算。

7.1.3　反应堆区域功率和区域参考功率

基于机组状态,利用堆芯物理程序计算出每个燃料棒束功率。再根据堆芯液体区域划分重新将功率进行汇总,从而得到各个区域功率。秦三厂堆芯在设计阶段被划分成 14 个液体区域,如图 7 - 1 - 1。

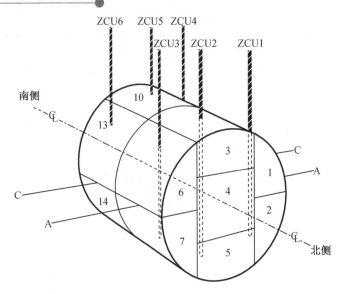

图 7 – 1 – 1　秦三厂机组 14 个液体区域设计分布图

根据液体区域设计分布图,380 个燃料通道在径向上被分成了 7 个区域(也称为 7 个轴向液体区域),然后对这 7 个区域在轴向上平均分,从而得到 14 个液体区域。这样的区域划分后,堆芯 4 560 个燃料棒束中每个棒束都对应着一个所属区域。因此,反应堆区域功率就等于位于本区域的各个棒束功率之和。

区域参考功率是指使用时均物理模型,计算出的一套反应堆满功率下的各液体区域功率。由于不同时均物理模型中输入的各通道卸料燃耗(模型数据)可能存在一定的差异,使得不同时均计算的 14 个液体区域功率有一定的偏差。在反应堆额定运行工况下,14 个液体区域的功率分布(参考分布)见表 7 – 1 – 3。

表 7 – 1 – 3　秦三厂反应堆额定运行工况下,14 个液体区域的功率分布(参考分布)

区域编号	目标区域功率/MW	设计区域功率/MW(绝对偏差/MW)		
		设计手册	技术规格书	更新模型
1	133.5	132.9(−0.6)	132.3(−1.3)	134.0(0.5)
2	133.0	132.1(−0.9)	131.5(−1.5)	132.5(−0.5)
3	173.8	173.2(−0.6)	174.2(0.4)	173.9(0.1)
4	153.3	153.0(−0.3)	153.7(0.4)	153.0(−0.3)
5	170.6	174.2(3−6)	174.1(3−5)	170.9(0.3)
6	133.5	133.0(−0.5)	132.9(−0.6)	134.0(0.5)
7	133.0	132.3(−0.7)	132.0(−1.0)	132.5(−0.5)
8	133.5	132.9(−0.6)	132.6(−1.9)	134.3(0.8)
9	133.0	132.1(−0.9)	131.1(−1.9)	132.2(−0.8)
10	173.8	173.2(−0.6)	174.6(0.8)	174.2(0.4)

表 7 - 1 - 3(续)

区域编号	目标区域功率/MW	设计区域功率/MW(绝对偏差/MW)		
		设计手册	技术规格书	更新模型
11	153.3	153.0(-0.3)	153.7(0.4)	152.9(-0.4)
12	170.6	174.2(3-6)	173.7(3-1)	170.6(0.0)
13	133.5	133.0(-0.5)	133.0(-0.5)	134.1(0.6)
14	133.0	132.3(-0.7)	131.8(-1.2)	132.3(-0.7)

7.1.4 轴向功率倾斜因子和径向功率倾斜因子

轴向功率倾斜因子和径向功率倾斜因子这两个参数可以适度反映堆芯功率分布情况。这两个参数的计算主要是基于液体区域功率参数数据。

①轴向功率倾斜因子计算方法如下：

$$轴向功率倾斜因子(P\ 轴向) = 最大值(|P_i - P_{i+7}|)$$

式中，P_i 为液体区域功率；i 为轴向液体区域编号。

②径向功率倾斜因子计算方法如下：

$$轴向功率倾斜因子(P\ 径向) = 最大值\ P_i - 最小值\ P_i$$

式中，P_i 为 12 个液体区域功率(排除 4 区和 11 区后其他的区域功率)。

7.1.5 CPPF 因子

CPPF 因子又称为通道功率峰因子，是日常堆芯物理堆芯跟踪计算后各 CPPF 通道实际功率值与该通道的参考功率值之比。CPPF 通道是指位于堆芯内靠中心位置的那些燃料通道，这些通道是固定的。CPPF 通道分布如图 7 - 1 - 2 所示。

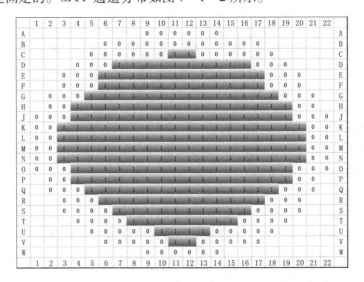

图 7 - 1 - 2 CPPF 通道分布图(CPPF 通道以"1"标识)

7.2　反应堆功率限值

本节主要介绍了 CANDU -6 堆功率运行限值,包括总功率运行限值、通道和棒束功率运行限值和调节棒拔出后的总功率限值。

在正常运行条件下,为了遵守安全分析假设和在事故发生时确保燃料的完整性,以下三个功率运行限值必须满足《技术规格书》的要求。

①最大反应堆(总)功率:反应堆传到冷却剂的总功率为 2 061.4 MW。

②通道功率运行限值:如图 7 -2 -1 所示。

	1	2	3	4	5	6	7	8	9	10	11	12	13	14	15	16	17	18	19	20	21	22
A									4399	4692	4672	4671	4692	4398								
B						4310	4734	5666	5823	5824	5998	5999	5823	5824	5665	4735	4308					
C					4588	5076	5838	6330	6500	6848	6885	6884	6849	6500	6332	5837	5077	4587				
D				4630	5387	5953	6528	7201	7300	7300	7300	7300	7300	7300	7200	6527	5952	5389	4628			
E			4849	5356	6183	6725	7158	7300	7300	7300	7300	7300	7300	7300	7300	7157	6729	6179	5360	4845		
F			5441	6129	6836	7210	7300	7300	7300	7300	7300	7300	7300	7300	7300	7300	7206	6842	6123	5447		
G		5026	5885	6577	7180	7300	7300	7300	7300	7300	7300	7300	7300	7300	7300	7300	7300	7175	6581	5879	5033	
H		5538	6419	7177	7300	7300	7300	7300	7300	7300	7300	7300	7300	7300	7300	7300	7300	7300	7178	6422	5537	
J	4549	5730	6780	7300	7300	7300	7300	7300	7300	7300	7300	7300	7300	7300	7300	7300	7300	7300	7300	6782	5733	4549
K	4740	5951	6940	7300	7300	7300	7300	7300	7300	7300	7300	7300	7300	7300	7300	7300	7300	7300	7300	6942	5950	4744
L	5069	6223	7101	7300	7300	7300	7300	7300	7300	7300	7287	7286	7300	7300	7300	7300	7300	7300	7300	7100	6226	5070
M	5059	6188	7090	7300	7300	7300	7300	7300	7300	7300	7300	7300	7300	7300	7300	7300	7300	7300	7300	7090	6191	5061
N	4978	6063	6943	7300	7300	7300	7300	7300	7300	7300	7300	7300	7300	7300	7300	7300	7300	7300	7300	6943	6063	4980
O	4806	5815	6807	7155	7300	7300	7300	7300	7300	7300	7300	7300	7300	7300	7300	7300	7300	7300	7155	6809	5814	4806
P		5618	6661	7172	7263	7300	7300	7300	7300	7300	7300	7300	7300	7300	7300	7300	7300	7264	7169	6664	5615	
Q		5036	5959	6874	7300	7271	7300	7300	7300	7300	7300	7300	7300	7300	7300	7300	7273	7300	6878	5953	5043	
R			5579	6284	7003	7298	7245	7300	7300	7300	7300	7300	7300	7300	7300	7249	7293	7011	6277	5586		
S			4602	5530	6176	6712	7167	7271	7300	7300	7300	7300	7300	7300	7273	7165	6714	6172	5533	4599		
T				4765	5400	6041	6545	7096	7157	7241	7240	7240	7240	7158	7095	6545	6040	5401	4763			
U					4446	4993	5728	6534	6629	6903	6891	6891	6903	6628	6535	5727	4994	4445				
V						4110	4707	5387	5469	5672	5664	5664	5672	5469	5385	4706	4109					
W									4499	4617	4807	4807	4617	4497								
	1	2	3	4	5	6	7	8	9	10	11	12	13	14	15	16	17	18	19	20	21	22

图 7 -2 -1　通道功率运行限值(kW)

③棒束功率限值:如图 7 -2 -2 所示。

《技术规格书》中规定的这些运行限值都是相应于 100% 满功率运行状态下的。而其他的功率运行限值都是在不同的运行条件下给出的,尤其是:

①调节棒补偿运行模式(SHIM MODE)。

②调节棒调节运行模式(XENON OVERRIDE MODE)。

这些功率运行限值满足要求并不能保证停堆系统在每一个事故工况下都能保护堆芯,避免烧干,因此还必须保证反应堆超功率保护系统(ROP)有效,确保符合其设计标准。

7.2.1　总功率运行限值

反应堆总功率(包括裂变功率和传递给冷却剂的功率)运行限值是否满足要求,主要通过电站一回路热平衡计算来定期地验证,它的基础是二回路的热平衡。后者的热平衡允许蒸发器(SG)热功率在线计算,并由此给出在线的反应堆热功率指示值。棒束运行功率和通道运行功率的计算通常都用总功率归一化,因此它们受到总功率误差的影响。

	1	2	3	4	5	6	7	8	9	10	11	12	13	14	15	16	17	18	19	20	21	22
A									588.2	636.3	633.0	627.0	626.8	589.1								
B						587.7	625.2	735.4	757.5	756.4	791.3	786.9	757.2	761.1	735.8	624.8	591.1					
C					615.5	665.8	750.5	803.9	824.1	884.6	897.0	898.4	880.4	824.3	804.1	749.9	665.3	620.7				
D				616.3	702.5	765.4	826.2	901.8	921.5	935.0	935.0	935.0	935.0	921.3	899.7	832.6	764.3	705.3	618.2			
E			650.2	697.7	799.0	856.7	892.8	915.5	905.1	919.2	935.0	935.0	919.4	904.4	916.6	892.7	856.9	798.6	698.3	653.2		
F			714.0	792.6	882.0	916.9	924.6	898.3	883.1	892.0	906.4	907.7	893.7	882.5	898.0	924.5	915.0	883.3	791.1	715.2		
G		667.6	763.1	846.6	932.8	935.0	893.3	883.7	866.8	868.2	883.2	883.7	869.0	867.3	883.8	892.9	935.0	931.6	847.9	761.0	668.1	
H		723.4	823.2	916.7	935.0	929.9	885.3	875.3	854.0	854.7	859.6	859.8	848.9	857.1	875.0	885.7	926.7	935.0	916.8	829.6	727.0	
J	608.2	740.5	865.6	935.0	935.0	935.0	899.2	879.1	858.6	857.0	853.5	854.2	858.1	859.2	883.5	897.9	935.0	935.0	935.0	862.2	739.7	608.1
K	626.0	764.7	877.2	923.5	935.0	922.5	886.7	869.9	855.3	856.5	857.4	852.4	853.4	862.6	886.6	920.5	935.0	922.7	877.3	764.2	626.2	
L	665.5	796.2	892.6	933.9	935.0	909.2	890.3	877.1	862.5	850.2	848.9	849.7	851.3	861.6	875.7	891.1	909.1	935.0	934.9	892.0	797.5	668.8
M	663.3	789.9	888.4	918.9	931.6	919.0	887.1	870.7	868.1	851.7	863.3	864.3	858.4	868.1	869.9	884.9	914.3	931.1	917.8	889.1	788.7	665.9
N	657.6	783.8	874.2	917.9	935.0	911.0	883.1	885.1	860.1	851.6	854.8	855.8	853.0	861.4	885.7	883.1	912.5	935.0	917.2	872.9	775.4	656.0
O	642.6	749.6	868.3	897.8	930.4	920.2	895.7	878.4	859.6	853.1	844.1	844.7	854.5	859.5	880.0	895.4	918.4	931.5	897.8	863.5	750.4	642.6
P		734.9	860.4	913.2	935.0	935.0	901.4	898.8	870.7	864.9	856.1	856.9	862.2	873.7	900.4	910.1	935.0	932.6	912.6	859.7	732.0	
Q		668.3	773.9	883.2	935.0	930.5	901.4	894.9	881.1	883.0	886.8	878.0	882.3	885.0	897.8	910.3	935.0	935.0	883.9	773.0	668.6	
R			737.5	815.2	920.6	935.0	907.5	914.5	898.1	904.0	915.8	908.2	905.8	905.8	906.8	907.9	935.0	928.1	817.4	741.1		
S			618.1	727.0	821.8	876.5	906.4	901.1	929.9	935.0	935.0	935.0	935.0	933.2	903.1	906.2	874.8	817.8	728.7	616.4		
T				641.5	712.0	782.2	832.4	892.5	905.1	919.9	935.0	935.0	920.3	907.6	892.4	832.6	782.3	711.3	639.8			
U					586.9	648.9	734.3	830.5	843.6	887.5	906.0	908.0	889.1	843.7	830.6	734.3	649.0	586.9				
V						544.7	622.8	696.0	705.5	738.3	744.5	747.7	739.6	705.7	700.0	614.3	544.3					
W									597.9	621.4	647.3	649.1	619.7	602.0								
	1	2	3	4	5	6	7	8	9	10	11	12	13	14	15	16	17	18	19	20	21	22

图7-2-2 棒束功率运行限值(kW)

在线蒸发器(SG)热功率是所有 SG 功率的平均值。每一个 SG 功率是用蒸气流量、给水流量、给水温度和排污流量等计算的。蒸气流量表和排污流量的漂移与误差使在线 SG 热功率存在一定的偏差,在线 SG 热功率必须使用离线计算的 SG 热功率进行定期校正。后面将讲述具体的计算和校正方法。

为确保反应堆总功率运行限值满足要求,相关手册规定每个运行值必须执行 1 次反应堆总功率监测,确认反应堆 1 h 内的功率平均值(DTAB - 377)不超过 100% FP(2 063 MW)。此方法保证了最大功率不得超过 103%,该功率水平是安全分析报告中使用的功率水平。在事故工况下,热平衡的 2σ 不确定性计算是 ±3.0%。这样就预示着,在 DTAB - 377 = 100% FP 时最大功率不超过 103% 的概率是 98%。

7.2.2 通道和棒束功率运行限值

1. RFSP 离线验证

由于全堆芯每个通道的流量不一样,因此其发生堆中心烧干的临界通道功率(CCP)也不一样。为了确保全堆芯每个通道都相对 CCP 有可接受的裕量,除限制任何通道的功率不得超过 7.3 MW 和棒束功率不得超过 935 kW 外,《技术规格书》还给出了每个通道的功率运行限值和每个通道中的棒束功率运行限值,如图 7-2-1 和图 7-2-2 所示。

通常,由于在满功率的时候,堆芯中心运行功率较高,因此一般堆芯中心通道功率和棒束功率的裕量也更小。对每个通道和棒束功率,都要求在反应堆总功率归一化后进行验证。一般棒束功率的运行余量比通道功率的更大,这就是通道功率比棒束功率更常用的原因。

稳态运行工况下,最大的棒束功率和通道功率主要是由换料方案决定的。RFSP - POWERMAP 程序是用来计算功率分布与确定棒束功率和通道功率的,这是最准确的棒束功率和通道功率计算。反应堆物理工程师每周至少进行二次这样的计算并执行安全验证。

在选择通道换料时,对清单上所有的通道也需要使用 RFSP 堆芯跟踪扩散计算方法进行初步的模拟,这可以预知通道和棒束的最大功率变化情况,以确保不会导致换料后通道和棒束功率超出运行限值。

2. 在线控制和保护响应

在线反应堆调节系统(RRS)的轻水区域控制系统有 14 对快响应 Pt 探测器测量每个区域的功率,并通过轻水区域控制系统的 14 个轻水控制器实现区域功率控制,防止局部功率过高。同时在线的 FLX 程序计算堆芯中心高功率区具有代表性的 500 个点的通量(功率),为 SETBACK 提供局部超功率的触发信号。这些措施,都保证在局部超功率或功率分布畸变时自动触发 SETBACK 和 STEPBACK。同时,两个停堆系统的区域超功率保护(ROP)也提供最大的堆芯烧干保护。

此外,操纵员每天验证 1 次最大通道功率和最大棒束功率,并通过在线 FLX 程序最大通道功率(KB2,PB32,OPTION7)和最大棒束功率(KB2,PB32,OPTION7)的输出,验证其满足通道 7.1 MW 和棒束 900 kW 的预警值,以便较早发现任何通道功率和棒束功率的偏离。

7.2.3 调节棒拔出后的总功率限值

CANDU 反应堆设计中,在反应堆额定状态运行下,所有调节棒组是完全插入堆芯的,调节棒组具有很强的展平功率分布的功能,因此在调节棒组拔出堆芯的非标准模式运行下(Xenon Override Mode 和 Shim Mode),堆芯功率分布必定发生很大变化,较典型的是堆芯功率升高,所以为确保不超过通道和棒束功率运行限值,《技术规格书》对此状态运行下的反应堆总功率进行了限制,参见表 7 - 2 - 1 和表 7 - 2 - 2。由于换料机不可用下的补偿模式(SHIM MODE)比压氙调节模式反应堆功率分布更为稳定,因此同样调节棒组状态下,SHIM MODE 的总功率限值略高。

表 7 - 2 - 1 压氙调节模式下反应堆总功率限值

拔出调节棒组的组数	反应堆总功率限值/% FP
1	85.7
2	78.4
3	73.0
4	67.0
5	63.7
6	62.9
7	55.6

注:如果要求,反应堆功率必须比以上功率限值减少更多,以维持 ROP 最小 5% 的裕量。

表7-2-2 换料机不可用下的补偿模式反应堆总功率限值

拔出调节棒组的组数	反应堆总功率限值/%FP
1	92.7
2	89.1
3	85.7
4	78.9
5	77.1
6	75.3
7	63.9

7.3 通量分布和展平

本节主要介绍了堆内中子通量的分布和展平,主要包括堆内总体通量形状和通量展平。

本节主要描述 CANDU 反应堆中子通量的形状,并研究如何去精心修改通量的形状,从而改进反应堆的性能。这一点具有重大的意义,因为堆芯在任何一点所达到的最大热比值确定了整个通量水平的最终限值,而一个有高峰值的通量分布形状就会使大部分燃料的比值远远低于其内在性能。本节还讨论四种降低通量峰值的方法及其优缺点以及通量展平法。

7.3.1 总体通量形状

我们对动力堆主要关注的一点是:确保燃料棒束不会过热,造成燃料破损。棒束的裂变率和功率产生率正比于棒束位置的热中子通量,因此,我们应该掌握一些概念,知道通量在反应堆各处是如何变化的。如果我们用分析方法讨论整个问题,最终会得到某种十分复杂的数学问题,因此,我们尝试用较为一般的方法,以所发生事件的物理图景为依据讨论整个问题。观察图7-3-1所示的那种圆柱形反应堆。在整个堆芯体积的各处都会发生裂变,快中子也就在堆芯各处产生出来。这些中子在慢化剂区域到处飞行,每次碰撞失去其部分能量,并飞离其出发点。

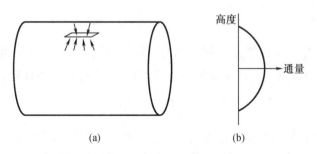

图7-3-1 热中子通量变化

最终,这些中子与慢化剂原子达成热平衡,成为热中子。然后,这些中子继续飞行、碰撞,直到在燃料或其他成分中被吸收。可见,反应堆在任意时刻的热中子总体是由为数巨大的中子组成的,它们以完全随机的方式飞行着。尽管单个中子运动是随机的,我们还是有可能预测单位体积的平均热中子数在整个反应堆是如何变化的。热中子通量也以同样方式变化,因为通量正比于中子密度($\Phi = nv$)

现在看一个面积为 1 cm² 的小正方形区域,位置如图 7 - 3 - 1(a)所示。每秒钟有一定数目的中子穿过这个小正方形,以大致向上的方向飞行;另外又有一定数目的中子穿过这个小正方形,以大致向下的方向飞行。如果这个区域的位置相当接近反应堆的表面,那么向上飞行的中子数看来明显大于向下飞行的中子数。解释是这样的:中子通量越接近反应堆边缘就越小,因为在这个地方有可观份额的中子从系统中完全逃逸出去而损失掉了。事实上,不管我们取何处的正方形,接近反应堆边缘处的通量总是要小于接近中心处的通量,所以,热中子通量从边缘到中心将连续增大。于是,通量的形状如图 7 - 3 - 1(b)所示。

在反应堆中,把单个中子的随机运动迭加起来,就有一种总体的中子运动趋势,从中子高密度区域运动到低密度区域。这种过程称为中子扩散,因为它类似于热量从热体的高温区向低温区的扩散。如同扩散理论所预测的,圆柱形反应堆的热中子通量沿轴向和径向的变化在图 7 - 3 - 2 中给出。

在这里应该指出,上面所显示的平滑通量形状适用于均匀反应堆,即燃料和慢化剂一起均匀混合的反应堆。CANDU 反应堆是非均匀系统,这里的燃料是集中成棒束的,以此减少²³⁸U 的共振吸收。因为燃料密集区对热中子有很强的吸收,燃料区本身的热通量与慢化剂区域相比将有显著的压低。燃料区热通量的降低,相对于均匀反应堆而言趋向于降低热利用因子。但是,燃料集中成棒束改进了逃脱共振概率,这足以弥补热利用因子的减小而有余。

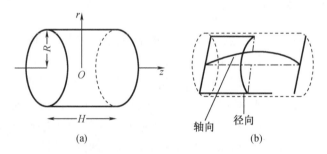

(a)   (b)

图 7 - 3 - 2 圆柱形反应堆热中子通量沿轴向和径向的变化

7.3.2 通量展平

知道了通量在整个反应堆是如何变化的,就易于计算堆芯平均热通量(Φ_{av})与最大热通量(Φ_{max})之比(最大热通量在反应堆中心位置)。我们进行这种计算,结果这个比值为

$$\frac{\Phi_{av}}{\Phi_{max}} = 0.275$$

这样低的平均值与最大值之比将引发一些问题。反应堆总功率输出正比于平均通量,因此,上述比值越高越好。另一方面,我们能够运行的通量限值是由最大热比确定的,这个最大值是可以达到而又不损坏燃料的一个热比值,而这个极限值首先会在堆芯中心处达到,通量在这里取到了最大值。出于安全考虑,我们设定了 Φ_{max},而 Φ_{av} 只等于 27.5% 的

$\Phi_{\max}$,这时,除了中心处以外,其他所有燃料对功率所做贡献远小于其潜在可能的功率份额。

很明显,解决办法是增加 Φ_{av} 对 $\Phi_{\max}$ 的比值。例如,把平均通量从通量最大值的27.5%增加到55%,在相同的中心通量极限值下,会使反应堆的潜在热输出加倍。对于比值的这种改进称为通量展平。本节的其余部分要讨论展平热通量的四种方法。它们是:

①加入反射层(径向);

②双向换料(轴向);

③调节棒(轴向、径向);

④分区换料(径向)。

1. 加入反射层

图7-3-3显示了反射层的功用。图7-3-3(a)是一个"裸"堆芯,堆芯内有许多中子逃脱了。图7-3-3(b)的堆芯被围以反射层,目的在于把大部分外逃中子反射回堆芯。因为泄漏变小了,反射层使更多的中子发生裂变。反射层可以使一个较小的堆芯达到临界,因而降低了反应堆的总支出。或者换一种方式,我们可以保持堆芯的原来大小,但这时我们掌握了更多的反应性,因而可以达到更高的燃耗值,这也降低了燃料费用。

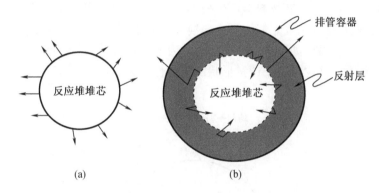

图7-3-3　裸堆芯和有反射层堆芯的中子泄漏比较

在选择反射层材料时,要寻求哪些性质呢? 一种较理想的性质是散射截面大,因为中子是由反射层核子的散射而反射回堆芯的。同样理想的性质是反射层不要吸收太多中子,或者说要吸收截面小,这两种性质在前面已经以好慢化剂的判别准则提出来过。由于这个原因,反射层通常就是慢化剂的延伸,可以简化反应堆容器的设计,避免再引入一个单独的反射层系统而造成复杂化。比如说对于 CANDU 堆,径向反射层通常由 70 cm 厚的重水构成。

加入反射层对堆芯的影响可以归纳如下:

①热通量沿径向被展平了,即平均通量对最大通量的比值增大了。图7-3-4显示了这一点。曲线 A 给出了原来的通量形状,曲线 B 是加入反射层的通量形状(归一化到与曲线 A 同样的功率输出),曲线 C 是提升功率后的通量形状,功率提升使得堆芯的最大通量与没有加入反射层的堆芯最大通量值相同。反射层中有鼓包是因为快中子逃入反射层并在此被热化,而中子在反射层不像在堆芯那样易于被吸收,于是在反射层中"堆积"起来。

②由于在堆芯边缘处有较高的通量,燃料在较外区就有更好的利用因子。现在,堆芯外区的燃料对总功率的产生就有更多的贡献。

③现在,反射回堆芯的中子可供裂变。这表明,反应堆的最小临界尺寸可以降低。换一种方式的话,如果保持堆芯大小不变,反射层造成了额外的反应性可供燃料燃耗。

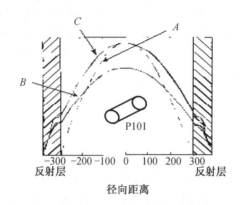

图7-3-4 反射层对径向通量形状的影响

2. 双向换料

一种有代表性的燃料加料从通道的 12 个棒束中换出 8 个,此后,已部分燃耗的燃料将占据通道外侧的三分之一。新燃料会产生较多的裂变,而且还没有裂变产物,于是,在靠堆芯的那一边将造成热通量增大。假如所有的换料都是沿反应堆的同一边进行的,最终这会产生显著的通量不对称性,如图 7-3-5 所示。为了防止这一点,在对相邻通道换料时以相反方向进行,因而或多或少保持了通量形状的对称性。

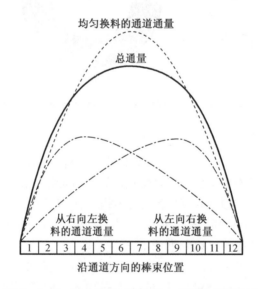

图7-3-5 双向换料对展平轴向通量形状的效果

如图 7-3-5 所显示的左到右换料产生的不对称性与右到左换料产生的不对称性迭加起来形成了一种轴向通量(总通量)分布形状,它比均匀换料的通道通量分布更趋展平。假如采用 12 个棒束换出 4 个的方案,展平效果会更显著,不过,即使 12 个棒束换出 8 个的方案也确实产生了通量展平的效果。

3. 调节棒

调节棒由中子吸收材料构成。我们通常将调节棒插入反应堆中心区域来压低通量峰值,这种峰值通常都在中心区域出现。调节棒与它的功能有关,即调节通量,不要与吸收控制棒混淆(虽然退出调节棒也能增加正反应性,起压氙作用)。

图 7-3-6 显示了由调节棒产生的径向通量展平。注意,对有调节棒和无调节棒所画的通量曲线使用了相同的最大通量,因为这就是为防止燃料破损所加的限制。很明显,插入调节棒的反应堆在同样的最大通量下产生了更高的功率。调节棒还在轴向产生了通量展平的效果。

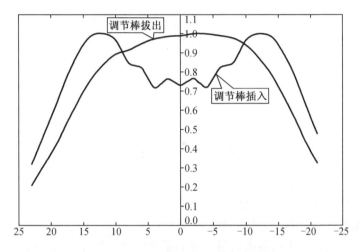

图 7-3-6 由调节棒产生的径向通量展平

当反应堆处于满功率时,调节棒通常位于反应堆内,这就减少了反应性,减小了燃料燃耗深度,略微增加了燃料费用。

4. 分区换料

分区换料是一种展平通量的方法,它避免了由调节棒造成的燃料燃耗损失。将反应堆分成两个径向区域,如图 7-3-7(a)所示,使内区燃料燃耗为外区燃料燃耗的 1.5 倍。由于内区燃料有较高的燃耗,裂变率分布的峰值将变小,通量形状变平,如图 7-3-7(b)所示。当然,应该指出,这种燃料分区换料只在径向产生通量展平。

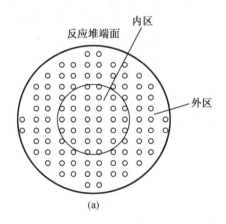

(a)

图 7-3-7 由燃料分区换料而产生的通量展平

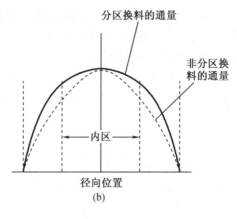

图 7 – 3 – 7（续）

复 习 题

1. CANDU – 6 反应堆的功率限值是多少?

2. 当调节棒拔出时,为什么必须限制功率运行?

3. 操纵员每几天验证 1 次最大通道功率和最大棒束功率,怎么验证?

4. 反应堆运行时,监测堆芯中子通量密度分布的目的是什么?

5. 假定有一燃料是均匀化布置的裸堆(即无反射层),定性地绘出径向的热中子通量分布。

6. 假如题 5 中加上足够厚的反射层,保持径向最高热中子通量相同,定性地绘出热中子通量径向分布。

7. 假如题 5 中加上足够厚的反射层,保持径向平均热中子通量相同,定性地绘出热中子通量径向分布。

8. 简述反射层的作用。

9. 为了展平堆芯功率分布,秦三厂反应堆采用了哪些办法?

第8章　堆芯燃料管理

8.1　换料管理

8.1.1　换料管理目标

换料管理必须确保达到以下的设计要求和安全目标：

①调节换料速率来维持反应堆临界和满功率运行,并保证堆芯过剩反应性不超过安全运行限值。

②控制堆芯功率分布以满足电站安全中对燃料通道与棒束功率的安全和运行限值。

③在运行许可范围内,最大化卸料燃耗,最小化换料费用。

④避免燃料破损,使替换燃料费用和放射性职业危害降至最低。

⑤保持通道功率峰因子(CPPF)在一个合理值范围内,确保停堆系统有足够的高功率停堆裕量。

⑥优化换料操作的负荷,最小化燃料操作的运行和维修费用。

8.1.2　首炉燃料装载和换料方式

CANDU 反应堆运行寿期内从燃料管理的角度被分为了三个阶段：

①初始燃料装载至开始换料阶段(0～100 EFPD)；

②开始换料至平衡堆芯过渡阶段(100～450 EFPD)；

③平衡堆芯阶段(450 EFPD 以后)。

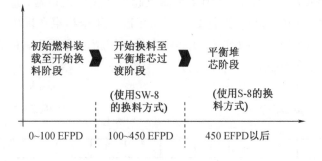

图 8 – 1 – 1　燃料管理的三个阶段

反应堆堆芯由 380 个燃料通道组成,每个燃料通道装有 12 个燃料棒束。反应堆堆芯使用的核材料为 96% 理论密度的烧结二氧化铀。首炉堆芯共装载 4 560 根燃料棒束,其中 ^{235}U 含量为 0.71% 的天然铀燃料棒束 4 400 根,^{235}U 含量为 0.52% 的贫铀燃料棒束 160 根

（放置在中心区域 80 个通道沿流量方向的 8、9 位置）。每根燃料棒束铀含量约为 19.1 kg，每个机组首炉堆芯铀的总质量约为 87 t。新堆芯装料布置如图 8 - 1 - 2 所示。

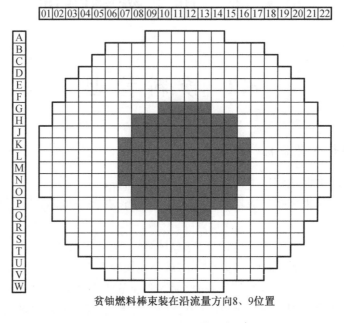

贫铀燃料棒束装在沿流量方向 8、9 位置

图 8 - 1 - 2 新堆芯装料布置

大约运行 100 EFPD（等效满功率天）后开始换料。换料一般采用已批准的 8 棒束天然铀换料方式，其中包括每个通道首次换料采用回置式 8 棒束（SW - 8）换料方式，除通道首次换料外以后采用的标准 8 棒束（S - 8）换料方式。仅在燃料棒束破损等特殊情况下，为抑制换料通道的功率峰，在 8 棒束换料的部分位置使用贫铀燃料。仅在燃料棒束破损情况下，为及时卸出破损棒束，可能采用全部 12 棒束换料的策略（首先采用标准 8 棒束换料，然后再采用 4 棒束换料）。

1. S - 8（标准 8 棒束）换料方式

即每次换料装入 8 个新棒束，其中 4 个棒束起先从通道入口端（通道上游），在换料过程中移动到出口端（通道下游）。这样处于低功率区的 4 个棒束在堆内逗留 2 个循环被卸出，而处于高功率区的 4 个棒束（图 8 - 1 - 3）在堆内逗留一个循环后被卸出。这种方式用于通道首次换料以后的换料。

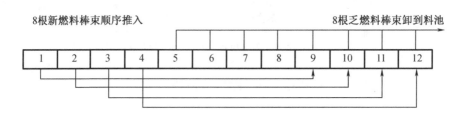

图 8 - 1 - 3 S - 8（标准 8 棒束）换料方式示意图

2. SW-8(回置式8棒束)换料方式

原已辐照和使用的棒束1号和2号移到同一通道9号和10号位置,棒束11号和12号重新回到同一通道的原始位置。每次换料装入的8个新棒束置于1~8号位置,故这种方式称为SW-8换料方式(图8-1-4)。此方式用于通道的首次换料。

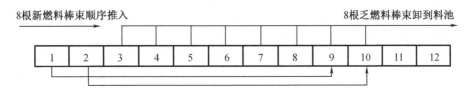

图8-1-4 SW-8(回置式8棒束)换料方式示意图

换料开始的一段时间内(100~200 EFPD),换料速率较高(约18通道/周),但很快(200 EFPD以后)达到平衡值:约14通道/周。换料速率尽管很快就达到平衡,但平衡燃耗和功率分布要在约450 EFPD以后才能达到,这时堆芯平均特性(燃耗和功率分布)基本上不随时间变化。平衡换料后,燃料的消耗速率约为0.4 mk/EFPD,每周需14~15个换料通道。每个换料通道典型反应性增加值为0.1~0.3 mk。为保证电站高的负荷因子,必须维持堆芯大约2 mk的最小过剩反应性余量,以保证在换料机短时间不可用情况下能维持电站满功率运行。

在换料机预计长时间不可用的情况下,可提前增加换料速率,增加堆芯过剩反应性,但最大不能超过5 mk。而在换料机非预计长时间不可用的情况下,大约可维持10 EFPD的功率运行,以后必须提出调节棒,并降功率运行,大约可再维持50 EFPD的功率运行。

8.1.3 换料安全目标

在秦三厂两座CANDU-6机组堆芯核设计阶段,已完成了换料堆芯的安全分析和评价。换料时必须确保采用已批准的反应堆换料方式和策略,并满足以下安全目标:

①反应堆在稳定状态下,换料引起的堆芯过剩反应性不得超过5mk的限制。

②最大燃料通道功率<7.3 MW。

③最大燃料棒束功率<935 MW。

④停堆系统的ROP安全裕量>4%FP。

⑤燃料棒束的最大卸料燃耗<630 MW·h/kgU。

8.1.4 堆芯过剩反应性计算评估

正常情况下,反应堆物理工程师每周星期一进行堆芯过剩反应性计算,预计本周的换料方案,提交正式的堆芯过剩反应性估算和周换料计划表。

在以下特殊情况下,必须按照特殊的准则准备换料计划和进行换料操作:

①SHIM MODE换料。

②燃料破损情况下的换料。

③次临界停堆状态下的换料。

堆芯过剩反应性,即反应堆在额定满功率运行工况下(所有调节棒全插在堆芯,所有机械控制吸收体全拔出堆芯,平均液体区域控制器等于45%,满功率,氙平衡),通过在慢化剂中加入一定量的硼来补偿的那部分正反应性。堆芯过剩反应性随着反应堆燃料的消耗而减少,这种减少通过堆芯换料来补充。

堆芯过剩反应性有下面三种评估方法:

①RFSP 计算堆芯过剩反应性。

②反应性平衡计算堆芯过剩反应性。

③除硼测量堆芯过剩反应性(两周一次)。

1. RFSP 计算过剩反应性

RFSP 程序,是换料模拟计算程序,用于反应堆物理设计、运行监测和燃料管理的计算与模拟分析工具软件包。该软件由秦山 CANDU - 6 机组的设计者加拿大原子能公司(AECL)开发和提供。

依据 RFSP 程序计算的有效增殖因子 k_{eff},结合计算时输入的实际 LZC 运行水位和慢化剂硼浓度,计算反应堆当前的过剩反应性。由于 RFSP 程序计算有效增殖因子 k_{eff} 时,要求输入慢化剂没辐照过的硼浓度,所以在计算堆芯过剩反应性时,必须加入硼的反应性;并且,为了和以前的堆芯过剩反应性相比较,LZC 水位必须统一校正到额定状态(45%)。计算公式如下:

$$\rho_0 = (k_0 - 1)/k_0 + (AVZL - 45)/13 + C(ppm) \times 8.5 - \rho_{修正} \qquad (8-1-1)$$

式中　$\rho_{修正}$——RFSP 计算反应性和除硼测量的反应性之间的偏差;

　　　k_0——RFSP 程序计算的有效增殖因子;

　　　C——RFSP 程序计算的临界等效硼浓度。

2. 反应性平衡计算堆芯过剩反应性

依据上次 RFSP 程序计算时的过剩反应性,结合上次计算以来的反应堆内各种反应性的变化(包括反应性燃耗衰减、通道换料引入的反应性增加以及重水纯度变化引入的反应性),计算反应堆当前的过剩反应性。计算公式如下:

$$\rho_0 = \rho_{RFSP} - \rho_{decay} + \rho_{refuel} + \rho_{\Delta iso} \qquad (8-1-2)$$

式中　ρ_{RFSP}——最近一次 RFSP 计算的堆芯过剩反应性;

　　　ρ_{decay}——最近一次 RFSP 计算堆芯过剩反应性到当前时刻的反应性衰减,衰减速率为 0.37 mk/d;

　　　ρ_{refuel}——最近一次 RFSP 计算堆芯过剩反应性到当前时刻的燃料换料引入的反应性;

　　　$\rho_{\Delta iso}$——最近一次 RFSP 计算堆芯过剩反应性到当前时刻由于慢化剂重水纯度变化引入的反应性。

3. 除硼测量堆芯过剩反应性

每两周执行一次"除硼测量堆芯过剩反应性"的试验,试验过程中,启动慢化剂净化系统,通过记录慢化剂净化系统的净化时间、净化流量及在该段时间内 LZC 水位的变化,来计算在除毒开始时堆芯的过剩反应性。

反应堆物理工程师收集试验数据,包括除硼开始的时间、结束的时间,除硼前后 AVZL 的变化量、除硼流量,除硼前后燃料燃耗 EFPD 值。利用下面的计算公式计算除硼开始时的过剩反应性。

公式推导:

$$\frac{\mathrm{d}C(t)}{\mathrm{d}t} = \frac{-F}{M}C(t)$$

$$C(t) = C_0 \exp(-\lambda t)$$

$$\lambda = \frac{F(\mathrm{kg/s}) \times 3\,600(\mathrm{s/h})}{264\,800\ \mathrm{kg}} = 0.013\,595F(\mathrm{h}^{-1}) \qquad (8-1-3)$$

式中 F——净化系统的净化流量（kg/s）；

C_0——净化开始时的毒物浓度；

t——净化系统的工作时间；

$C(t)$——t 时刻的毒物浓度。

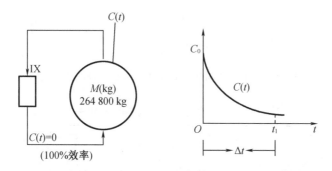

图 8 – 1 – 5 除硼测量堆芯过剩反应性原理

$$C_1(t=0) = C_0$$

$$C_2(t=t_1) = C_0 \exp(\lambda t_1) = C_0 \exp(-\lambda \Delta t)$$

$$\rho(t) = kC(t)$$

$$\rho_1 - \rho_2 = \rho_0 [1 - \exp(-\lambda \Delta t)]$$

而 $$\Delta \mathrm{AZL} = (\rho_1 - \rho_2) \times 13\% / \mathrm{mk}$$

所以

$$\rho_0 = \frac{\Delta \mathrm{AZL}}{13[1 - \exp(-0.013\,595F\Delta t)]} \qquad (8-1-4)$$

4. 三种方法的验收准则和评估结果

用于相互验证的三种方法计算出的堆芯过剩反应性必须归一到同样的反应堆额定满功率运行状态（包括 LZC 水位、慢化剂硼浓度、慢化剂纯度等）。

在启堆初期,除硼法测量的过剩反应性反映的是非稳态的值,因此在启堆的最初两周,除硼法测量值和 RFSP 计算值的偏差不以 0.3 mk 作为准则。这期间除硼法测量值应大于 RFSP 计算值,否则需分析是否存在异常。

机组大修满功率后启堆一段时间内,由于裂变产物反应性的变化(图 8 – 1 – 6),RFSP 计算反应性和除硼反应性一段时间内偏差会较大,在此期间,堆芯过剩反应性仍然取 RFSP 计算反应性,并适当加上启堆初期修正因子,此修正因子利用氙程序计算得到,并考虑适当简化。如果停堆和升功率状态相差较大,可以重新进行计算(表 8 – 1 – 1)。

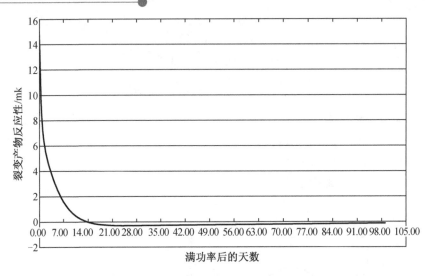

图 8-1-6　机组大修满功率后裂变产物反应性的变化趋势

表 8-1-1　大修后的启堆初期修正因子

时间	启堆初期修正因子/mk
第 1~2 周	0
第 3~6 周	-0.3
第 7~10 周	-0.2
>10 周	0

修正因子通过 XENON 程序计算得到,并考虑适当简化。取值原则和原因如下:

①在启堆满功率后前两周,启堆初期修正因子为 0,即直接使用 RFSP 计算的稳态反应性值,不考虑对非稳态进行修正。因为修正到非稳态的值波动很大,若以此数据为基准,不利于平稳安排换料计算。

②第 3~10 周,启堆初期修正因子为 -0.3~ -0.2 mk。在此长达 2 个月的期间,除硼法测量的堆芯反应性一直比 RFSP 计算值低 0.3~0.2 mk。由于除硼法测量的堆芯反应性对应着慢化剂中能通过除毒得到的反应性,为避免调门试验期间难以提升 AVZL,在这段时间内,人为地将 RFSP 计算值加上 -0.3~ -0.2 mk 的启堆初期修正因子。注意,修正前的 RFSP 计算反应性不能超过 4.5 mk。

③第 10 周后,启堆初期修正因子为 0。因为 XENON 程序计算的修正因子已小于 0.2 mk,对这样小的值已没必要再进行修正。

机组小修后堆芯过剩反应性的计算方法与大修一样,具体修正因子通过 XENON 程序计算。由于裂变产物反应性与小修天数有关系,本书不再列举典型的修正因子。注意:修正前的 RFSP 计算反应性不能超过 5 mk。

由于平衡法计算的反应性是在 RFSP 计算反应性的基础上计算得到的,因此三种方法中只有除硼法测量值和 RFSP 计算值是两种独立值。所以目前在进行反应性比较时主要比较除硼测量的反应性和 RFSP 计算的反应性,而平衡法计算的反应性作为参考。

三种方法计算出的堆芯过剩反应性相互之间的偏差应在 0.3 mk 以内。

上述三种方法计算出的过剩反应性值需确定一个最终值,目前的做法是:以 RFSP 计算的反应性(考虑了偏差修正项)作为堆芯过剩反应性,而除硼测量的反应性作为 RFSP 计算反应性的验算标准。原因如下:

①换料引入的反应性是稳态下的反应性,通过 RFSP 程序中的稳态计算得到更合适;

②目前除硼测量堆芯过剩反应性的试验频率为两周一次,与 RFSP 计算反应性的频率(每周一次)不一致,而且除毒床快失效时,除硼法计算的过剩反应性误差大;

③在启堆前面 2 周,除硼法测量的过剩反应性反映的是非稳态的值,若以此波动很大的数据为基准,不利于平稳安排换料。

8.1.5 换料计划

1. 执行频度

正常情况下,反应堆物理工程师每周星期一进行堆芯过剩反应性计算,预计本周的换料方案,提交正式的堆芯过剩反应性估算和周换料计划表。

在以下异常情况下,反应堆物理工程师在得到值长通知后,必须提交修正的堆芯过剩反应性估算和周换料计划表:

①堆芯过剩反应性评估和周换料计划表失效(当前时间超过有效期限)。

②根据已批准的周换料计划,操纵员预计换料方案实施后不能保证反应堆正常运行所要求的堆芯过剩反应性。

③预计换料机系统长期不可用,需要增加堆芯过剩反应性裕量,以维持电站较长时间的高功率运行。

在以下特殊情况下,必须按照特殊的准则准备换料计划和进行换料操作。

(1)SHIM MODE 换料

换料机系统修复后,反应堆在 SHIM MODE 运行情况下进行换料。反应堆物理工程师编制详细的特殊换料程序,给出每天详细的换料通道和换料顺序,并给出详细的换料注意事项。

在换料执行过程中,反应堆物理工程师必须到主控制室现场指导和监测整个换料过程。

(2)燃料破损情况下的换料

当 MCR 操纵员发现堆芯出现燃料破损后,通知反应堆物理工程师确定破损燃料通道,准备破损燃料通道的换料方案,给出详细的换料注意事项。

在换料执行过程中,反应堆物理工程师必须到主控制室现场指导和监测整个换料过程。

(3)次临界停堆状态下的换料

在次临界停堆状态换料前,反应堆物理工程师必须编写特殊的换料工作计划或程序,经公司分管领导或厂长批准后,方可实施。

次临界停堆状态下的换料实施后,反应堆重新启动前,反应堆物理工程师必须进行堆芯过剩反应性平衡计算,预计反应堆的临界状态,并评估停堆换料活动对 ROP 的影响。MCR 操纵员根据预计的临界状态,启动反应堆。

2. 执行原则

换料计划的制定必须遵守以下基本原则。

①MCR 操纵员在化学分析人员的配合下每两周进行一次除硼测量堆芯过剩反应性的试验。必要时,根据反应堆物理工程师的要求,进行补充试验。

②反应堆物理工程师根据上述试验结果预计并监测堆芯过剩反应性的变化,确保反应堆在稳定状态下,换料引起的堆芯过剩反应性不超过 5 mk 的运行限值。

③反应堆物理工程师必须控制换料速率,确保反应堆能够维持一定量的过剩反应性,以保证在换料机系统非计划不可用情况下,反应堆可以维持高功率运行比较长的时间。

④一般正常运行情况下,堆芯过剩反应性要求维持在 1.5 ~2.5 mk(等效于 4 ~6 EFPD)。

⑤但在换料机系统有计划检修前,堆芯过剩反应性可以提前增加,典型值为 4 mk(等效于 10 EFPD),但不得超过 5 mk 的运行限值。

⑥根据 RFSP 程序计算的反应性燃耗衰减率(~0.4 mk/EFPD)和电站运行要求,反应堆物理工程师负责制定每周的换料计划,预计换料计划实施后堆芯过剩反应性的变化,发布堆芯过剩反应性评估和周换料计划表。

⑦堆芯过剩反应性评估和周换料计划表经堆物理主管校核,科长批准后,分发到主控制室、生产计划处、换料运行科。

8.1.6　换料方案

1. 执行频度

反应堆物理工程师每周至少两次在监测反应堆功率分布和计算 CPPF 的同时,进行换料通道选择,制定换料方案,发布当天的换料通道选择清单(FCSL)。

每天上午换料实施前,反应堆物理工程师选择当天最合适的换料通道,确定优化的换料顺序,并向 MCR 提交当天的换料通道和换料顺序表(DFCS)。

在以下异常情况下,反应堆物理工程师在得到值长通知后,必须提交修正或补充的换料通道选择清单(FCSL)或当天的换料通道和换料顺序表(DFCS):

①换料通道选择清单(FCSL)失效(执行时间超过报表的有效期)。

②被选择换料的某个通道不能正常装换料。

③被选择换料的通道的出口温度测量器(RTD)不可用或不可靠。

④被选择换料的通道所在区域的两个 RRS 中子通量探测器全部失效。

⑤预计被选择通道换料实施后,有两个以上的轻水区域控制器(LZC)的水位超过区域控制的限值。

⑥预计被选择通道换料实施后,燃料通道功率和棒束功率将超过技术规格书中规定的运行限值。

2. 执行原则

下面主要列出换料通道选择必须遵守的基本原则。

①反应堆物理工程师必须采用科学系统的计算方法进行换料通道选择,以满足以下所有的反应堆设计目标和安全要求:

a. 反应堆运行的最优化。

b. 燃料利用的最优化。

c. 维持运行要求的堆芯过剩反应性。

d. 反应堆运行在运行限值以内。

②反应堆物理工程师必须依据以下所有的换料通道选择原则,选择合适的换料通道:

a. 优化换料通道的平均卸料燃耗。

b. 维持反应堆堆芯的区域功率分布接近设计的时间平均模型的参考功率分布。

c. 优化 ROP 的运行安全裕量,如最小的 CPPF 因子。

d. 维持反应性控制装置在额定工况下运行。优化单个轻水区域控制器的区域控制水位,使之接近所有轻水区域控制器的平均水位,满足较好的区域功率控制的要求。

e. 优化堆芯的过剩反应性,以保证换料机系统非计划不可用情况下能够维持较长时间的满功率运行。

f. 维持反应堆轴向和径向功率分布接近时间平均模型计算的参考功率分布。

g. 满足燃料通道和棒束功率的运行限值,优化其运行裕量。

h. 维持反应堆区域燃耗分布接近时间平均模型计算的参考燃耗分布。

③在提交正式的换料通道选择清单(FCSL)前,反应堆物理工程师必须使用 RFSP 计算程序验证换料通道的有效性。保证预计的燃料通道换料后,满足安全目标限值。

④反应堆物理工程师在验证选择的换料通道的有效性后,编制正式的换料通道选择清单(FCSL),并附上相关的注意事项和重要说明。

⑤换料通道选择清单经堆物理主管校核、科长批准后生效。批准生效的换料清单及其附件分发主控制室和换料运行科。

⑥每天上午换料实施前,反应堆物理工程师根据已批准生效的换料通道选择清单(FCSL)和采集的轻水区域控制器运行水位,选择当天最合适的换料通道,确定优化的换料顺序,编制当天的换料通道和换料顺序表(DFCS)和换料指令表(FCO)。DFCS 和 FCO 经堆物理主管审核批准后,反应堆物理工程师负责向 MCR 操纵员提交。

⑦每次换料操作前,MCR 操纵员根据已批准生效的当天换料通道和换料顺序表(DFCS),确定换料通道的编号;并参考换料通道选择清单(FCSL)中对该通道的换料要求,检查和准备换料条件,签发换料指令表(FCO)。

⑧值长审核最终的换料条件满足后,批准执行换料指令表(FCO),将签字的原件交燃料盘台操作员执行换料操作。

⑨燃料就地操作员使用核材料计算机管理系统打印 FCO 对应的新燃料输送记录表(NFTR)和乏燃料卸出记录表(SFDR)的空表。

⑩在出现以下任何一种情况下,值长立即通知反应堆物理工程师提供换料全过程的技术支持:

a. 当天的换料通道和换料顺序表(DFCS)以及换料通道选择清单(FCSL)中有任何异常或疑问。

b. 换料过程中,区域功率控制的响应(即轻水区域控制器的水位)有任何异常。

c. 由于 F/M 系统的原因,导致反应堆物理工程师制定的当天的换料顺序发生重大变化。

8.1.7　换料管理流程

换料计算和换料执行过程涉及多个部门的协作。主要的流程步骤参见换料管理流程图(图 8 - 1 - 7)。

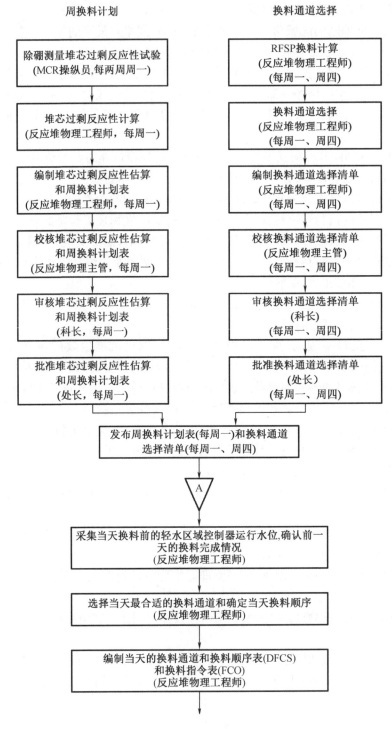

周换料计划　　　　　　　　　换料通道选择

图 8 − 1 − 7　换料管理流程图

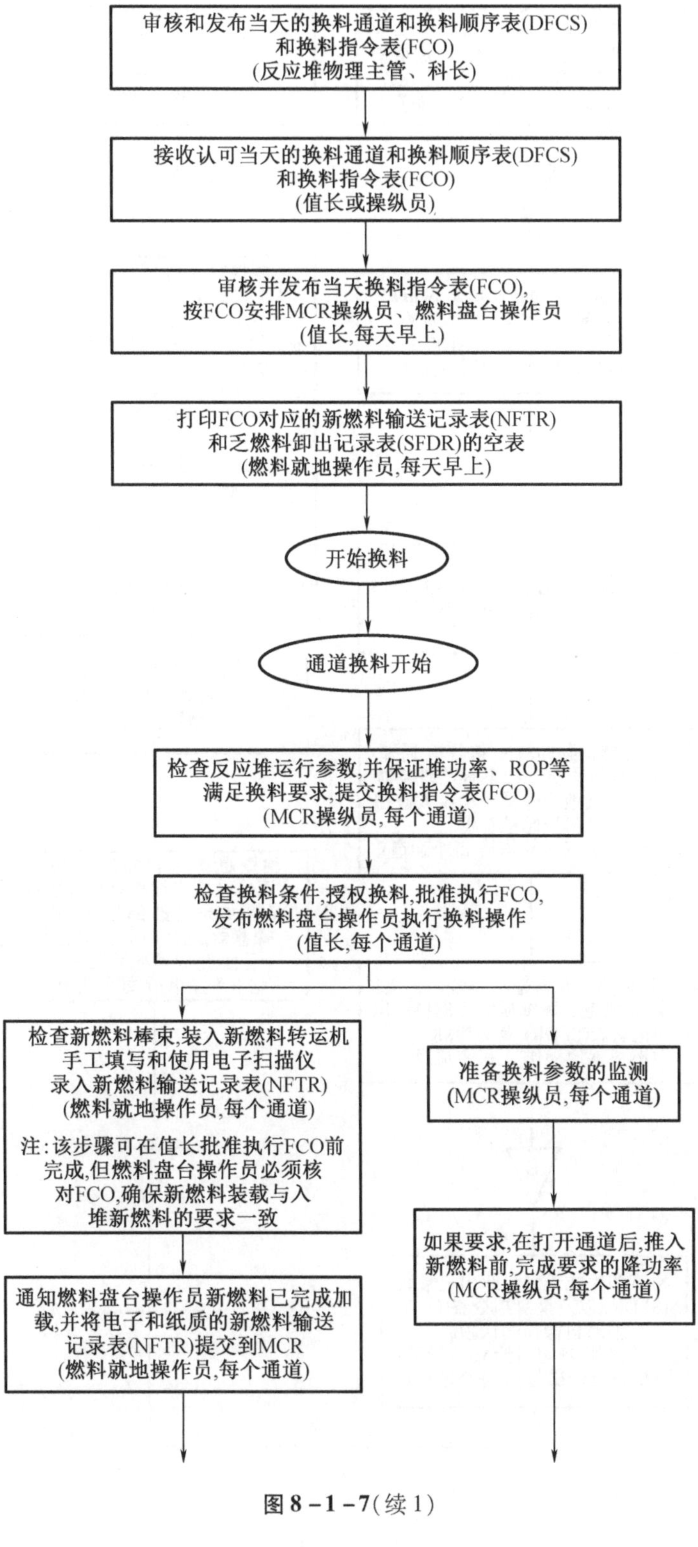

审核和发布当天的换料通道和换料顺序表(DFCS)
和换料指令表(FCO)
(反应堆物理主管、科长)

↓

接收认可当天的换料通道和换料顺序表(DFCS)
和换料指令表(FCO)
(值长或操纵员)

↓

审核并发布当天换料指令表(FCO),
按FCO安排MCR操纵员、燃料盘台操作员
(值长,每天早上)

↓

打印FCO对应的新燃料输送记录表(NFTR)
和乏燃料卸出记录表(SFDR)的空表
(燃料就地操作员,每天早上)

↓

(开始换料)

↓

(通道换料开始)

↓

检查反应堆运行参数,并保证堆功率、ROP等
满足换料要求,提交换料指令表(FCO)
(MCR操纵员,每个通道)

↓

检查换料条件,授权换料,批准执行FCO,
发布燃料盘台操作员执行换料操作
(值长,每个通道)

↓

检查新燃料棒束,装入新燃料转运机
手工填写和使用电子扫描仪
录入新燃料输送记录表(NFTR)
(燃料就地操作员,每个通道)

注:该步骤可在值长批准执行FCO前
完成,但燃料盘台操作员必须核
对FCO,确保新燃料装载与入
堆新燃料的要求一致

↓

准备换料参数的监测
(MCR操纵员,每个通道)

↓

如果要求,在打开通道后,推入
新燃料前,完成要求的降功率
(MCR操纵员,每个通道)

↓

通知燃料盘台操作员新燃料已完成加
载,并将电子和纸质的新燃料输送
记录表(NFTR)提交到MCR
(燃料就地操作员,每个通道)

图 8-1-7(续1)

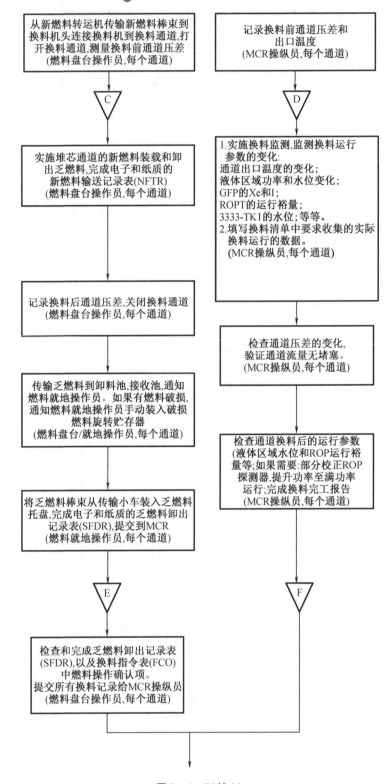

图 8 - 1 - 7(续2)

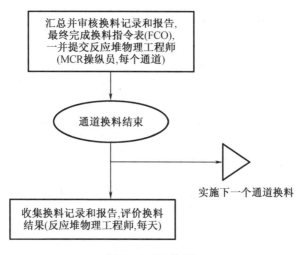

图 8 - 1 - 7(续3)

8.1.8 换料监测

1. 检查换料条件

①在以下情况下,不进行换料操作:

a. 如果任何一个专设安全系统发生1级或2级损坏,不能进行换料操作。

b. 在任何一个专设安全系统进行主控制室仪表控制盘定期监督试验的时候,不能进行换料操作。

c. 在进行换料机受影响的电气系统切换试验的时候,不能进行换料操作。

d. 在反应堆功率或反应性装置的位置变化过程中,不能进行换料操作。

e. 通道差压测量系统不可用情况下,不能进行换料操作。

②在以下情况下应尽量不安排换料操作。特殊情况下如果需要,也必须在得到主管的副总经理或厂长批准的特殊换料工作计划或程序后,才能授权换料操作:

a. 在小于四个热传输泵运行情况下。

b. 在两个或以上的区域功率测量无效情况下。

c. 需要在低功率热态临界状态下换料。

③检查反应堆的状态是否可以换料,包括功率变化、LZC 水位、停堆系统状态、反应性装置状态和相关程序的状态。

④检查破损燃料探测系统(GFP)可用。

2. 换料准备和授权

①操纵员根据《周换料通道清单》中的要求,检查 ROP 探测器的停堆裕量,确定是否需要降功率。如果换料通道清单中特殊标注的 ROP 裕量不满足要求,并且换料前这些 ROP 探测器指示与要求校正值(DC)的偏差较大(如大于2.5%),则允许先校正这些探测器。而对于其他探测器,则直接根据这些探测器的停堆裕量来判断是否需要降功率即可。如果换料前检查后的 ROP 裕量仍小于要求值,必须计算要求降低电站功率的幅度,并在通道打开推入新燃料前降低反应堆功率到要求值。

②若换料前需要降功率,不必立即降功率,应该在通道打开,准备推入新燃料前完成降功率,以减少发电量损失。

③通道换料前,操纵员必须仔细阅读换料清单中给出的该通道换料的注意事项和重要说明,明确是否需要在换料过程中采取特殊措施。

④准备好监测 ΔP 和通道出口温度。

⑤确认换料机的状态,并且有足够的换料操作员来执行换料操作。

表 8-1-2　换料中的重要注意事项(部分,详细见换料软件当前版本)

序号	是否固定	注意事项
1	是	SDS#1 流量监测通道,且是 FARE 通道 ①换料时可能因为低流量而导致相应的通道"D"或"E"或"F"TRIP; ②这是 FARE 工具换料时可能出现的正常现象; ③换料过程中请密切监测该通道流量,一旦流量恢复正常,请及时 RESET 该 SDS #1 通道
2	是	换料通道靠近 SDS#1 的电离室 ①如果从 A 侧换料,监测"E"和"F"通道的电离室信号; ②如果从 C 侧换料,监测"D"和"E"通道的电离室信号; ③每两个棒束被推进通道以后,F/M 操作员应该等操纵员发出继续的信号以后,才能继续推动棒束通过 CROSS - FLOW; ④每次等待期间,操纵员调节 de - shading 放大器来维持电离室信号与热功率(DTAB - 12)的偏差在 ±5% 之间; ⑤当棒束列推到正常位置时,操纵员调整 de - shading 放大器确保电离室信号与热功率(DTAB - 12)的偏差在 ±3% 之间
3	是	换料通道靠近 SDS#2 的电离室 ①如果从 A 侧换料,监测"G"和"H"通道的电离室信号; ②如果从 C 侧换料,监测"G"和"J"通道的电离室信号; ③每两个棒束被推进通道以后,F/M 操作员应该等操纵员发出继续的信号以后,才能继续推动棒束通过 CROSS - FLOW; ④每次等待期间,操纵员调节 de - shading 放大器来维持电离室信号与热功率(DTAB - 12)的偏差在 ±5% 之间; ⑤当棒束列推到正常位置时,操纵员调整 de - shading 放大器确保电离室信号与热功率(DTAB - 12)的偏差在 ±3% 之间
4	否	为考验燃料,换料时要求使用优先入堆燃料板箱中的棒束 ①用标准 8 棒束换料方式; ②从优先入堆燃料板箱取出 4 个棒束装在通道沿流量方向 5,6,7,8 位置
5	否	①用标准 8 棒束换料方式; ②在通道沿流量方向 7,8 位置装入贫铀棒束

表 8 - 1 - 2(续1)

序号	是否固定	注意事项
6	否	通道中怀疑燃料破损 　①前提条件： 　a. 将破损燃料定位系统(63105)连在怀疑通道上； 　b. 确认破损燃料旋转储存罐有足够的空间来储存破损燃料； 　c. 将 3523 - ABTK3 的排气管与 R/B 通风系统连起来 　②采用标准 8 棒束方式换料。 　③如果 R012、R013 或 R014 房间的 γ 比正常卸料值上升 2 倍以上,则传输 8 个卸出的棒束到破损燃料旋转储存罐。 　④当卸出的棒束储存在破损燃料旋转储存罐中时,用 filtration mode 将传输池通风系统打开 4 h 以上。 　⑤打印 R012、R013 和 R014 房间的 γ 值 TREND。 　⑥如果怀疑该通道破损棒束仍没有卸出,继续对该通道采用 4 棒束换料方式换料,要求在沿通道流量方向 4 位置装一个贫铀棒束。 　⑦传输 4 个卸出的棒束到破损燃料旋转储存罐中。 　⑧填写换料完工报告
7	否	上次换料期间,F/M 连接密封发生泄漏 　①如果本次通道打开期间再发生类似情况,则停此该通道换料； 　②要求反应堆物理工程师重新选择换料通道和换料顺序
8	否	反应堆在 GSS 状态下的 12 个棒束全换料方式 　全部采用天然铀燃料棒束,首先标准 8 棒束方式换料。完成后,紧接着又使用 4 棒束方式换料
9	否	通道换料期间特殊的数据采集 　①换料 1 h 前通知反应堆物理工程师到现场； 　②通道打开以前和通道关闭以后,监测反应堆功率
10	是	FARE 换料通道靠近 SDS#2 的 ROPT 探测器 6G 　①当 FARE 换料通道靠近 SDS#2 的 ROPT 探测器 6G 时,可能出现 WN2 - 38 "CHANNEL G PDC $^1/_2$ INPUT SIGNAL ABNORMAL"； 　②在换料期间和换料以后用 68320 - RS - 2G 执行 De - ripple 调节,确保 Φ_{AVG} 与热功率(DTAB - 12)的偏差在 ±3% FP 之间
11	是	FARE 换料通道靠近 SDS#2 的 ROPT 探测器 6H 　①当 FARE 换料通道靠近 SDS#2 的 ROPT 探测器 6G 时,可能出现 WN2 - 41 "CHANNEL H PDC $^1/_2$ INPUT SIGNAL ABNORMAL"； 　②在换料期间和换料以后用 68320 - RS - 2H 执行 De - ripple 调节,确保 Φ_{AVG} 与热功率(DTAB - 12)的偏差在 ±3% FP 之间

表 8 - 1 - 2(续 1)

序号	是否固定	注意事项
12	是	FARE 换料通道靠近 SDS#2 的 ROPT 探测器 5J 或 7J ①当 FARE 换料通道靠近 SDS#2 的 ROPT 探测器 5J 或 7J 时,可能出现 WN2 - 44 "CHANNEL J PDC $\frac{1}{2}$ INPUT SIGNAL ABNORMAL"; ②在换料期间和换料以后用 68320 - RS - 2J 执行 De - ripple 调节,确保 Φ_{AVG} 与热功率(DTAB - 12)的偏差在 ±3% FP 之间
13	否	反应堆处于 GSS 状态下特殊的 12 棒束换料方式 在通道沿流量方向 6,7,8 位置分别装入贫铀棒束
14	否	反应堆在 GSS 状态下的 12 棒束逆向换料
15	否	通道出口温度测量(RTD)失效,换料过程中使用临时程序或工作计划。
16	否	换料期间执行该通道破损燃料定位系统(63105)扫描 ①换料前通知反应堆物理工程师和系统工程师到现场; ②换料前连接 63105 到该换料通道; ③换料过程中执行破损燃料定位系统(63105)扫描

3. 换料过程中

①监测通道 ΔP 和通道出口温度,确认通道流量正常。

②在换料执行过程中,必须密切监视反应堆关键运行参数的变化,如果出现以下情况,必须采取恰当的处理措施:

a. 在换料过程中,如果 ROP 探测器的停堆裕量不够,则必须降反应堆功率来使探测器的停堆裕量满足要求。并不建议在换料操作过程中校正 ROP 探测器的手段来确保 ROP 停堆裕量;如果需要,也必须通知燃料盘台操作员停止燃料棒束移动,等校正的 ROP 探测器信号稳定后再继续换料操作。

b. 换料后,如果燃料通道中燃料棒束小于 12 个,反应堆必须立即停堆到电站运行模式 2:低功率,热态稳压状态。

③在换料过程中,如果发生异常情况(比如功率变化大、反应性装置位置变化、SETBACK 或停堆),则首先在最近的安全步骤停止换料,等状态稳定后,再完成余下的换料操作。同时,在这一过程中,必须密切监测 ROP 探测器的停堆裕量,确保满足要求。

4. 换料后

①换料操作完成并等到堆芯状态稳定后,操纵员必须采集反应堆物理工程师要求的运行参数。如果反应堆功率被 ROP 停堆裕量所限制,执行 ROP 通量探测器部分校正,然后再恢复电站功率到最大的允许值。

②换料操作前后,操纵员在燃料盘台操作员配合下必须进行通道压差测量,验证换料后燃料通道没有发生堵塞。

8.1.9 换料中的通道流量验证

由于换料期间燃料通道被打开,存在异物进入燃料通道导致通道流量堵塞的可能,因此必须在换料过程中验证燃料通道有足够的冷却剂流量。其方法是通过检查换料前后的通道压差和监测换料期间通道出口温度的变化趋势来探测通道流量的任何异常,主要操作步骤如下:

①监测并确保通道出口温度的变化趋势与标准参考曲线一致(图8-1-8)。

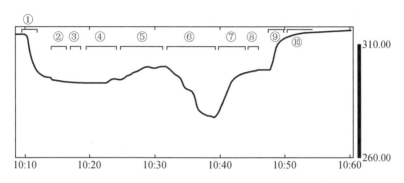

图8-1-8 换料过程中通道出口温度典型变化趋势

②判断换料前后通道压差的偏差值在-150~200 kPa。

③当通道出口温度异常时,首先检查换料机循环流量,然后再检查是否由 RTD 失效造成。在 RTD 失效情况下,必须持续监测通道差压,确保与换料前通道压差的偏差值在±450 kPa以内。如果仍然不能排除异常,必须启动"通道流量堵塞"异常执行程序。

换料各个步骤通道出口温度变化特征和原理,见表8-1-3。

表8-1-3 换料各个步骤通道出口温度变化特征和原理

换料步骤	变化解释	换料步骤	变化解释
①-两端通道密封塞移出	通道打开后,换料机头注入冷水(约55 ℃),通道出口温度减少5~15 ℃	⑥-燃料移动大约8个等效棒束长度。上游末端2个棒束位于堆芯中部,首先推入的2个新燃料棒束位于下游屏蔽塞位置	该通道留在堆芯部分的燃料仅有大约6个棒束,因此热量产生很小导致通道出口温度明显减小
②-通道 ΔP 测量。	换料前通道 ΔP_1 测量,将与换料后的值比较	⑦-燃料棒束串推回通道固定位置,下游屏蔽塞就位	通道内 12 个棒束重新就位,通道流量和通道功率增加,导致通道出口温度的回升
③-游屏蔽塞移出		⑧-通道 ΔP_2 测量	通道换料前后 $\Delta(\Delta P)$ 计算($\Delta P_1 - \Delta P_2$),验收准则确保在-150~200 kPa。如果不满足,将触发报警,并采取处理措施

表 8 - 1 - 3(续)

换料步骤	变化解释	换料步骤	变化解释
④ - 新燃料棒束开始推入通道上游,乏燃料开始退出通道到下游 F/M	由于通道内多于 12 棒束造成流量小量减少,并导致通道出口温度少量的上升	⑨ - 通道两端密封塞放回通道	通道关闭,F/M 到通道的冷水流中止。通道出口温度逐渐恢复正常值
⑤ - 新燃料继续推入通道	通道内更多的新燃料产生更多的热量,导致通道出口温度明显上涨	⑩ - 通道出口温度稳定	

注:如果反应堆功率低于95%FP,每段的通道出口温度小于趋势线中参考值,但温度变化趋势应几乎相同

8.2　破损燃料管理

8.2.1　预防燃料破损的措施

燃料破损的原因:

①燃料元件本身制造缺陷,如不完整焊接、端帽松动、过量氢残留。

②燃料设计上不足,如早期端板疲劳。

③换料机的异常事故。

④运输过程中的损伤。

⑤堆芯异物(碎片)磨损,应力腐蚀,机械振动。

一般来说,在反应堆运行初期,由于燃料制造质量的问题(如有)、PHT 系统建造残留异物、换料机磨合阶段等原因,燃料破损率会慢慢上升,达到一个最大值。然后,由于燃料制造问题的解决(如有),以及 PHT 系统异物的净化清除,换料机平稳运行,大约一年以后,燃料破损率会慢慢下降,最后达到一个比较低的稳定值。在反应堆运行寿命后期,由于反应堆和换料机都处于老化阶段,燃料破损率又会慢慢上升。

相关检测系统:

①破损燃料监测系统(FFD 或 GFP):通过检测冷却剂中的裂变气体来确定反应堆内是否出现燃料破损。

②破损燃料定位系统(FFL 或 DN):通过检测冷却剂中的缓发中子来确定燃料破损通道的位置。

为预防燃料破损要求遵循以下的基本原则:

每批采购的燃料棒束在制造厂制造过程中,应将一定量的(大约采购总量的5%)棒束设置为电站优先入堆验证的燃料棒束,这些燃料棒束被装在特殊的箱子中运往电站。并且,这批燃料棒束在到达电站后,必须及时地优先装入反应堆。

通过使用这种优先入堆验证的方法,可以达到以下目的:

①每批采购燃料在批量装料前,检查出潜在的燃料制造问题。

②采集有用的燃料棒束设计或制造数据。

这些优先入堆验证的燃料棒束必须进行特殊的跟踪监测,并根据监测结果进行卸出后的抽样水下检查。

8.2.2　破损燃料监测

1. 在线连续监测

电站正常运行期间,主控制室操纵员通过在线气体裂变产物监测系统(GFP)对主热传输系统冷却剂中的^{131}I、^{88}Kr、^{133}Xe、^{135}Xe进行连续的监测,以监测堆芯中燃料包壳的完整性。

当主控制室操纵员监测到以下任何一种异常情况时,立即通知反应堆物理工程师,以便采取破损燃料通道的换料行动:

①^{131}I水平≥93 MBq/kg,报警触发;

②^{131}I的尖峰信号≥3 MBq/kg,报警触发;

③^{135}Xe水平≥20 MBq/kg,报警触发;

④^{88}Kr水平≥200 MBq/kg,报警触发;

⑤^{133}Xe水平≥5 MBq/kg,并突然增加报警触发;

⑥^{133}Xe水平≥200 MBq/kg,报警触发。

2. 定期化学取样监测

化学实验室每周两次取样分析主热传输系统冷却剂回路中的放射性核素(^{131}I、^{135}Xe、^{133}Xe、^{88}Kr)。

当出现以下放射性核素异常上升时,通知主控制室操纵员密切监测在线气体裂变产物监测系统(GFP)的指示值和报警,并由值长通知反应堆物理工程师采取破损燃料通道的换料行动,卸出破损燃料棒束。

3. FFL 系统定期试验

电站正常功率运行期间,操纵员每月一次使用破损燃料定位系统(FFL)进行破损燃料通道的检查试验,并将试验数据提交给反应堆物理工程师。

反应堆物理工程师分析试验数据。根据燃料通道的破损辨别率大于1.3的原则和燃料通道破损辨别率最近几次定期试验的变化趋势,确定是否有通道存在燃料破损,并确定是否需要立即对破损通道进行换料。

如果确定需要,立即实施破损燃料通道的换料。

如果不需要,立即实施破损燃料通道的换料行动,反应堆物理工程师记录和标示该异常通道,以便在以后该通道正常换料过程中,使用破损燃料定位系统(FFL)监测卸料棒束的缓发中子水平,探测是否存在燃料破损,并确定破损燃料在通道中的棒束位置。

8.2.3　破损燃料通道的换料

破损燃料通道换料前,主控制室操纵员监测主热传输系统冷却剂回路的放射性核素(^{131}I、^{135}Xe、^{133}Xe、^{88}Kr)和总 γ 的活度水平。

反应堆物理工程师在运行处破损燃料定位系统(FFL)操作员的协助下,使用破损燃料定位系统(FFL)测量燃料通道出口冷却剂中缓发中子的水平,确定堆芯中出现燃料破损的燃料通道,并负责准备破损燃料通道的特殊换料方案。

在破损燃料通道的换料过程中,必须在运行处破损燃料定位系统(FFL)操作员的协助下,使用破损燃料定位系统(FFL)探测破损燃料棒束在通道中的位置。

破损燃料卸出堆芯后,被移至乏燃料卸料池,并装入破损燃料旋转储存罐中,储存两个月以上,以保证破损燃料的放射性气体衰变到安全的水平以下。此后,破损燃料可被移出,发运到乏燃料接收池。破损燃料最终将进行装罐,并移到乏燃料接收池指定的位置储存。

当破损燃料棒束在破损燃料旋转储存罐中储存两个月期间,可采取进一步检查措施,如水下检查等,调查燃料破损的原因,评估燃料破损的后果,分析判断与此破损燃料同批的所有燃料的性能,采取的纠正行动。

复 习 题

1. 反应堆正常运行中,反应堆一个 EFPD 消耗多少反应性?满功率运行下每天大约需换多少个燃料通道。

2. 反应堆日常运行要求维持的堆芯过剩反应性是多少 mk,大约相当于不进行换料能维持满功率运行多少天(即多少 EFPD)?

3. 如果换料机进行计划检修,通过提前增加换料通道以维持反应堆尽可能地运行在满功率。堆芯过剩反应性最大可增加到多少 mk,即大约多少 EFPD?

4. 描述新堆芯和平衡换料后的反应堆通常的燃料通道换料模式。

5. 详细描述换料管理的目标。

6. 简述换料通道选择导则。

7. 简述换料安全目标。

8. CANDU−6 新堆大约运行多少 FPD 后首次换料?

9. 简述换料过程中要求降功率的原因。

10. 简述确定每天换料通道和换料顺序的原则。

11. 换料前 MCR 操纵员必须进行哪些检查措施?

12. 换料期间 MCR 操纵员必须进行哪些检查?

13. 燃料出现破损的原因是什么?

14. 反应堆运行期间,采用哪些方式来检测燃料破损?

15. 简述破损燃料换料。

第9章 反应堆启动和停堆

9.1 反应堆启动

9.1.1 临界概念

理论上将,临界概念既简单又清楚,但是在实际运用中,经常难以解释。

理论上,临界的定义如下:在没有外部中子源(外部中子源是一个与功率水平无关的中子源)下,当中子的产生率等于吸收率时(包括缓发的中子),反应堆就达到临界,反应堆的中子数量不随时间变化。当吸收率大于产生率时,反应堆次临界。次临界的反应堆当没有外部中子源时,中子数量趋于零。当产生率大于吸收率时,反应堆超临界。

但在实际运用中,需要合理地定义反应堆临界,目的是建立一个可以接受的次临界水平下的临界状态,保证有效的反应堆调节和控制。从运行角度看,当反应堆的次临界水平低于或等于 1 mk 时,可认为反应堆处于临界状态。这个数值是一种可以接受的折中。

理论上,临界状态与功率水平无关。但是实际上,中子截面依赖于功率水平,主要受温度效应的影响(冷却剂、慢化剂、燃料)。同时,由于中子源的存在,每一个次临界也都对应一个功率水平。若外部中子源被导入临界的反应堆,则中子数量将持续增长。但是,对于次临界的反应堆,当总的产出率(包括内部和外部)等于吸收率时,中子数量将稳定。外部中子源总是存在并且确实与功率无关,如^{235}U 自发裂变。这样即使在 100% 功率下,反应堆仍处于略微次临界状态。一些裂变产物会放出缓发中子,并有很长的半衰期。对于很短时间的瞬态来说,这些缓发中子可以当作外中子源。例如,对于 20 min 内的快速启动,具有很多天半衰期的裂变产物可以看作外部中子源。当反应堆停堆时,缓发中子源将减弱。随着功率水平的下降,总是持续存在一定的中子源水平,中子源包含在临界状态中并保持不变。同样,反应堆在恒定的低功率水平下临界运行,次临界水平也会由于中子源的减弱而降低。

次临界状态下的功率水平由下式决定:

$$P = 中子源/|次临界反应性|(或 P = S/-\rho) \tag{9-1-1}$$

此公式是临界验证和预计临界的基础。

9.1.2 临界验证

反应堆的临界状态是一个很重要的概念,因为它给出了有关反应堆运行行为的信息。在 100% 功率时,此微妙的概念并没有明显的表现。但当反应堆低功率运行时,情况是不同的。反应堆在低功率或极低功率水平下运行,目的是频繁地执行一些维修活动。如果条件具备,一般为了经济运行,要求维持临界状态,避免进入保证停堆状态(GSS)。CANDU 反应堆并不允许长期在次临界状态下运行,因为这种状态下反应堆控制系统的效率非常低,可能是无效的。例如,当反应堆在 GSS 状态下处于约 300 mk 次临界度时,机械吸收棒(MCA)的移动对其功率没有显著的影响,但处于高功率时,情况就不同了。因此,为允许此种运行模式,必须定期执行临界验证。

历史经验表明:在 5×10^{-4} FP 状态下,氙中毒 36 h 后,反应堆可以恢复一种觉察不到次临界度的近似临界状态。此时进行临界验证试验,结果显示次临界水平近似为 1 mk。若在此时启动反应堆,则要求 LZC 平均水位至少降低 20%,才能使反应堆达到超临界水位,以允许功率上升。

另一方面,如果决定降低功率(如降至 5×10^{-5} FP),由于反应堆中子源较强,为了达到功率设定值,要求增加 10 mk 的负反应性,使反应堆明显地进入次临界状态。

因此,通过临界验证试验中,LZC 随功率变化的响应行为可以很好地证明反应堆所处的状态。

次临界水平的测量方法是:比较两种功率水平下反应性的变化。考虑两种功率水平 P_1 和 P_2,次临界水平为

$$\rho_1 / \rho_2 = P_2 / P_1 \qquad (9-1-2)$$

可以证明功率下降前次临界水平对应于轻水区域控制装置(LZC)的反应性变化。临界验证试验就是将反应堆功率下降一半,测量 LZC 平均水位变化,这样 LZC 平均水位变化就直接给出初始功率水平下对应的次临界度。验收准则:LZC 平均水位变化小于 15%,即次临界反应性小于 1 mk,表明反应堆处于可靠的临界状态。否则,反应堆处于次临界状态。

9.1.3 临界预计

利用功率与次临界水平的公式,可以计算反应堆从次临界水平启动后,何时达到临界。采用功率倒数与除毒时间(或毒物衰减时间、毒物浓度等)的关系曲线,可以推断反应堆达到临界的时刻(临界时的毒物浓度)。在实际达临界过程中,研究的是中子密度的倒数与毒物浓度等参数的关系,定义一个相对中子通量比(M)

$$M = N / N_0 \qquad (9-1-3)$$

可以获得倒计数率($1/M$)为

$$\frac{1}{M} = \frac{1-k}{1-k_0} \qquad (9-1-4)$$

如图 9-1-1 所示。横坐标不是 k_{eff},而是与 k_{eff} 有关的毒物浓度、除毒时间等;纵坐标是中子计数率 N 的倒数比。当反应堆趋近临界时,中子计数率趋近无穷大,中子倒计数率数 $1/M$ 趋过于零。因此,可根据 $1/M$ 曲线与横坐标轴的交点来确定临界质量。但在趋近临界而未到达临界的实验过程中,我们只能根据前两次的实验点,按 $1/M$ 曲线沿直线外推与横坐标轴的交点来估计外推的临界值。随着逐渐向临界值趋近,外推临界值逐渐趋近真实临界值。到达临界时,将外中子源取走后,堆内的中子通量密度仍维持不变。

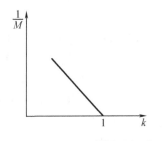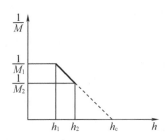

图 9-1-1 外推临界示意图

9.1.4 停堆后启动(达临界)

在长期停堆后(包括 GSS)启动,需要除去慢化剂中的毒物使反应堆逐步达到临界,并将功率升到 5×10^{-4} FP。一般(除新堆芯无裂变产物外)来说,由于光激中子源的效果,在深度次临界约 100 mk 以上的 GSS 状态,停堆大约 25 d 以内,功率会维持在电离室线性工作范围以内(2×10^{-7} FP 以上);在停堆后 25 ~ 60 d,功率会维持在 2×10^{-7} ~ 10^{-8} FP,超出了电离室的线性工作范围,要求用启动仪表(BF3)进行测量,但在反应堆达到临界前功率会升到 10^{-7} FP 以上,到达电离室的线性工作范围;对于停堆超过 60 d 的情况,则需要完全靠启动仪表监测反应堆到达临界。

CANDU - 6 核电站的核测系统由三部分组成:

①启动仪表测量系统,可测量功率水平范围为 10^{-14} ~ 10^{-6} FP;

②电离室测量系统,可测功率水平范围为 10^{-7} ~ 1.5 FP;

③堆内通量自给能铂等探测器测量系统,可测功率水平范围为 10^{-1} ~ 1.5 FP(图 9 - 1 - 2)。

一般地,为了使反应堆达到临界大概需要约 20 h 来除钆毒物(假定初始钆浓度为 9.1 ppm[①],使用两个有效的除钆树脂床)。在所有调节棒插入的情况,反应堆达到临界状态,钆浓度大约为 1.3 ppm。

在整个临界逼近过程中,必须使用启动仪表或电离室来监测中子功率的变化。如果使用启动仪表(功率大于 1×10^{-6} FP 前),必须严格控制功率的上升速度,并必须随时根据中子计数率调节启动仪表的停堆整定值,直到启动仪表推出监测,并与 1 号停堆系统断开。

1. 使用启动仪表达临界

在讨论临界操作程序前,需要简单了解启动仪表的特点。

启动仪表被通道化为 3 个通道:D、E、F 通道,每个通道包括了一个 BF3 计数管、标准的中子计数仪表,以及特殊设计的中子变化率表和停堆触发单元(启动仪表总体布置图如图 9 - 1 - 3 所示)。3 个通道的停堆触发单元分别向 1 号停堆系统提供停堆触发信号,只要二个或三个通道同时触发,就会导致 1 号停堆系统触发动作,将 28 根停堆棒插入堆芯中,确保反应堆进入安全的停堆状态。

启动仪表能提供一个连续的反应堆功率指示,指示范围从堆内初始自发裂变功率水平到电离室量程范围。

单通道启动仪表要求具有下列输出:

①线性量程和对数量程两者的堆功率(相关的)参数直观显示;

②对数输出(P)变化率直观显示;

③以时间为函数的线性输出记录图表;

④高对数计数,高对数变化率和仪器失效输出停堆触发信号。

整套启动仪表装置分成了四个独立的通道,其中的三个通道和 1 号停堆系统的 D、E、F 三个通道相连,剩下的一个通道为备用通道,备用通道除正常运行时备用外,还可在堆内和堆外中子计数管(探头)切换时使用。

---

① 1 ppm = 10^{-6}。

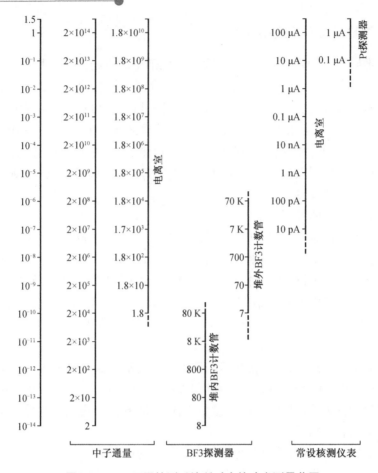

图 9-1-2 不同核测系统所对应的功率测量范围

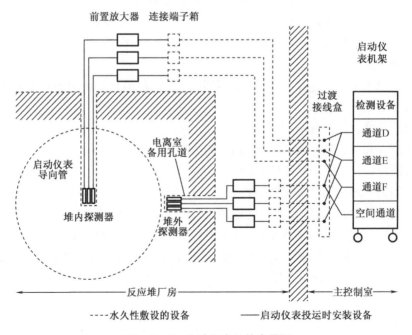

图 9-1-3 启动仪表总体布置图

启动仪表监测下达临界主要步骤如下:

①执行临界前检查:

a. 反应堆解除 GSS 状态。

b. DCC 有关控制程序(RRS、STEPBACK、MTC、HTC 等)"运行" RRS 模拟功率信号为 10^{-6} FP,要求功率设定值 $= 2 \times 10^{-6}$ FP,FL#1&#2 = 1。

c. MCA 棒全部处于堆外,自动控制状态;ADJ 棒全部处于堆内,手动控制状态;LZC 处于"特殊停堆控制"模式(AVZL = 15%)。

d. SUI(启动仪表)监测反应堆中子水平,并与 1 号停堆系统相连停堆保护,停堆参数正确设置。

e. 慢化剂净化系统有足够临界除毒能力。

f. 1 号和 2 号停堆系统投用,停堆参数正确设置。

g. Gd 和硼添加箱可用。

②操作步骤:

a. 使用 2 个离子交换柱开始除钆:

(a)定期分析慢化剂钆浓度。

(b)临界预计。根据分析的钆浓度、净化流量、SUI 计数率、计算的钆浓度、当前时间等进行临界外推,确保临界安全。

(c)持续监测 RRS(SDS#1,SDS#2)电离室,当 RRS 电离室信号临界前到达 10^{-6} FP,则直接转到第 g 步。

b. 当预计次临界反应性仅有 1 mk 时:

(a)停止除钆,精确预计达临界时间。

(b)改为用 1 个离子交换柱,重新开始除钆。

(c)每 1 h 分析 1 次慢化剂钆浓度。

c. 当预计次临界反应性为 0.5 mk 时:

(a)停止除钆,精确预计达临界时间。

(b)提升 ADJ#10 棒达临界,每步 1% ~ 6%,稳定 5 min 后,验证反应堆是否已临界。注意:如果 ADJ#10 全部提出,反应堆仍然没有临界,可提升 ADJ#12 达临界。

临界判断方法:在没有任何正反应性引入(除毒停止和 ADJ 不移动)情况下,反应堆有一定的正倍增周期(中子计数率稳定缓慢地持续增加)。

d. 反应堆达临界,宣布临界,评估临界 Gd 毒物浓度。

e. 升反应堆功率到 10^{-6} FP。

f. 反应堆功率达到 10^{-6} FP 及 2×10^{-6} FP,验证 RRS 控制响应。

(a)RRS 系统 STARTUP FLAG#1 自动清除。

(b)功率升至 2×10^{-6} FP,LZC 退出"特殊停堆控制"模式。

反应堆控制由手动转入自动。

g. 除 Gd 调节 AVZL 到 50%。

h. 执行 SDS#1 SHUTTER TRIP TEST 后,启动仪表断开 SDS#1,拔出启动仪表堆外探头到孔道口。执行 SDS#2 SHUTTER TRIP TEST。

i. 如果反应堆已临界,则直接升功率到 5×10^{-4} FP。

j. 如果反应堆还没有临界,则重新启动净化系统除 Gd。

(a)当 LZC 平均水位到达 65% 后,输入新的 Demand Power = 两倍当前功率。

(b)监测反应堆功率的上涨和 LZC 平均水位的变化。

(c)如果在反应堆功率到达设定值前,LZC 平均水位到达 20% 以下,则:

(ⅰ)确认 Ep < 0,设置 LZC 为"特殊停堆"模式,水位 20%。

(ⅱ)继续监测反应堆功率和 LZC 平均水位的变化。

(ⅲ)重复以上步骤。

(d)如果在 LZC 平均水位到达 20% 前,反应堆功率到达设定值,则:

(ⅰ)如果 LZC 平均水位变化大于 15%,则继续监测反应堆功率和 LZC 平均水位的变化,重复以上步骤。

(ⅱ)如果 LZC 平均水位变化小于 15%,则停止净化除毒,宣布反应堆临界,升功率到 5×10^{-4} FP。

k. 调节 LZC 平均水位到 50%,执行临界验证试验后,维持反应堆稳定的临界状态。

l. 要求仪控在功率升到 10^{-3} FP 前,取出启动仪表探头,安装屏蔽塞。

③注意事项:

a. 启动仪表使用期间,需持续监测倍增时间。

(a)利用 SUI 的计数率的上升来计算反应堆功率倍增时间(DT)。

$$DT = \frac{(T_2 - T_1) \times 0.693}{\ln\left(\frac{CR_2}{CR_1}\right)} \qquad (9-1-5)$$

式中　T—记录启动仪表计数率的时间;

CR—启动仪表计数率。

(b)控制 $DT \geqslant 20$ min。

(ⅰ)如果 $DT < 20$ min:降低除毒流量。

(ⅱ)如果 $DT < 15$ min:停止除毒和停止拔 ADJ 棒。

(ⅲ)如果 $DT < 10$ min:加钆或者插 ADJ 棒。

b. 临界外推。

(ⅰ)计数率 – 时间曲线。

(ⅱ)Gd 浓度(次临界度) – 净化系统投运时间曲线。

(ⅲ)$1/M$ – 净化系统投运时间曲线。

(ⅳ)$1/M$ – Gd 浓度(次临界度)曲线。

c. 启动仪表监测。

(ⅰ)随着计数率的上升,必须不断地调节 SUI 的停堆整定值,使之维持在不大于当前计数率的 10 倍。启动仪表整定值参见表 9 – 1 – 1。

表 9－1－1　启动仪表脱扣整定值

计数率 [cps]	低对数整定值[①] (通道 D、E、F)		高对数整定值 (通道 D、E、F)		对数变化率 整定值[%/s] (通道 D、E、F)
	[cps]	度盘 设定值[②]	[cps]	度盘 设定值[①]	
<20	禁用	禁用	100	200	禁用
20～250	禁用	禁用	整定值小于当前计数率10倍。最大整定值不得大于30 000 cps。在计数率增加到整定值的70%前,及时调节整定值至当前计数率的8倍	度盘值＝ log(cps)× 100	禁用
>250	125	210	如果计数率持续下降,在计数率减少到整定值的20%前,调节整定值到当前计数率的3倍		

*注:①当计数率低于250 cps时,应立即设定 Low log N 为"Disabled"。

　②度盘值≡log(cps)×100。

（ⅱ）维持 SUI 的探头计数在 100～30 000 cps,否则需要调整 SUI 探头在孔道内的位置。

2. 使用 RRS 电离室达临界

当中子功率在 RRS 电离室线性工作范围以上（ $>2\times10^{-7}$ FP）时,反应堆启动达临界就比使用启动仪表简单多了。此时,RRS 可以有效监测反应堆的中子功率,并且如果 STARTUP FLAG#1 没有设置的话,RRS 也会参与控制和调节,启动速率允许更快（小于 10 min）。由于在功率 $<10^{-6}$ FP 以下时,考虑到 STARTUP FLAG#1 设置状态的差别（即 RRS 是否参与控制和调节）,启动程序有所不同。如果 STARTUP FLAG#1 ＝1,RRS 还没有参与控制和调节的话,要求控制启动速率（倍增时间大于 20 min）,确保临界操作的安全和稳定。当 RRS 参与控制和调节,即 STARTUP FLAG#1 ＝0 后,可在除毒达临界过程中,利用设置和监测 Demand Power、LZC 平均水位响应的简单直观的方法,安全将反应堆达到临界。整个规程的主要步骤是:

①执行临界前检查:

a. 反应堆解除 GSS 状态（慢化剂钆浓度 > GSS 要求）。

b. DCC 有关控制程序（RRS、STEPBACK、MTC、HTC 等）"运行"至少两个 RRS 电离室信号 $>2\times10^{-7}$ FP。

c. MCA 棒全部处于堆外,自动控制状态;ADJ 棒处于手动控制状态;LZC 处于"特殊停堆控制"模式（AVZL ＝15%）。

d. 慢化剂净化系统有足够临界除毒能力。

e. 1 号和 2 号停堆系统投用,停堆参数正确设置。

f. Gd 和硼添加箱可用。

②操作步骤：

a. 如果初始时 STARTUP FLAG#1 = 0，则要求设置 Demand Power = 两倍当前功率。如果初始时 STARTUP FLAG#1 = 1，则要求确认 Demand Power = 2×10^{-6} FP。

b. 检查调节棒的状态，特别注意并明确达到临界的预计 Gd 浓度。

（a）如果调节棒全插入，临界 Gd 浓度 = 1.1 ppm。

（b）如果调节棒全拔出，临界 Gd 浓度 = 1.7 ppm。

注意：如果堆物理组提供预计值，则以堆物理组的值为准。并且需注意在新堆芯时如果堆芯有辐照的硼，需要求堆物理组提供准确的值。如果 GSS 使用的有硼，并且硼没有被辐照，需注意等效到 Gd 上。

c. 使用 2 个除 Gd 树脂床，流量约 10 kg/s 开始除钆。

d. 持续监测 RRS（SDS#1,SDS#2）电离室信号的上涨。

如果，STARTUP FLAG#1 = 1，则要求：

（a）计算和监测倍增时间（DT）

$$DT = \frac{(T_2 - T_1) \times 0.6}{V_2 - V_1} \qquad (9-1-6)$$

式中　T——时间；

　　　V——电离室电压值。

（b）确认倍增时间（DT）大于 20 min。如果 DT 小于 20 min，减少净化流量；如果 DT 小于 10 min，停止净化除毒。

（c）反应堆功率达到 10^{-6} FP 及 2×10^{-6} FP，验证 RRS 控制响应

（ⅰ）RRS 系统 STARTUP FLAG#1 自动清除。

（ⅱ）功率升至 2×10^{-6} FP，LZC 退出"特殊停堆控制"模式。

反应堆控制由手动转入 RRS 自动。

e. RRS 自动控制后，继续启动净化系统除 Gd。

（a）当 LZC 平均水位退出"特殊停堆模式"并到达 65% 后，输入新的 Demand Power = 两倍当前功率。

（b）如果功率倍增后 LZC 平均水位变化大于 15%，则继续除毒，监测反应堆功率和 LZC 平均水位的变化，重复以上步骤。

（c）如果功率倍增后 LZC 平均水位变化小于 15%，则停止净化除毒，宣布反应堆临界，升功率到 5×10^{-4} FP。

（d）如果在反应堆功率到达设定值前，LZC 平均水位到达 20% 以下，则：

（ⅰ）确认 Ep < 0，设置 LZC 为"特殊停堆"模式，水位 20%。

（ⅱ）继续除毒，重复以上步骤。

f. 调节 LZC 平均水位到 50%，执行临界验证试验后，维持反应堆稳定的临界状态。

g. 如果调节棒组在堆外，则需要在达到临界后继续除毒，当 LZC 平均水位每次升到 70% 后，要求 RRS 依次自动插入调节棒组。

3. 氙毒停堆达临界

反应堆从高功率（如 100% FP）降到低功率后，由于氙中子吸收的减少或消失，碘衰变对氙的贡献，氙负反应性会逐渐增加，反应堆中子功率也会持续下降，直到 130 mk 的氙峰值（比满功率平衡大 100 mk），此后氙毒将逐渐减少，由于反应堆次临界度的减少，其中子功率

也会随之增加。由于 CANDU 反应堆过剩反应性非常小,因此会出现在中毒期间内的死堆现象。如果调节棒全部拔出,中毒死堆时间大约 36 h;如果调节棒全部插入堆芯,则中毒死堆时间大约 40 h。然后反应堆将重返临界,如图 9 - 1 - 4 所示。

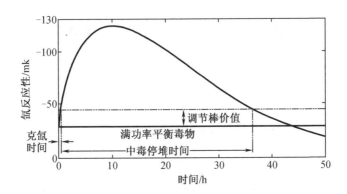

图 9 - 1 - 4　停堆后氙毒变化曲线

因此,为了确保反应堆的安全运行,需要预计氙中毒后临界时间并跟踪反应堆中子功率的变化,主要的操作步骤如下:

①反应堆氙中毒停堆后,持续监测氙毒变化趋势(DCC 程序输出)、反应堆功率和 LZC 平均水位,直到反应堆重返临界。

②如果不是停堆系统动作导致停堆,最好在反应堆功率降到 0.1% FP 前,通过设置 Demand Power 稍小于当前中子功率来维持 LZC 平均水位在 20% ~ 70%。

③当反应堆功率降到 0.1% FP 以下,功率偏差为负,LZC 平均水位小于 20% 的时候,随着氙毒增加允许 RRS 自动拔出所有调节棒。拔出所有调节棒的好处在于可使反应堆提前 5 ~ 6 h 重返临界。但如果调节棒拔出被禁止(如冷态 PHT 主泵停运),则可保持调节棒在堆芯中。

④当氙毒继续增加,功率减少到 1×10^{-4} FP 以下时,设置 Demand Power = 1×10^{-4} FP,并确认功率偏差为负时,设置 LZC 进入"特殊停堆模式"。

⑤当氙毒度过最大的负反应性峰值后,设置 Demand Power = 两倍当前中子功率。

⑥继续中子功率和监测 LZC 平均水位,当 LZC 退出"特殊停堆模式"后,则:

a. 当 LZC 平均水位到达 65% 后,输入新的 Demand Power = 两倍当前功率。

b. 监测反应堆功率的上涨和 LZC 平均水位的变化。

c. 如果在反应堆功率到达设定值前,LZC 平均水位到达 20% 以下,则:

(a)确认 $E_p < 0$,设置 LZC 为"特殊停堆"模式,水位 20%。

(b)继续监测氙毒趋势、反应堆功率和 LZC 平均水位的变化,直到 LZC 退出"特殊停堆模式"。

d. 如果在 LZC 平均水位到达 20% 前,反应堆功率到达设定值,则:

(a)如果 LZC 平均水位变化大于 20%,则继续除毒,监测反应堆功率和 LZC 平均水位的变化,重复以上步骤。

(b)如果 LZC 平均水位变化小于 20%,则停止净化除毒,宣布反应堆临界,升功率到 5×10^{-4} FP。

（7）继续监测氙变化趋势，监测 LZC 平均水位变化，适当添加 Gd 维持 LZC 平均运行水位。如果调节棒组在堆外，则当 LZC 平均水位每次升到 70% 后，要求 RRS 依次自动插入调节棒组。

9.2 保证停堆状态（GSS）

9.2.1 GSS 要求的次临界度

GSS 状态为反应堆特殊的停堆状态，在这个状态下，即使因反应性装置改变、堆芯运行参数改变或工艺系统失效导致大量反应性引入或振荡，反应堆仍然保持在稳定的次临界状态。

GSS 是通过在慢化剂中加入足够的中子毒物来建立的。添加的慢化剂毒物必须保证在发生任何设计基准（可信的）的事故包括事故序列后，反应堆仍然能够维持次临界。典型的覆盖事故是压力管/排管破损（堆内 LOCA）导致慢化剂毒物的稀释而引入正的反应性贡献。

决定所需要的负反应性的方法有两种：一是采用各种不同效应的反应性平衡计算，二是使用 RFSP 程序对整个事故过程进行三维模拟计算。两种方法的结果只相差 10%，比计算中预留的余量还小，参见表 9 – 2 – 1。

表 9 – 2 – 1　GSS 下反应性变化和毒物浓度分析

贡献	平衡堆芯/mk	新堆芯（Pu 峰）/mk
堆芯过剩反应性 （100% FP，氙等裂变毒物平衡）	5	30
功率亏损 （功率 100% ~0 反应性）	3	5
^{135}Xe	28	28
停堆后其他裂变产物 （^{239}Pu、^{149}Sm、^{105}Rh）	12	12
热态 – 冷态 慢化剂、冷却剂和燃料温度系数	– 7	0
所有调节棒抽出	17	15
LZC 的排空（50% ~0）	4	4
全堆芯 2 环路通道空泡	11	16
慢化剂升温饱和（68 ~101 ℃） （Incore – LOCA 或 MTC 失效）	4	7
小计：热态临界	84（10.8 ppm 硼）	117（14.6 ppm 硼）
	RFSP 计算 10.7 ppm	RFSP 计算 14.1 ppm

表 9 – 2 – 1(续)

贡献	平衡堆芯/mk	新堆芯(Pu 峰)/mk
小计:冷态临界	73(9.4 ppm 硼)	110(13.8 ppm 硼)
	RFSP 计算 9.8 ppm	RFSP 计算 13.5 ppm
不确定性因子	50%	
冷态卸压 GSS 毒浓度要求	15 ppm 硼(4 – 3 ppm Gd)	21 ppm 硼(6 ppm Gd)
高压下 Incore – LOCA 的稀释因子	200%	200%
热态高压 GSS 毒浓度要求	32 ppm 硼(9.1 ppm Gd)	42 ppm 硼(12 ppm Gd)

计算基于反应堆临界值条件下 100% FP 运行。这种平衡分析可以得出各种效应的反应性价值。同时考虑计算的误差以及毒物浓度分析的误差等,总的不确定性因子选取了 50%。冷却剂高压下考虑了冷却剂注入慢化剂对慢化剂毒物的稀释作用,稀释因子采用 200%。

对各项的解释如下:

1. 堆芯过剩反应性

技术规格书规定:换料引入的过剩反应性不得超过 5 mk,因此平衡堆芯的过剩反应性考虑最大为 5 mk。而新堆芯 Pu 峰时最大为 30 mk。

2. 功率亏损

功率从 100% 降到 0% 而获得的反应性(燃料和冷却剂温度系数):平衡堆芯 3 mk;新堆芯 Pu 峰时 5 mk。

3. ^{135}Xe

100% FP 氙的平衡值 28 mk。

4. 停堆后其他裂变产物

在反应堆停堆时,^{239}Pu 含量增加((正反应性),^{149}Sm 含量增加(负反应性)和 ^{105}Rh 含量减少(正反应性)。反应性的最大贡献将稳定为 12 mk。

5. 慢化剂升温饱和

冷却剂排放(高温和高压的冷却剂)加热了慢化剂,并且降低了毒物的有效浓度,结果达到了一个正反应性:平衡堆芯 4 mk;新堆芯(Pu 峰)7 mk。

6. 所有的调节棒抽出

这一项规定允许调节棒在 GSS 下任意移动,所有调节棒组价值:平衡堆芯 17 mk;新堆芯(Pu 峰)15 mk。

7. LZC 的排空(50% ~0)

在 100% FP 的正常运行条件下,平均水位大约 50%。

8. 全堆芯 2 环路通道空泡

假定全堆芯两个环路通道内冷却剂全汽化,引入正反应性:平衡堆芯 11 mk;新堆芯(Pu 峰)16 mk。

9. 不确定性因子

为了补偿计算精度和毒物浓度分析的不足,反应性效应的总和增加了 50% 的不确定性因子。

10. Incore – LOCA 的稀释因子

这因子反映了慢化剂毒物被冷却剂稀释的作用,GSS 计算中使用 Piston 模型计算的 2 倍因子。

当反应堆是由 SDS#2 触发停堆时,次临界水平大约是 480 mk,Gd 浓度大约 15 ppm,完全满足各种 GSS 状态下毒物浓度要求。

9.2.1　GSS 添加的毒物量

计算所需钆的数量时,可以考虑已经存在于慢化剂中的毒物的效应。然而,如果毒物(无论是硼还是 Gd)已经被辐射过,那么其有效的同位素成分将降低,而且无法计算,此时根据目前化学分析的毒物浓度估计其反应性效应就不是一件容易的事了,而且误差相当大,因此为保守起见,此时慢化剂中已辐照的毒物数量就被忽略,不计入 GSS 毒物浓度中。

钆的总量是用硝酸钆 $Gd(NO_3)_3 \cdot 6H_2O$ 的克数直接来计算的。如果需使用 Gd 添加箱中已存在的全部钆,则应扣除 Gd 添加箱中的 Gd 数量后,另计算需补充的硝酸钆 $Gd(NO_3)_3 \cdot 6H_2O$ 的克数,加入 Gd 添加箱中。最后将 Gd 添加箱中的高浓液排放到主慢化剂系统中,并在结束后要求化学实验室取样分析,确认慢化剂中的毒物浓度满足 GSS 要求。

这个过程也允许添加少量的钆,例如,如果第一次加的不够还可以再加入少量的钆。为估计 Gd 添加箱需排放的量,需根据目前 Gd 添加箱的浓度,计算出需排放到的液位。

9.2.3　GSS 期间的堆芯监测

相关文件对 GSS 期间的堆芯监测有明确的规定,要求每个运行值执行一次,具体要求概括如下:

要求化学实验室取样分析慢化剂:包括毒物浓度(Gd 和硼)、pH 值、确保毒物浓度大于 GSS 的要求以及没有发生异常变化,使用 Gd 时保证 pH < 6。如果毒物浓度变化大于 0.5 ppm,则立即要求化学实验室再取样分析 1 次,确认是否异常,如判断毒物浓度小于 GSS 的运行限值,立即补充添加至满足。

检查确认慢化剂净化系统和慢化剂重水添加系统等要求的阀门是否保持隔离。

如 RRS 电离室信号仍有效($>2 \times 10^{-7}$ FP),监测并记录 RRS 电离室信号,确认信号缓慢下降,没有异常增加。并在 RRS 电离室信号小于 10^{-6} FP 并大于 2×10^{-7} FP 期间,要求仪控维修安装和投入启动仪表。

如启动仪表投入后,需注意监测计数率的变化,并根据当前计数率调整启动仪表停堆设定值,并确认启动仪表计数率在一定的统计误差内缓慢下降,没有异常增加。

需确认 GSS 下 1 个停堆系统可用,反应性设备除维修操作外,不发生异常的位置变化。

复　习　题

一、单选题

1. 氙中毒停堆前后慢化剂内没有加入毒物,则调节棒拔出时的临界时间为_____。

　A. 36 h　　　　　　　　B. 43 h

2. 氙中毒停堆前后慢化剂内没有加入毒物,则调节棒插入堆芯时的临界时间为_____。

　　A. 36 h　　　　　　　　B. 43 h

3. 一般情况下反应堆从热态零功率到冷态零功率引入的反应性为_____。

　　A. －4 mk　　　　　　　B. －3.2 mk

4. 功率亏损为反应堆从满功率停堆到热态零功率引入的反应性，一般满功率停堆为_____ mk。

　　A. －4 mk　　　　　　　B. －3.2 mk

5. 除毒达临界过程中，FLAG1 清除的功率为_____。

　　A. 10^{-7} FP　　　　B. 10^{-8} FP　　　　C. 10^{-6} FP　　　　D. 2×10^{-7} FP

　　E. 2×10^{-6} FP

6. 停堆期间启动仪表投用的功率为_____。

　　A. 10^{-7} FP　　　　B. 10^{-8} FP　　　　C. 10^{-6} FP　　　　D. 2×10^{-7} FP

　　E. 2×10^{-6} FP

7. 除毒达临界过程中，启动仪表拆除时的功率为_____。

　　A. 10^{-7} FP　　　　B. 10^{-8} FP　　　　C. 10^{-6} FP　　　　D. 2×10^{-7} FP

　　E. 2×10^{-6} FP

8. 钆的反应性价值是硼的反应性价值的_____倍。

　　A. 3.5　　　　　　　　B. 3　　　　　　　　C. 3.8

9. 启堆升功率阶段 ROP 校正通常在_____功率。

　　A. 80% FP　　　　　B. 95% FP　　　　　C. 100% FP　　　　D. 60% FP

10. 氙中毒停堆多久进入碘坑_____。

　　A. 30 min　　　　　B. 1 h　　　　　　C. 36 h　　　　　　D. 20 min

二、不定项选题

1. 启堆升功率过程中检查堆芯通量分布的功率台阶为_____。

　　A. 80% FP　　　　　B. 95% FP　　　　　C. 100% FP　　　　D. 60% FP

2. 液体区域控制装置(LZC)和调节棒(ADJ)反应性价值测量的功率台阶为_____。

　　A. 80% FP　　　　　B. 95% FP　　　　　C. 100% FP　　　　D. 热态零功率

3. 升功率过程中通道流量验证的功率台阶为_____。

　　A. 2% FP　　　　　B. 8% FP　　　　　C. 25% FP　　　　D. 40% FP

　　E. 60% FP　　　　　F. 80% FP

4. 1 号停堆系统脱扣试验的功率台阶为_____ mk。

　　A. 80% FP　　　　　B. 95% FP　　　　　C. 零功率　　　　　D. 热态零功率

5. 钴棒价值测量试验的顺序依次为_____。

　　A. 水位价值测量　　　B. 单棒价值测量　　　C. 棒组价值测量

6. 除毒达临界过程中，功率倍增时间必须小于_____。

　　A. 20 min　　　　　B. 30 min　　　　　C. 1 h　　　　　　D. 10 min

三、简答题

1. 判断反应堆达临界的准则是什么？

2. 启动仪表高计数率脱扣设定值的计算公式是什么？

第 10 章 反应堆物理和热工试验

根据秦三厂重水堆机组技术规格书的要求以及其他同类型机组运行经验,在机组大小修结束后,需要执行多项启动物理热工试验(见 10.1 节)。在机组日常运行期间需要定期执行两个热工试验,即热功率测量热工试验(见 10.2 节)和通道流量验证试验(见 10.3 节)。

10.1 启动物理热工试验

秦三厂机组每两年进行一次停堆大修,大修主体工作完成后都要进行多项启动物理试验。机组大修后启动物理试验包括的试验项目清单,见表 10 - 1 - 1。

表 10 - 1 - 1 机组大修后启动物理试验包括的试验项目清单

序号	试验项目	试验目的	规程编号
1	停堆大修后重返临界试验	反应堆安全稳定到临界,以具备功率条件	98 - 37000 - OM - 001 4.1 节
2	LZC、ADJ 反应性价值测量(热态、低功率	钴调节棒更换后,验证新调节棒和原设计的偏差满足要求	98 - 37000 - OM - 001 4.14.1 节
3	测量堆芯通量分布(80% FP、95% FP 和 100% FP)		98 - 37000 - OM - 001 4.14.2 节
4	热态零功率时,通道出口温度基准偏差测量试验	为正常运行时每季度定期通道流量验证试验收集基准数据	98 - 37000 - OM - 001 4.13.1 节
5	升功率过程中通道流量验证试验(2% FP、8% FP、30% FP、40% FP、60% FP)	验证通道流量正常(FSAR16.3.9.2)	98 - 37000 - OM - 001 4.3.1 节
	升功率过程中通道流量验证试验(80% FP)		98 - 91140 - OM - 642
6	冷却剂沸腾功率点测量试验(85% ~ 100% FP)	为正常运行月度定期通道流量验证试验收集基准数据	98 - 37000 - OM - 001 4.13.3 节
7	通道功率峰因子(CPPF)计算和停堆系统区域超功率(ROPT)探测器校正(80% FP)	调整反应堆保护系统的运行参数,确保系统的保护功能	98 - 37000 - OM - 001 4.9.1 节
8	热功率测量和校正试验(80%、95%)	验证反应堆总功率正常(FSAR16.3.6.1)	98 - 37000 - OM - 001 4.13.2 节
	热功率测量和校正试验(100% FP)		98 - 91140 - OM - 901

表 10 – 1 – 1（续）

序号	试验项目	试验目的	规程编号
9	液体区域水位偏差的检查和调节（30% FP、60% FP、95% FP）	调整反应堆控制系统的运行参数，确保系统运行在设计正常范围内	98 – 37000 – OM – 001 4.12.1 节
10	中子通量测量仪表的检查（8% FP、30% FP、80% FP）		98 – 37000 – OM – 001 4.12.2 节
11	对 GSS 状态下换过料的通道进行压差测量	验证在 GSS 状态下完成换料的通道没有出现堵塞	98 – 37000 – OM – 001 5.7.3 节

注：对于小修后启动，2、3、4、6、9、10 项试验不需要执行

物理热工试验开展的主要目的是：

①反应堆安全稳定达到临界。

②在各功率台阶检查验证反应堆物理相关的关键参数。

③验证和优化调整反应堆控制系统中的物理运行参数。

④收集机组日常运行期间需要的基准数据。

上述 11 个试验项目的相关规程都放入物理运行手册，每个试验项目的试验条件、试验验收准则、主控盘台操作、试验人员监督和收集参数等都在规程中有详细描述。试验数据的后续处理和判断都已经有对应的软件工具自动或半自动地加以辅助。

下面对停堆大修后重返临界试验项目进行详细描述，其他试验项目可学习运行手册相关章节。

10.1.1 反应堆达临界类型

按照反应堆启动前的状态，反应堆启动一般可分成以下四种：

①启动仪表监测下除毒达临界。

②RRS 电离室有效且启动标志#1 没有设置下除毒达临界。

③RRS 电离室有效且启动标志#1 已设置下除毒达临界。

④氙中毒停堆后达临界。

1. 启动仪表监测下除毒达临界

按照 98 – 37000 – OM – 001 第 4.6.3 "GSS 状态下的堆芯监测"的要求，当反应堆功率小于 2×10^{-7} FP 时，由于 RRS 电离室的精度下降，为保证反应堆功率的精确监测，必须投用启动仪表。一般情况下，如果慢化剂内硝酸钆浓度大于 12 ppm，则反应堆功率降到 2×10^{-7} FP 需要 20 d 左右；且慢化剂毒物浓度越高，反应堆功率降到 2×10^{-7} FP 的时间越短。

由于此时反应堆功率是通过启动仪表来监测的，所以这种情况下的反应堆达临界操作是在反应堆物理人员的支持下进行的。反应堆物理人员必须定时记录启动仪表计数率，并执行临界预计、倍增时间监测等工作；同时根据启动仪表计数率的变化情况，随时提醒操纵员调节启动仪表的停堆整定值。详细规程参见 98 – 37000 – OM – 001 第 4.1.1 节。

2. RRS 电离室有效且启动标志#1 没有设置下除毒达临界

由于 RRS 电离室有效且启动标志#1 没有设置，所以 RRS 程序直接利用电离室信号作为输入信号来控制反应堆。由于这种情况下的达临界操作没有涉及启动仪表，操纵员直接

执行规程即可,不用反应堆物理人员进行支持。逐步趋近临界的过程中,操纵员监测功率倍增过程中 LZC 水位的变化量。详细规程参见 98 - 37000 - OM - 001 第 4.1.2 节。

3. RRS 电离室有效且启动标志#1 已设置下除毒达临界

在这种状态下,虽然 RRS 电离室有效,但由于启动标志#1 已经设置,RRS 程序只能利用虚假功率信号来控制,不能利用电离室信号。这种情况下的达临界操作与前节比较类似,只是初始的需求功率(DEMAND POWER)设定在 2×10^{-6} FP,而不是将初始的需求功率(DEMAND POWER)设定为 $2 \times$ 当前功率。逐步趋近临界的过程中,操纵员监测电离室信号推导出来的功率倍增时间。详细规程参见 98 - 37000 - OM - 001 第 4.1.3 节。

4. 氙中毒停堆后达临界

反应堆停堆后,由于氙毒负反应性的增加,如果在 30 min 内不能重新将反应堆达临界并将功率提升到 50% FP 以上,反应堆就将进入碘坑。反应堆进入碘坑以后,一般要用 36 h 左右才能重新达临界。

当反应堆出碘坑以后,由于氙毒(Xe)逐渐减少,反应堆功率逐渐升高。当反应堆功率大于需求功率(DEMAND POWER)(= 10^{-4} FP)时,LZC 系统跳出水位控制模式(Special Shutdown mode),且 LZC 水位逐渐升高。后面的操作与其他几种临界方法一致。

如果在反应堆停堆前后,慢化剂意外加入毒物,则首先分析加入毒物的浓度。如果加入毒物等效钆浓度小于 0.1 ppm,则不采取另外的操作,由氙毒衰变来达临界,只是此时的临界时间要大于原来的 36 h。如果加入毒物等效钆浓度大于 0.1 ppm,则在值长批准开始达临界操作后,启动慢化剂净化床,采用氙毒衰变和慢化剂除毒同时进行的方式进行达临界操作。在这种情况下,反应堆物理人员需要重新向主控室提交新的临界预计表。详细规程参见 98 - 37000 - OM - 001 第 4.1.4 节。

10.1.2 临界毒物浓度和时间预计

1. 临界毒物浓度预计

每次当反应堆准备启动时,反应堆物理人员根据运行支持要求进行反应堆临界预计,预计反应堆临界时的反应性和临界毒物浓度。

反应堆物理人员根据反应堆停堆前和启动临界时之间的状态变化(包括氙毒(Xe)、控制棒位置、LZC 水位、冷却剂温度系数、慢化剂温度系数、功率亏损以及毒物浓度),预计反应堆的临界毒物浓度。

临界时堆芯反应性的变化有以下公式:

$$0 = \rho_0 + \rho(\Delta ADJ) + \rho(功率亏损) + \rho(\Delta 温度) + \rho(\Delta Xe 毒) + \rho(\Delta AVZL) + \rho(\Delta(Pu + Sm + Rh)) + \rho(Gd) \qquad (10 - 1 - 1)$$

式中　ρ_0——停堆前的堆芯过剩反应性。

　　$\rho(\Delta ADJ)$——若启动时 ADJ 都全插入堆芯,则 ADJ 引入的反应性为 0;如果启动时有 ADJ 拔出堆芯,则根据拔出 ADJ 棒组的组数,引入相应的反应性偏差。

　　$\rho(功率亏损)$——反应堆从满功率停堆到热态零功率引入的反应性,一般满功率停堆为 3.2 mk。

　　$\rho(\Delta Xe 毒)$——临界时反应堆内实际的 Xe 毒反应性与满功率时的平衡 Xe 毒(-28 mk)的偏差。此偏差随着停堆时间的长短而变化,可用 RFSP

程序计算,也可以用 G2 电站的 XENON 程序计算。即 $\rho(\Delta \mathrm{Xe}\,毒) =$ 临界时的 Xe 毒反应性 – 满功率时的平衡 Xe 毒(– 28 mk)。说明: 如果停堆前功率水平不是满功率,则需要取当时实际的平衡 Xe 毒值 进行计算。

$\rho(\Delta\,温度)$——由于温度状态不同引入的反应性偏差。一般情况下反应堆从热态零 功率到冷态零功率引入的反应性为 – 4.0 mk。

$\rho(\Delta \mathrm{AVZL})$——启动时 AVZL 与停堆前 AVZL 的偏差引入的反应性,即 $\rho(\Delta \mathrm{AVZL}) = \Delta \mathrm{AVZL}(\,启动时 – 停堆前)/(– 13\ \mathrm{mk}/\%\ \mathrm{AVZL})$。

$\Delta(\mathrm{Pu} + \mathrm{Sm} + \mathrm{Rh})$——反应堆停堆后裂变产物衰变产生 Pu、Sm、Rh 而引入的反应性。 此反应性随着停堆时间的长短而变化,可用 RFSP 程序计算, 也可以用 G2 电站的 XENON 程序计算。一般满功率停堆为 3.2 mk。

$\rho(\mathrm{Gd})$——临界时反应堆内的毒物 Gd 引入的反应性,即 $\rho(\mathrm{Gd}) = 浓度(\mathrm{ppm}) \times (– 30.5\ \mathrm{mk/ppm})$。

另外,如果 GSS 状态下进行了换料等影响堆芯反应性等操作,则相应的反应性变化也 需要考虑进去。

2. 临界时间预计

在除毒达临界过程中,临界时间计算方法如下:

$$t = \frac{\ln\left(\dfrac{C_1}{C_0}\right)}{-0.013\,585F} \qquad (10 - 1 - 2)$$

式中　C_0——初始毒物浓度(ppm);

C_1——临界毒物浓度(ppm);

F——净化流量(kg/s);

t——临界除毒时间(h)。

在氙中毒停堆后达临界过程中,临界时间预计结果如下:

①如果停堆前后慢化剂内没有加入毒物,则调节棒全部拔出或插入堆芯时的临界时间 分别为 36 h 或 43 h。

②如果停堆前后慢化剂内意外加入毒物,则运行“专用软件小工具”,即可计算出临界 时间。在运行此小工具时,必须注意两点:a. 如果要求临界时调节棒插入堆芯,则 ADJ 棒位 变化引入的反应性为 0 mk。b. 在这种情况下达临界需要除毒,并且停止除毒的条件为“等 效 Gd 浓度小于 0.1 ppm 或功率倍增时间小于 20 分钟”。

10.2　热功率测量试验

反应堆热功率不仅是电站生产(热力效率)的一个重要参数,而且由于其直接联系到反 应堆的总裂变功率和释放到冷却剂的总热功率,参与反应堆功率控制,所以它也是电站核 安全的重要参数。因此,我们必须维持电站热功率指示值的准确性,确保它在可接受的不 确定性范围内。

10.2.1　热功率测量与核测校正

CANDU-6核电站采用反应堆总功率和区域功率自动控制方式,其功能由在线的电站计算机(DCC)中反应堆控制系统(RRS)完成。为了完成反应堆总的和区域功率控制,为了满足可靠性、全量程、响应速度和准确性多方面的要求,CANDU反应堆采用了大量的核测(中子通量测量)仪表,同时为了确保核测仪表的准确性,也采用大量的在线热功率测量仪表在线计算热功率,周期性地校正核测仪表。

中子通量测量仪表主要包括3个电离室、14对(28个)堆内自给能涂铂探测器和102个堆内自给能钒探测器。虽然核测仪表普遍响应速度快,可以及时响应反应堆总的和区域通量和功率变化,但是中子测量仪表都强烈地受堆芯状态(如慢化剂毒物浓度、堆芯伽马场、探测器辐照等)的影响,而且中子测量仪表测量的都是点和局部的中子通量水平,当堆芯通量(功率)分布和堆内反应性控制装置发生变化时,必然大大影响其准确性,此外中子通量与反应堆热功率不完全呈线性关系,当堆内易裂变核素成分和质量随燃耗发生变化后,同样的热功率对应不同中子通量。所以,为保证中子通量反应堆的核测(中子)仪表的准确性,必须采用能够准确测量反应堆功率的仪表来不断地、周期性地校正中子测量仪表。反应堆热功率测量仪表虽然响应速度慢,但准确度高,因此它就成为核测仪表校正的标准。

电站控制计算机(DCC)中的反应堆控制系统(RRS)专门有1个反应堆功率测量和校正程序(PMCR),处理大量的核测和热功率测量信号,提供准确的总功率和区域功率测量值,用于反应堆控制。反应堆在线热功率测量也包括在PMCR程序中。

10.2.2　在线热功率测量原理

反应堆在线热功率测量包括两种方法,分别用于不同的功率水平:

①反应堆RTD热功率(P_{RTD}):用于低功率阶段(5%~70%FP)

②蒸发器(SG)热功率(P_B):用于高功率阶段(50%~100%FP)

1. 反应堆RTD热功率

反应堆RTD热功率由以下公式计算:

$$P_{RTD} = W_P \times (h_{OUT} - h_{IN}) = \frac{W_P}{(P_{THM})_{NOM}} \times \Delta T \times (b + c \times (2 \times T_{IN} + \Delta T))$$

$$(10-2-1)$$

式中　W_P——主冷却剂回路的流量;

h_{OUT}, h_{IN}——反应堆出口和进口冷却剂焓,使用近似拟合公式:$h = a + b \times T + c \times T^2$;

T_{IN}——反应堆进口温度;

ΔT——反应堆进出口温差;

$(P_{THM})_{NOM}$——反应堆传到冷却剂的额定热功率(2 061.4 MW)。

由于在冷却剂沸腾前,冷却剂流量随功率的变化非常小(<2%),所以在CANDU-6电站并不设置冷却剂总流量的测量仪表,而在PMCR程序中使用1个常数值(W_P),当调试期间在50%FP前对该参数进行校正后,其误差会进一步缩小。因此,在线反应堆热功率的测量的关键就在于反应堆冷却剂进出口温度及其温差的测量。CANDU-6电站在反应堆冷却剂每个进口集管上安装了3个热电偶(RTD)(总共12个RTD),同时在4对进出口集管安装了测量温差ΔT的热电桥,所以反应堆热功率在CANDU-6电站被称为RTD热功率。

当冷却剂开始出现沸腾后,冷却剂集管的温度测量就不再适用于冷却剂焓和热功率的计算,所以在电站高功率以后必须采用蒸发器的热功率测量值用于反应堆功率指示和控制。

2. 蒸发器(SG)热功率

在低功率阶段,由于给水流量和蒸汽流量的不稳定,以及蒸汽品质不理想,SG 热功率的计算偏差较大,但当功率水平大于 50% FP 后,以上偏差将减少到 2% 以下。并且蒸汽流量在调试或定期使用更准确的给水流量校正后,提供了 SG 热功率计算的精度。因此,当高功率后使用 SG 热功率用于堆功率指示和控制。

电站稳定状态的热平衡为

$$P_B = P_R + P_P - L$$

式中　P_B——蒸发器 1 次侧传到 2 次侧的热功率;

　　　P_R——反应堆中燃料传到冷却剂中的热功率;

　　　P_P——主泵添加到冷却剂中的功率;

　　　L——主回路中的热传输损失。

反应堆 SG 热功率由以下公式计算:

$$P_{Bi} = \frac{1}{(P_{Bi})_{NOM}} [K_{si} \times W_{si} \times (h_s - h_f) + W_{fi} \times (h_f - h_{fw})] \qquad (10-2-2)$$

式中　$(P_{Bi})_{NOM}$——设计额定蒸发器满功率,515.75 MW;

　　　h_s——蒸汽焓,$h_s - h_f = 1\,657.5$ kJ/kg;

　　　h_f——饱和液体焓;

　　　h_{fw}——给水焓 $= -21.58 + 4.36 T_{Fi}$,T_{Fi} 为给水温度;

　　　W_{si}——未校正的蒸汽流量;

　　　W_{fi}——给水流量;

　　　K_{si}——蒸汽流量校正因子。

平均 SG 热功率为

$$P_B = \frac{\dfrac{P_{B1} + P_{B2}}{2} + \dfrac{P_{B3} + P_{B4}}{2}}{2} \qquad (10-2-3)$$

式中,P_{B1}、P_{B2}、P_{B3}、P_{B4} 分别为 4 个蒸发器各自的功率。

10.2.3　热功率离线计算和校正原理

1. 反应堆 RTD 热功率离线计算和校正

由于冷却剂总流量 W_P 需要根据主回路调试中流量测量的结果对设计值进行修正,以及 RTD 测量温度本身存在一定的基准偏差(在热态零功率绝热状态,ΔT 不为零),所以为了保证反应堆 RTD 热功率的测量精度,在电站升功率调试阶段(75% FP 前),需要进行 RTD 功率的离线计算,对以上偏差进行修正。离线计算值将用于校正在线控制程序(PMCR)中的冷却剂流量参数(W_P),确保在线功率指示和控制的精度。

离线 RTD 热功率计算公式:

$$P_{RTD} = \frac{W_P}{(P_{THM})_{NOM} \times 1\,000} \times (h_{OUT} - h_{IN}) \qquad (10-2-4)$$

对公式中 W_P 的说明：

①在 5% FP、10% FP、15% FP 的功率水平下，使用对比计算的流量。

$$对比计算的流量 = 冷态测得总流量 \times \frac{当前功率下的 SDS\#1 仪表流量}{冷态下的 SDS\#1 仪表流量}$$

②在 25% FP、50% FP、75% FP、95% FP 功率水平下，使用热工水力计算程序 NUCIRC 计算的相应功率水平下 PHT 总流量。

h_{OUT}：对应于出口集管的温度和压力下的出口集管冷却剂的焓，离线计算时出口集管的温度不使用出口集管温度的直接 RTD 测量值，而使用更为准确的计算值：入口集管的温度加上经基准变差修正后的进出口集管温差。

h_{IN}：对应于进口集管的温度和压力下的进口集管冷却剂的焓。

离线计算中，以上的焓均使用热工水力表查值，而不使用简化的公式减少了计算的误差。

使用离线计算的 RTD 热功率，计算新的 W_P 值并输入到电站计算机中，用于代替老的 W_P 值，确保在线 RTD 热功率的精度，具体计算公式如下：

$$新\ W_P = 老\ W_P \times \frac{离线\ P_{RTD}}{在线\ P_{RTD}} \tag{10-2-5}$$

2. 蒸发器(SG)功率离线计算和校正

蒸发器热功率的离线计算指二次侧的热平衡计算。试验过程中，要求整个电站状态稳定运行有足够的时间(1 h 以上)，并隔离蒸发器的排污，减少由于排污测量误差较大，带来的功率计算偏差。此稳定状态下，蒸汽流量衡等于主给水流量，这样蒸汽流量可以用更为稳定和精确的文丘里管测量的主给水流量值代替，避免了主蒸汽流量表带来的测量偏差。离线计算中，轻水和蒸汽焓是根据温度和压力使用热工水力性质表查出的精确值。此外，离线计算中使用实际的蒸汽品质测量值。

综上所述，由于在线的主蒸汽流量表存在一定的漂移和测量误差，以及在线的热功率计算采用了一些简单处理，所以运行期间必须定期用更加精确的离线热平衡计算校正在线的热功率，98-91140-OM-901 中规定，运行后也必须定期进行校正，一般校正频率为一个月 1 次，确保在线 SG 热功率在可接受的范围(0.5% FP)。

离线 SG 热功率计算公式：

$$离线\ P_{Bi} = \frac{1}{(P_{Bi})_{NOM}} W_{fi} \times (h_s - h_{fw}) \tag{10-2-6}$$

式中　W_{fi}——第 i 蒸发器的主给水流量；

　　　h_s——主蒸汽焓 $= x h_g + (1-x) h_f$，其中 x 为测量的蒸汽品质；

　　　h_g——饱和蒸汽焓；

　　　h_f——饱和水焓；

　　　h_{fw}——主给水焓。

SG 热功率的校正方法是计算出每个蒸发器新的蒸汽流量校正因子(K_{si})，并输入电站计算机中，用于代替老的 K_{si}，计算方法如下：

$$新\ K_{si} = 老\ K_{si} \times \frac{离线\ P_{Bi}}{在线\ P_{Bi}} \tag{10-2-7}$$

同时，由于蒸发器给水流量测量仪表文丘里管也存在较细微的漂移，虽然在短期内不会带来较大的误差,但是如果长期不进行校正,必然也会导致离线热功率计算不可接受的偏差。所以,文丘里管也必须定期地使用具有更高精度的超声波流量测量(USFM)等方法进行校正。校正频率一般为2~3年一次,选择在停堆大修的时候。

热功率测量试验相关的规程,详见运行手册98 – 91140 – OM – 901。

10.3 通道流量验证试验

10.3.1 升功率阶段通道流量验证

由于先前叙述的异物进入和可能阻塞原因,在机组停堆检修后升功率期间的验证是必须正确执行的。由于电站停堆后检修项目比较繁多,为了防止任何人为判断的失误或疏忽而造成严重的后果,一般只要是几天以上的多项目检修和明确的主回路(包括反应堆)及其辅助系统检修,GOP 和 98 – 37000 – OM – 001 都明确要求在通道出现沸腾前的多个功率台阶执行通道流量验证,包括 8% FP、30% FP、40% FP、60% FP 和 80% FP。此外,还要求在 2% FP 时检查通道出口温度图,检验是否有 RTD 失效,一旦发现及时进行检查维修。

升功率阶段的流量验证工作有两种方法:

在 8% FP、30% FP、40% FP、60% FP 下,根据单个通道的出口温度与全部 380 个通道出口的平均温度比较给出直观指示,这个检验工作比较简单,由主控室操纵员自己执行。

在设计阶段,为了整个堆芯各个通道具有完全相同的温度增加(对于额定的功率分布),已经对通道流量做了调整。因此,一条通道的温度与全部 380 条通道的平均温度的比较给出第一个指示。但是,这个分析的效率是很有限的。原因是如果功率分布不是名义分布(例如,如果 ADJ 被抽出和功率水平不到 80% FP 时的分布),有关的偏差倾向于增加。因此,这种方法的判别能力很差。同时,这个方法没有考虑在换料期间的通道功率变化。所以,这种方法仅用于操纵员直接判断,为了发现任何小的和缓慢变化等异常现象,还必须要求反应堆物理人员执行更复杂的分析。

反应堆物理人员根据 80% FP 下收集的数据执行更复杂的验证,包括:

给定通道出口温度和临近通道出口温度的平均值比较。这是一个更准确的方法。这种方法显示出来的优点是:它与功率分布的波动(相对于参考功率分布)无关,也和调节棒拔出的状态无关,同时这种方法可以通过修正 RTD 仪表本身的基准偏差来更精确的计算和比较。但是,这种方法需要使用另外编制的特殊程序执行,目前在电站计算机(DCC)系统或 PDS 系统上还没有安装,将来可以考虑安装在 PDS 系统上,并由操纵员在执行通道流量验证时进行更精确和直观的判断。

将计算的每个通道热功率与用 RFSP 计算得出的通道核功率进行比较。通道热功率是假定通道流量等于设计流量,然后根据实际测量通道进出口温差计算出来的。由于 RFSP 核功率真实地反映了通道的实际功率,当通道流量减少后,在通道沸腾前必然导致通道出口温度的升高,即通道温差的增大,从而使计算的热功率大大超过 RFSP 的核功率。这种方法可以把通道流量下降对通道出口温度的影响完全表达出来,并且可以观察到通道流量任何不太明显的变化趋势。为了获得 RFSP 计算所需的中子通量图探测器(钒)稳定可靠的测量数据,必须确保数据收集前反应堆功率稳定至少 15 min。

OM-37000-4.3.2对停堆检修后升功率期间的通道流量验证有明确的规定,以下概括了主要的要求和注意事项:

1.2% FP

此功率水平下,主要目的是确认通道出口温度RTD仪表测量的有效性。

确保反应堆在热态低功率(≤2% FP)下稳定运行15 min以上,以保证反应堆各种热工水力参数达到了稳定的平衡状态。

利用DCCX中通道出口温度(COT)程序打印输出全堆芯的通道温度出口图,并利用COT输出功能,打印<255 ℃和>270 ℃以及270~255 ℃的平均堆芯温度图。

判断:如果任何一个通道出口温度<255 ℃或>270 ℃,则认为该通道RTD测量回路故障。要求仪控维修人员检查RTD测量回路,如果检查后不能恢复,将故障RTD的编号填入《RTD故障记录表》中,并准备一个修理故障RTD的工作申请。

2.30% FP、40% FP、60% FP、80% FP

此功率水平下,主要目的是利用通道出口温度系统、压差测量系统和SDS#1通道流量测量仪表,验证堆芯每个通道流量满足安全运行要求,确保没有通道堵塞现象。每个功率台阶的方法基本相同,而80% FP台阶由反应堆物理人员执行进一步的复杂分析和判断,方法与日常试验一致。

确保反应堆在相应的功率水平下稳定运行15 min以上,以保证反应堆各种热工水力参数达到了稳定的平衡状态。

利用DCCX中通道出口温度(COT)程序打印输出全堆芯的通道温度出口图,并利用COT输出功能,打印全堆芯出口温度图和堆芯平均出口温度图,分别打印低于和高于平均出口温度5 ℃的堆芯温度图。

判断:是否堆芯所有通道出口的温度都在堆芯平均出口温度的5 ℃以内。

如果所有通道满足,直接判断说明全堆芯通道流量正常。保存数据后,结束本功率功率水平下通道流量验证工作。

如果有任何一个通道出口温度不在堆芯平均出口温度的5 ℃以内,且功率稳定时该通道温度基本稳定(变换幅度小于1 ℃),则判断是否由于RTD测量温度有1个恒定的基准偏差,导致温度偏低或偏高,判断准则:当前功率水平与以前最近的功率水平下该通道出口温度差满足表10-3-1中的值。

表10-3-1 不同功率水平下通道出口温度差准则

当前功率水平/FP	以前最近的功率水平/FP	通道出口温度差验收准则
8%	≤2%	>1.5 ℃,但<6 ℃
25%	8%	>3 ℃,但<10 ℃
40%	25%	>4 ℃,但<9 ℃
60%	40%	>6 ℃,但<12 ℃
80%	60%	>6 ℃,但<12 ℃

如果还不能满足,说明该通道出口温度异常。

如果任何一个通道出口温度异常,首先检查该通道是否是SDS#1流量测量通道,如果是检查流量指示是否大于90%额定流量。

如果满足准则,则判断通道流量正常,说明通道RTD及其仪表回路有故障,要求仪控维修人员检查修理RTD及其仪表回路。

如果不满足准则,则很大程度要已存在通道流量堵塞,要求立即使用98－37000－OM－001调查通道流量堵塞。

如果任何一个通道出口温度异常并且不是SDS#1流量测量通道,则执行以下通道出口温度检查和分析:

首先使用以下准则判断RTD仪表是否故障:

①通道RTD测量回路已在前功率水平被判断为故障;

②RTD温度低于255 ℃(当进口温度大于260 ℃时);

③RTD温度大于312 ℃(当出口压力大于9.5 MPa(g)小于9.9 MPa(g)时);

④反应堆功率稳定时RTD温度上下大幅度震荡(波动幅度大于3 ℃)。

如果RTD仪表判断为故障,则:

要求仪控维修人员检查RTD测量回路。

如果RTD检查后恢复正常,需判断该通道温度是否在堆芯平均出口温度的5 ℃以内,如果"是",则确定通道流量无异常。

如果检查后RTD不能恢复正常,将故障RTD的编号填入《RTD故障记录表》中,并准备一个修理故障RTD的工作申请。如果以前的功率水平没有执行过通道压差验证,则按照98－37000－OM－001,要求换料操作在24 h内执行压差测量验证。

如果RTD不能判断为故障,且通道出口温度高于5 ℃,特别是持续上升,则按照98－37000－OM－001相关章节调查通道流量堵塞。

如果RTD不能判断为故障,且通道出口温度低于5 ℃,且如果以前的功率水平没有执行过通道压差验证,则按照98－37000－OM－001,要求换料操作在24 h内执行压差测量验证。

10.3.2 通道流量定期验证

每季度一次的定期通道流量验证,目的是验证在长期高功率运行后没有明显的通道流量异常。98－91140－OM－642的安全相关系统定期试验程序(SRST)有明确的规定,其方法概括如下:

①首先将反应堆功率降到通道沸腾阈值以下,稳定15 min以上。

②打印COT图,并收集FLX等物理计算数据。

③判断:功率从高功率降到通道沸腾阈值以下,所有通道出口温度降低0.5 ℃以上。

④判读:降功率后,所有通道出口温度与邻近通道平均温度的差值的绝对值均小于或等于7 ℃。

⑤如果不满足要求,执行OM－37000－4.3.3通道压差测量,进一步判断,如果还不能满足,立即执行OM－37000－5.1通道流量堵塞的异常程序。

⑥如果RTD仪表故障,要求12 h内执行OM－37000－4.3.3通道压差测量。

⑦反应堆物理工程师进行复杂验证。

一般地,观察RTD测量数据的减少(冷却剂压力不变)是一种可以接受的验证方法。然而,功率的降低会导致冷却剂压力的瞬时下降。冷却剂压力的瞬时下降将导致饱和温度的下降。对于每季度一次的试验来说,饱和温度可降低 0.5 ℃。这些数值的实时分析比较复杂。由于这个缘故,操纵员仅执行简单的判断,而将复杂的分析任务交给反应堆物理工程师。让他们进行分析并在降功率后 12 h 内把结果返回。反应堆物理工程师的分析方法与停堆大修后 80%FP 功率水平下的通道流量验证方法相同。

10.3.3 通道差压测量

如果一个通道的 RTD 故障或者该通道处于沸腾状态,为了评估通道流量,必须借助换料机执行 ΔP 测量。如果一个通道怀疑被堵塞,那么也要执行 ΔP 测量,已进一步提供证据。

通道被堵塞将导致 ΔP 或多或少不同于预计值。如果堵塞是位于通道内部(在 ΔP 测量点之间),ΔP 将比预期的大。如果堵塞位于给水管内部(入口或者出口),ΔP 将比预期的小。如果堵塞被证实,必须立即执行 98 - 37000 - OM - 001 通道流量堵塞异常程序,采取相应措施。

98 - 37000 - OM - 001 对通道压差验证有相应的细节程序,其基本方法是换料机打开通道两端的密封塞后,测量通道的压差,并与参考值比较,确保通道流量正常的判断准则是:通道压差测量值与该通道参考值的偏差在 100 kPa 以内。如果 DCCY 中的指示值异常,可用换料机头上的其他压力变送器进一步验证。通道压差参考值如图 10 - 3 - 1 所示,随着机组运行,压差需定期进行更新。

	1	2	3	4	5	6	7	8	9	10	11	12	13	14	15	16	17	18	19	20	21	22	
A									193	211	214	204	226	170									A
B						187	201	331	312	325	340	360	314	329	316	225	172						B
C					218	253	345	412	502	506	526	509	528	475	445	343	255	205					C
D				209	312	363	466	624	640	649	656	676	688	659	615	486	343	308	198				D
E			216	280	409	495	646	692	788	723	716	732	740	742	687	606	500	392	278	205			E
F				273	409	507	620	689	795	698	746	669	690	720	709	777	688	588	527	374	294		F
G		220	343	468	558	663	696	702	740	691	685	677	714	722	737	683	672	553	498	340	242		G
H		316	419	591	643	675	696	789	703	710	649	665	690	713	767	727	666	660	581	445	291		H
J	201	292	504	641	700	696	718	716	721	672	675	647	692	696	731	684	709	670	652	466	313	177	J
K	218	352	536	664	719	716	741	708	677	690	618	633	655	696	751	750	676	739	640	523	322	220	K
L	235	385	552	686	773	701	739	717	706	652	642	612	682	676	744	709	729	749	708	535	397	212	L
M	219	405	533	697	749	741	702	732	705	672	609	641	636	745	691	700	725	763	692	558	390	233	M
N	241	360	524	655	772	694	718	696	696	646	628	597	677	689	741	698	734	761	683	505	383	222	N
O	201	342	461	652	695	711	676	728	662	665	591	619	652	701	703	696	681	723	627	473	329	210	O
P		289	460	551	682	691	723	699	726	636	669	640	687	714	739	692	705	665	587	439	308		P
Q		241	347	528	635	657	661	737	698	745	635	683	708	743	724	697	637	658	509	371	223		Q
R			308	400	553	627	666	750	710	709	669	651	737	688	771	634	658	537	417	294			R
S			172	301	381	491	563	653	695	740	701	742	708	728	629	594	462	394	286	204			S
T				201	280	350	438	522	587	628	602	636	559	554	418	382	260	226					T
U					168	245	309	425	422	517	480	509	498	468	403	336	216	188					U
V						134	204	255	291	302	315	298	330	270	290	180	164					V
W									162	208	180	223	176	187									W
	1	2	3	4	5	6	7	8	9	10	11	12	13	14	15	16	17	18	19	20	21	22	

图 10 - 3 - 1　通道压差参考值(kPa)

10.3.4 通道流量堵塞

通道流量堵塞直接后果可能导致燃耗通道的烧干和燃料包壳的破损,具体分析见表 10 - 3 - 2。如果通道流量减少到一定程度,其直接后果将导致燃料包壳破损,冷却剂中放射性裂变气体超过限值出现报警,此时,必须明确监测冷却剂的放射性活度。在没有观测到放射性裂变气体超过限值的情况下,将反应堆功率降到通道出口温度饱和点以下,使通道流量的减少小于 30%。如果超过 30%,应立即按正常速率执行反应堆停堆,调查通道堵塞的问题。

98 - 37000 - OM001 对通道流量堵塞异常情况下的行动措施有明确的规定,当有任何怀疑通道流量堵塞的现象时,可启动该程序。

表 10 - 3 - 2　通道流量堵塞可能后果

近似流量 /% 额定值	流量截面 减少/%	正常运行时对燃料的影响
100 ~ 57	0 ~ 73	近似于额定的正常工况; 热量从燃料传输到冷却剂,基本正常
57	73	燃料烧干开始; 燃料和包壳温度高于正常值,通道出口含气量约为 23%,高燃料包壳破损风险
23		包壳温度在流量减少的范围内达到最大值
≤20	92	燃料和包壳过热
≤10	—	燃料融化。压力管由于过热破裂,并可能导致排管破裂。冷却剂及放射性物质泄漏到排管容器的慢化剂中。排管容器因为压力过高,爆破盘破裂

首先,监测 ^{131}I,如果 ^{131}I 报警,确认没有出现高高报警。如果出现高高报警,则说明燃料包壳明显破损,立即执行正常反应堆停堆。否则将破损燃料定位系统连接到怀疑有流量堵塞的通道,每半小时监测一次该通道的缓发中子计数率,如果大于 50 000 cps,立即执行正常反应堆停堆。

其次,检查该通道是否是 SDS#1 流量测量通道,如果是,检查流量指示是否大于 90% 额定流量。如果满足准则,则说明通道流量正常,继续保持密切监测。如果不满足,继续执行以下步骤。

再次,确保已使用换料机差压系统进行了通道压差验证。如果换料机差压系统不可用,跳过该步骤。

最后,确认该通道 RTD 温度指示是否有效。如果 RTD 没有指示,立即降功率到 60% FP 以下,通知反应堆物理及其他技术维修人员到现场调查通道流量。如果通道流量堵塞问题不能在 24 h 内解决,立即执行反应堆正常停堆。

降功率到 85% FP 以下,检查通道出口温度是否明显下降大于 0.5 ℃。如果不是,继续降功率直到通道出口温度下降大于 0.5 ℃(每步 5% FP 降功率,并在每步等待 5 min)。

但如果功率从 85% FP 以上降到 55% FP 后,通道出口温度没有明显下降(小于 0.5 ℃),则要求立即执行反应堆正常停堆,并查找流量堵塞原因。

如果观测到通道出口温度下降大于 0.5 ℃,则计算通道流量减少的幅度。如果怀疑通道是 SDS1 流量仪表测量通道,则记录流量读数并直接计算流量减少的百分比。否则,停堆并进一步查找流量堵塞原因。

复 习 题

1. 为什么要用反应堆热功率测量仪表去校中子测量仪表？

2. 简述反应堆在线热功率测量包括的两种方法。

3. 为什么要进行反应堆 RTD 热功率离线计算和校正及蒸发器（SG）功率离线计算和校正？具体怎样实施？

4. 为什么必须验证每个燃料通道有足够的冷却剂流量？

5. 升功率阶段需要在哪些功率台阶进行通道流量验证？

6. 停堆检修后升功率期间的通道流量验证有哪些明确的规定？

7. 为什么要进行通道差压（ΔP）的测量？

8. 简述通道流量堵塞异常情况下的行动措施。

9. 一般用哪两种方法来进行通道流量验证？

10. 反应堆在 100%FP 下正常运行了 40 天以后，某个环路的进口集管的温度在 20 h 内增加 5 ℃，以下哪个结论最为重要：

（1）临界通道功率不受影响；

（2）温度测量装置有缺陷；

（3）ROP 停堆整定值不再有效。

11. 某通道在启动的过程中出口温度连续增加。在 100%FP 下，指示值为 310°。如果降功率到 99%FP，以下哪种现象最可能发生：

（1）因该通道已经沸腾，所以通道出口温度保持稳定；

（2）通道出口温度有轻微的降低。

12. 当出口集管压力为 9.89 MPa（g）时，相应的饱和温度大约是 310 ℃。如果至少有 100 个通道的出口温度指示约为 312 ℃，则可以怀疑：

（1）反应堆功率已经高于 100%FP；

（2）出口集管的压力已经增加；

（3）更多通道沸腾。

第 11 章　日常堆芯监督

CANDU 反应堆由于堆芯大和不停堆频繁换料等原因,容易造成区域功率振荡和功率倾斜,因此 CANDU 反应堆在换料方案的选择上必须采取优化措施外,还必须采取在线控制方法和控制手段:专门的区域控制的反应性装置(轻水区域控制装置)、区域核测仪表(28个 RRS Pt 探测器和 102 Vd 探测器),专门的区域控制程序(包括功率测量和校正程序(PMCR)、在线通量绘图程序(FLX)和轻水区域控制程序(LZC)),实现在线区域功率相应和控制,保持合理的反应堆功率分布。

由于堆芯燃料的燃耗和换料,反应性控制装置状态变化(如调节棒的拔出),慢化剂毒物浓度的变化,核测探头的燃耗和二次仪表的漂移等,因此区域的目标参考功率会发生变化,核测仪表的读数会发生漂移,为了确保和优化反应堆区域功率控制的能力,保证核测仪表的测量精度,必须对反应堆在线的控制参数和核测仪表进行定期校正,主要包括:

①RRS Pt 探测器和电离室校正;

②Vd 探测器校正;

③区域参考功率校正。

此外,在日常运行中,必须注意 LZC 的平均水位调节,已确保每个轻水区域控制装置(ZCU)的水位保持在反应性较大的区段,并保持每个 ZCU 有一定的反应性调节能力。

11.1　RRS Pt 探测器监测和校正

RRS 系统的 28 个 PT 探测器,分布于 14 个控制区域内,每个区 2 个(靠近轻水控制装置(ZCU)),目的是用于指示区域功率,但其实际测量的只是探测器附近的局部功率,探测器信号不仅受局部功率波动的影响,而且附近中子吸收体变化(轻水控制装置(ZCU)水位变化)对它信号的影响很大。因此,探测器信号与实际应该反应的所在区域的功率总存在或多或少的偏差。此外,PT 探测器的信号也会随着中子辐照逐年衰减,每年燃耗下降 2% ~6%;仪表的漂移也会影响 PT 探测器的信号。

因此,在线 RRS 程序中对 RRS Pt 探测器进行了频繁(1 次/180 s)校正,使用在线热功率校正 RRS Pt 的平均值(A_{DAF}校正因子),使用 FLX 程序计算的更准确的区域功率校正每个区域的 2 个 RRS Pt 探测器测量的区域功率(A_{DiF}^*)。但以上两个校正因子都有其使用范围,当校正因子过大时将增加校正后的偏差,降低区域控制的性能。因此,必须定期监测以上校正因子,当校正因子过大时,及时通过直接调节探测器放大器的方法更准确校正区域功率信号。

一般要求在功率水平稳定运行下,每天一次监测区域功率的校正因子,详细规定见 OM - 37000 - 4.6.1。主要监测在线校正因子是否出现较大的偏离:

①$A_{DAF} \leqslant -0.058$ FP 或 $A_{DAF} \geqslant -0.02$ FP;

②大于或等于 1 个区域的 Pt 探测器 $|A_{DiF}^*| > 0.06$ FP 或大于或等于 4 个区的 Pt 探测器

$|A_{DiF}^{*}|>0.04$ FP；

③大于或等于 1 个区域的 Pt 探测器 A、C 通道的读数偏差 $|P_{iU\_A}-P_{iU\_C}|>0.03$ FP。

如果满足以上任何一条，则发出工作申请要求反应堆物理组启动 RRS Pt 探测器校正。详细的校正程序见 OM－37000－4.4，主要包括反应堆物理组计算 RRS Pt 探测器放大器的校正因子，操纵员和仪控维修人员执行校正。

需要注意的是，如果 A_{DAF} 漂移过大，而 A_{DiF}^{*} 值基本正常，有可能是热功率（P_{thm}）测量系统漂移或波动过大造成的，需要检查 P_{thm} 的测量系统是否正常。如果是 P_{thm} 的测量系统的问题，则等到问题解决后再评估。

RRS Pt 探测器放大器的校正因子计算方法如下。

校正目标：

在每个 LZC 水位大约 45% 下运行时，使各个区域的 A_{DiF}^{*} 接近 0 及 A_{DAF} 接近 $-0.04P_{thm}$。

计算原理：

校正前指示：

$$P_{iC}=1.04\times P_{iU}+A_{DiF}^{*}+A_{DAF}$$

其中，$i=1,14$，$P_{iU}=(P_{iU\_A}+P_{iU\_C})/2$。

校正后目标：

$$P_{iC}{}^{c}=1.04P_{iU}{}^{c}+A_{DiF}^{*}{}^{+c}+A_{DAF}{}^{c}$$

其中，$P_{iU}{}^{c}=P_{iU\_A}{}^{c}=P_{iU\_C}{}^{c}$。

因此有

$$P_{iU\_A}{}^{c}=P_{iU\_A}\times CF$$

根据运行经验，LZC 水位对 Pt 探测器信号有较大影响，一般水位降低 10%，其附近探测器信号会增加 1%。因此有

$$A_{DiF}^{*}{}^{c}=0.001\times(LEVi-AVZL)\times P_{thm}$$

$$A_{DAF}{}^{c}=[-0.04+0.001\times(AVZL-45)]\times P_{thm}$$

校正前后区域功率应相等，即 $P_{iC}=P_{iC}{}^{c}$。

所以

$$CF=\frac{1.04\times P_{iU}+A_{DiF}^{*}-0.001\times(LEVi-AVZL)\times P_{thm}+A_{DAF}+[0.04-0.001\times(AVZL-45)]\times P_{thm}}{1.04\times P_{iU\_A}}$$

$$(11.1-1)$$

计算得到每个探测器的校正因子后，根据以下准则筛选最终的校正系数：

①校正因子与 1 之间的偏差超出 ±2%，即 $CF\geqslant1.02$ 或 $CF\leqslant0.98$ 的区域需要进行校正。

②A 和 C 通道的读数偏差大于 1%，即 $|P_{iU\_A}-P_{iU\_C}|>1\%$ 的区域，需要进行校正。

③选择需要校正的各个区域时，最好使校正因子为正和校正因子为负的区域数目相当。

④对于 $|1-CF|>4\%$ 的区域，该区域探测器分两次校正，取 $CF=CF_1\times CF_2=\sqrt{CF}\times\sqrt{CF}$。

校正过程如下：

（1）确认目前没有进行换料，反应堆功率稳定，LZC 平均水位稳定。

(2)将同一个区域偏差过大(>3%)的通道 C 探测器直接校正到等于 A 探测器信号。此步骤的目的,主要是防止在校正过程中区域功率波动过大。

(3)校正通道 A 的探测器,每次 1 个区域的探测器:

a. 计算探测器校正的目标值和目标电压。

b. 稳定 2 min 后短接并从 DCCX 和 DCCY 断开此区域的通道 A 探测器,验证 DCCX 和 DCCY 中该探测器信号显示"失效"。

c. 仪控维修人员调节探测器放大器,使输出电压等于目标值。

d. 先恢复 DCCY 的信号,确认校正正确后,再恢复 DCCX,以防止不正确的校正导致区域功率大的波动。

e. 确认 1 个探测器成功完成后,重复上面的步骤校正下 1 个探测器。

④校正通道 C 的探测器,操作步骤与通道 A 校正相同,但通道 C 探测器将直接校正到等于当前通道 A 探测器的指示。

⑤如果某些探测器需要 2 次校正,则重复 1 次校正的操作步骤。

注意:校正过程中,需要关注停堆系统 ROP 的停堆裕量。

11.2　RRS 电离室监测和校正

RRS 电离室在高功率(>15% FP)以后不参与总功率和区域功率绝对值的控制,仅提供功率变化率信号。因此,在电站高功率稳定运行时,电离室的调节不会造成功率波动,校正方法和程序也相对简单。但在电站低功率运行(<15%)下进行电离室校正(如在电站调试阶段执行的校正),则由于电站总功率控制采用的是电离室的信号,需要特别小心,操作程序也相对比较复杂。机组验收运行后高功率校正更为准确,因此一般 RRS 电离室仅考虑在高功率阶段执行校正。本书仅介绍高功率下的校正方法。

RRS 电离室在线校正是基于在线的热功率测量,校正因子为 A_{IF}。一般高功率下需每天监测 1 次该校正因子(参见 OM - 37000 - 4.6.1.3),确认是否出现大的偏离:

①当 $A_{IF} > \pm 0.03$ decade;

②或 IC_A,IC_B,IC_C 的差别 > ± 0.02 decade。

注意:反应停堆大修后再启动时,不校正 IC 信号,因为这时慢化剂有较高的中子毒物浓度,由于毒物的屏蔽效应,电离室的信号会偏小。但升功率后,随着氙毒的增加和毒物的燃耗或去除,两三天后电离室信号会恢复正常。因此,启动升功率 2 ~ 3 d 内允许存在一定的偏差,对于反应堆控制和保护没有影响,可在 3 d 后再检查电离室信号,确定是否需要校正。

如果确定需要校正,可通知仪控维修人员在高功率稳定运行下,将每个电离室信号校正到等于当前的热功率指示值。

11.3　Vd 探测器监测和校正

随着探测器中子辐照时间的增加,Vd 探测器的灵敏度将降低(图 11 - 3 - 1),而且由于堆芯通量分布效应,每个探测器的燃耗都不一样,因此为了确保每个探测器测量信号的准确,需要定期对 Vd 探测器进行校正,校正方法是根据每个探测器的辐照时间直接计算每个探测器的校正因子(Kj)和总的校正因子(S),更新在线 FLX 和离线 RFSP 中的以上参数。一般校正频度为每半年 1 次。

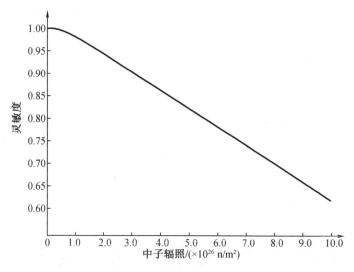

图 11 - 3 - 1　Vd 探测器灵敏度随中子辐照的衰减

1. 数据采集

反应堆物理工程师要求主控室操纵员采集计算所需的堆芯数据,当主控室操纵员完成数据采集后,反应堆物理人员到主控室的"反应堆物理文件夹"中获取堆芯数据。

所需要采集的数据清单如下:

①Vd 探测器当前总体灵敏度因子 S;

②每个 Vd 探测器的当前 Kj 因子;

③每个 Vd 探测器的燃耗值(EFPD);

④反应堆热功率值(P_{THM});

⑤归一的 14 个区域平均中子通量(Φ_{iN})。

2. 计算方法

①Kj 的计算:

Kj 是跟单个探测器燃耗有关的因子

$$Kj_{new} = Kj_0 \times \frac{1}{0.001\,33 + 1.043\,64 \times e^{-t/21.314} - 0.044\,97 \times e^{-1.490\,2t}} \quad (11-3-1)$$

式中　t——单个探测器从出厂到现在燃耗值的等效满功率天/365(即等效满功率年);

　　　Kj_0——单个探测器出厂时的 Kj 值;

　　　Kj_{new}——需要用于 Vd 探测器校正的新值。

②S 因子的计算:

$$S_{new} = S_{old} \times \frac{\overline{Kj_{old}}}{Kj_{new}} \times \frac{P_{THM}}{\Phi_{iN}} \quad (11-3-2)$$

式中　Kj_{old}——Kj 当前值;

S_{old}——S 当前值;

S_{new}——用于 Vd 探测器校正的 S 因子新值;

$\overline{Kj_{old}}$——Kj_{old} 的算术平均值;

$\overline{Kj_{new}}$——Kj_{new} 的算术平均值;

P_{THM}——反应堆热功率;

$\overline{\Phi_{iN}}$——Φ_{iN} 的算术平均值。

③Vd 探测器燃耗的计算(即探测器等效满功率天的计算):

$$\text{燃耗值(EFPD)} = \text{DCC 数据(EFPD)} + \text{LOSS 数据(EFPD)}$$

a. DCC 数据(EFPD):直接从 DCC 上采集。

b. LOSS 数据(EFPD):如果在计算的时间区间内,曾经发生了 DCCX、DCCY 上全部的 FLUX MAPPING 程序失效,那么就必须手工记录并计算该段时间内 Vd 探测器丢失的燃耗值(EFPD);如果没有,则该段时间内 LOSS = 0EFPD;LOSS 数据(EFPD)包括以前所有的丢失燃耗(EFPD)值;Vd 探测器丢失燃耗的具体计算方法如下:

在一般情况下,Vd 探测器的燃耗数据都由 DCC 上的 FLUX MAPPING 程序在线记录,但是在特殊情况下,由于全部 DCC 上的 FLUX MAPPING 程序失效,会导致在程序失效期间 Vd 探测器的燃耗丢失,因此需要记录该段时间的堆芯状态并计算 FLX 失效的时间(折算到 EFPD);反应堆物理工程师可以用"FLX 失效记录表"记录 FLX 失效的历史记录,每失效和恢复一次就记录一次。假设 FLX 失效的时间段里反应堆通量分布为 Time – Avergae 分布,我们就可以计算出各个 Vd 探测器没有被记录的 EFPD。

$$\text{LOSS 数据} = \frac{Fj'}{2.9 \times 10^{14}} \times \text{FLX 累积失效时间(EFPD)} \quad \text{(单位 EFPD)}$$

式中,Fj' 为探测器 j 在它所在位置的中子通量值(100% FP),该值已经由 RFSP 的 Time – Average 方法计算得出。

这样,反应堆物理工程师就可以查阅"FLX 失效记录表"来计算由 FLX 失效引起的 Vd 探测器燃耗丢失。

11.4　区域参考功率校正

前面已经讲述了,CANDU 反应堆采用目标区域功率控制方式,其区域功率目标值(即参考功率)固定在在线 FLX 程序中,即区域参考功率。由于堆芯燃耗分布和功率分布的变化(如新堆芯到平衡堆芯过渡阶段),调节棒拔出运行(如 SHIM MODE 运行)等堆芯运行状态的变化,需要修正区域参考功率的值。

此外,有时达到以下目标,也需要在许可的范围内,小幅度(<2%)调节区域参考功率的值:

①为了避免大的径向和轴向功率倾斜,优化单个 LZC 的运行水位,使每个 LZC 水位回到正常调节范围内;

②降低通道功率峰因子(CPPF)或最大通道/棒束功率;

③使当前反应堆运行功率分布接近参考功率分布。

区域参考功率校正由反应堆物理工程师计算新的区域参考功率的值,由 DCC 软件工程师负责输入 DCC 中,校正期间不允许进行换料和 ROPT 校正。DCC 软件工程师首先在 DCCX 输入新区域参考功率,然后等 30 min 稳定后收集 FLX 数据和 LZC 水位偏差,确认无误后,最后再输入 DCCY 中的新区域参考功率。

注意:应避免校正造成 ROPT 停堆裕量的降低。校正过程中将造成区域功率小的波动和 LZC 水位偏差的变化,因此校正中需密切关注 ROPT 停堆裕量。

11.5　LZC 平均水位监测和调节

当反应堆功率变化或由于堆芯燃料的燃耗,堆芯反应性会发生慢变化,主要表现在:
①功率变化导致氙的累积和消耗;
②功率反应性亏损;
③新堆芯钚的累积;
④新堆芯钚峰后燃料燃耗的反应性衰减率大约 0.4 mk/EFPD,等效于大约 5.2% AVZL/EFPD;
⑤慢化剂毒物(硼和钆)辐照燃耗。

因此,随着反应性的慢变化,LZC 平均水位会相应发生变化。由于 LZC 在反应堆控制中担当总功率和区域功率控制的关键角色,任何 1 个 LZC 过高(>80%)或过低(<20%)都会使它丧失或部分丧失其调节功能,因此,有必要尽可能使每个 LZC 水位维持在正常控制范围内(20% ~80%),考虑到高功率区域控制造成的一定的水位偏差,LZC 平均水位应尽可能维持在 30% ~60% 。LZC 平均水位调节是通过调节慢化剂中的毒物浓度来实现的。

注意:如果有调节棒在堆外(SHIM MODE 或 XENON OVERRIDE)或机械吸收棒在堆内,则首先考虑将调节棒插入堆芯或机械吸收棒拔出堆外,此时 LZC 平均水位考虑运行在 20% ~70% 。

复　习　题

1. CANDU 反应堆是采取了哪些手段实现在线区域功率相应和控制,保持合理的反应堆功率分布的?

2. 为什么要对 RRS Pt 探测器进行校正,采用怎样的手段来校正?

3. 为什么在停堆大修后再启动时,不校正 IC 信号?

4. 为什么要对 Vd 探测器校正,校正频度是多少?

5. 为什么要对 LZC 平均水位(AVZL)调节,这一调节是如何实现的?

第 12 章 区域超功率保护

12.1 区域超功率保护系统功能和设计准则

12.1.1 区域超功率保护的系统功能

ROP 是"Regional Overpower Protection"的缩写,即"区域超功率保护"。ROP 是触发停堆系统的一个参数,包括 6 个逻辑通道,分属两个停堆系统,分布如图 12 – 1 – 1 所示。1 号停堆系统 ROP 铂探测器有 34 个,分属 D、E、F 三个逻辑通道,2 号停堆系统 ROP 铂探测器有 24 个,分属 G、H、J 三个逻辑通道。当从属于某一停堆系统两个或三个逻辑通道的探测器信号同时超过停堆整定值(Trip Setpoint,缩写为 TSP)时将触发反应堆自动停堆。

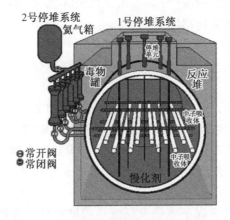

图 12 – 1 – 1　CANDU 反应堆两个停堆系统分布示意图

该保护功能对应的假想事故为缓慢的失去反应堆调节,其设计原理是:要求在任何通量形状和换料导致的功率波动下,燃料通道功率在到达燃料包壳烧干的临界通道功率前触发反应堆停堆,避免燃料包壳的烧毁和融化,保证反应堆堆芯和燃料的安全。图 12 – 1 – 2 为通道热传导示意图。

根据加拿大核安全委员会(CNSC)核安全法规 R – 8 和 R – 10 的要求,停堆系统必须可避免系统性的燃料损伤。故在设计上 ROP 可在燃料到达"间断性烧干的起始点"(Onset of Intermittent Dryout,缩写为 OID)之前触发停堆。根据热工水力分析,OID 是偏保守的安全限值。

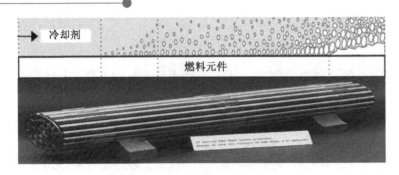

图 12 - 1 - 2 通道热传导示意图

在最终安全分析报告中分析和描述了引起功率增加(整体和局部)的一些事故工况。主要的工况分类如下:

①反应性引入超出了反应堆调节系统的能力

a. 大 LOCA(冷却剂丧失事故),冷却剂的空泡效应导致大的正反应性引入。

b. 反应堆调节系统的故障或任何损坏,系统本身故障性非控制加入正反应性。

c. 堆内 LOCA(压力管和排管破裂),在慢化剂有毒物(硼或钆)时,无毒冷却剂对慢化剂稀释导致的正反应性引入。

②在没有反应堆调节系统响应(SETBACK、STEPBACK、整体控制)情况下的扰动,可导致危及电厂安全的局部或整体功率增加:

a. 小 LOCA,因冷却剂空泡效应而引入正反应性。

b. 系统有重大泄漏后的慢化剂液位降低,将导致功率分布畸变,以及下半部堆芯的功率增加。

c. 丧失冷却剂强迫循环,例如冷却剂泵停转,将因冷却剂的空泡效应而产生正反应性。

反应堆调节系统功能(包括了 SETBACK 和 STEPBACK)正常情况下,第二类事故并不要求停堆系统动作来保护堆芯。但是,核安全导则要求如果在事故中反应堆调节系统出现异常,停堆系统必须提供足够的保护。而且,要求在任何事故中,停堆系统至少需要有 2 个有效的停堆参数。

ROP 并不是在这些事故工况下可触发反应堆停堆的唯一参数。最终安全分析报告中对 ROP 作为一个保护参数的工况进行了详细描述。以下介绍其主要内容:

①丧失反应堆调节。

图 12 - 1 - 3 和图 12 - 1 - 4 分别显示在丧失调节事故情况下的 SDS#1 和 SDS#2 的有效参数。它说明了在任何功率水平下丧失调节事故时,并且在反应性引入的速率从很慢至较快的范围内,ROP 都是有效的。在低功率启动或运行时高反应性变化率下丧失调节,则 ROP 是无效的。

此类工况下(丧失调节)的其他可触发 SDS#1 停堆的参数还包括:

②中子对数高变化率(图 12 - 1 - 3 中为 RLOG);

③冷却剂压力高(图 12 - 1 - 3 中为 HP);

④操纵员手动停堆(图 12 - 1 - 3 中为 M)。

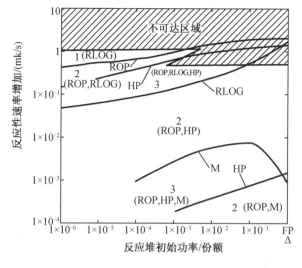

图 12 – 1 – 3　SDS#1 丧失反应性控制停堆覆盖图

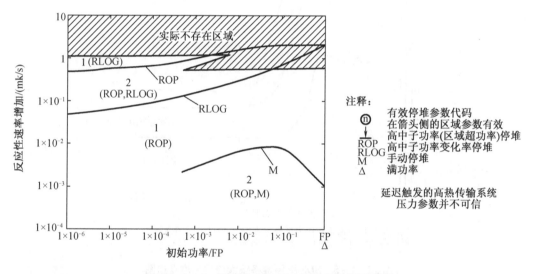

图 12 – 1 – 4　SDS#2 丧失反应性控制停堆覆盖图

1. 大 LOCA

ROP 是大 LOCA 工况下 SDS 的主要参数。图 12 – 1 – 5 和图 12 – 1 – 6 表示大 LOCA 时 SDS#1 和 SDS#2 的哪些参数是有效的。当电厂在 50% FP 以上的功率下运行时,ROP 对所有管道的破裂尺寸是有效的。

在高功率和大破口时,还有以下的参数是有效的:

①对数中子的高变化率(图 12 – 1 – 5、图 12 – 1 – 6 中为 RLOG);

②反应堆厂房压力(R/B)高(图 12 – 1 – 5、图 12 – 1 – 6 中为 HBP)。

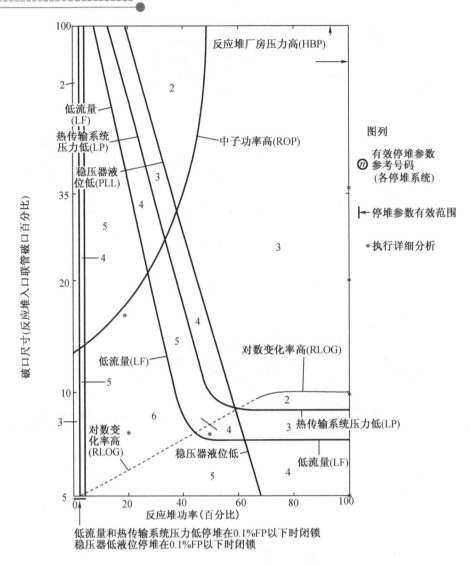

图 12 - 1 - 5　SDS#1 停堆系统大破口停堆覆盖图

2. 慢化剂加毒物时的堆内 LOCA

分析显示,当慢化剂含有大量可溶性毒物,以及反应堆在相对高功率下运行时,在压力管与排管容器管道同时破裂以后,功率增加是可能的。在这个情况下,只要反应堆的初始功率不超过与慢化剂中毒物量相关的整定值,ROP 在燃料损坏前可有效地进行停堆。毒物量越大,反应堆功率应越低。

此类型事故的其他有效参数与小 LOCA 的工况相同,诸如:

①稳压器液位低

②冷却剂压力低

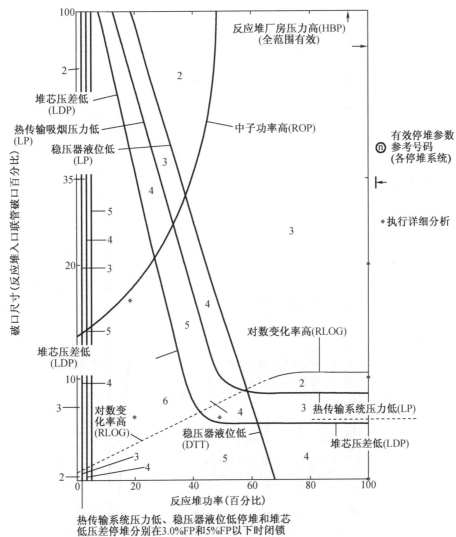

图 12 - 1 - 6 SDS#2 停堆系统大破口停堆覆盖图

3. 小 LOCA 且调节系统故障

假如我们假定在事故期间反应堆调节系统不起作用(SDS 的设计准则所要求的),ROP 将成为小 LOCA 工况下不会导致功率异常增加的重要停堆参数。假如液态区域控制器不执行其主要功能,即功率控制,那么冷却剂系统的空泡效应可产生一个正的反应性及功率提升。

图 12 - 1 - 7 表示 SDS#1 的 ROP 有效时的工况。当反应堆高功率运行,ROP 对所有破裂尺寸是有效的。此类型各种工况的其他有效参数是:

①反应堆厂房压力(R/B)高(图 12 - 1 - 7 中为 HBP);

②稳压器液位低(PLL);

③冷却剂压力低(LP);

④手动停堆(M)。

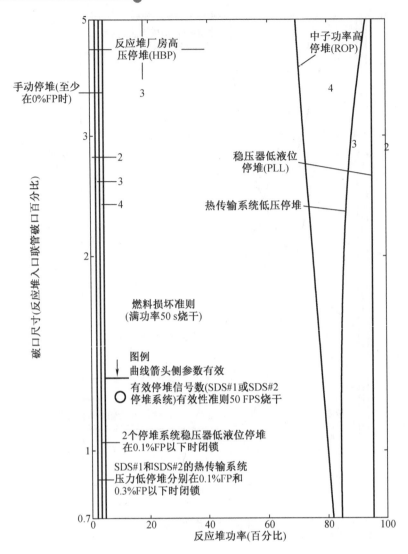

图 12-1-7　不考虑反应堆调节系统情况下发生小于 LOCA 时燃料损坏准则停堆覆盖图

4. 调节系统不起作用的其他工况

存在其他的一些工况，要求 SDS 必须在提到的事故中和调节系统不控制或降低反应堆功率时提供保护。ROP 是在这些工况中可起作用的参数之一，例如在卸压时丧失冷却剂压力调节的情况。

12.1.2　ROP 的设计准则

这一小节主要讨论作为系统设计的设计基准事故（假想事故）的类型，并确定系统的设计准则。

1. 设计基准事故

前面讨论的 ROP 功能的所有事故都基本上集中在反应堆总功率调节丧失事故上，该事故必须进行约束并用于确定 ROP 设计限值。事故可能包含也可能不包含同时发生功率分布畸变的事故。这是因为除了丧失慢化剂事故外，在其他事故工况中 ROP 要求的有效的停堆整定值都高于缓慢丧失反应堆调节事故所要求的停堆整定值。

因此除了缓慢丧失反应堆调节事故外,只有丧失慢化剂同时 SETPBACK 和 SETBACK 失效事故也对 ROP 整定值的确定具有决定性作用。此类工况实际上与丧失功率调节事故相同,因为它们都是即使冷却剂系统正常运行,也存在燃料超功率的风险。

由于从燃料向冷却剂的热传输有延迟,较高的 ROP 整定值就可以涵盖快速丧失调节事故,所以 ROP 通量探测器探测到事故并触发 SDS 动作比缓慢丧失调节更早。因此,存在燃料与冷却剂之间热平衡的缓慢丧失反应堆调节,是 ROP 的设计基准事故。

2. 缓慢丧失调节时 ROP 的设计目标

在缓慢丧失调节情况下 ROP 的设计目标是,防止任何燃料棒束的局部烧干。此目标实际上源自许多基本的要求。

假如发生了反应堆功率调节的丧失,至少一个 SDS 必须动作,以限制向公众的放射性释放,并维持放射性释放低于简单事故的剂量限值。假如 SDS 在冷却剂回路破裂以前触发反应堆停堆,则可以达到此目标。这样,裂变物将被禁锢在冷却剂回路中。

在缓慢丧失调节期间,假如压力管破裂,将危及冷却剂回路的完整性。假如压力管上有严重损伤,在压力管上形成热点并危害其完整性时,这种情况就有可能发生。在缓慢丧失调节期间,燃料棒束破损的主要机制如下:

①在局部烧干后以及高不均衡包壳温度下的燃料芯块应力变形。

②包壳支撑变形,与 UO_2 元件的连接可能会松动,并可能导致从 UO_2 向冷却剂的传热丧失,继而导致燃料芯块温度的上升,以及潜在的燃料熔化和燃料棒的应力变形。

③在高温下氧化引起的燃料包壳破裂和在高温下的棒束应力腐蚀。

④燃料棒元件的中心的 UO_2 熔化,继续导致燃料棒束更严重的损坏,随后损坏压力管。

这些潜在的损坏机理并不是完全清楚,所以 CANDU-6 的 ROP 设计准则是防止包壳局部烧干。这样,将维持燃料的几何形状,也就不会危及压力管了。

假如燃料芯块的线性功率超过 7 kW/m,即使在不发生包壳烧干的情况下,从理论上讲芯块中心的燃料也有可能发生熔化。但对于 CANDU-6 的 37 根燃料元件的棒束,当功率缓慢增加时,通常先产生包壳的局部烧干。因超功率而引起的局部烧干,并且在缓慢丧失功率调节事故中,较之燃料棒功率来说,通道总功率的限值更重要。

因此 ROP 的设计准则是:在缓慢丧失调节或者任何其他原因引起燃料超功率事故中,在燃料开始局部烧干前,触发反应堆停堆。例如,在反应堆满功率时失控提出 7 组调节棒,可能导致一些燃料通道的局部烧干。ROP 必须探测出区域超功率,并且在烧干之前触发反应堆停堆。

应注意,ROP 的设计不是为了避免包壳破损或是确保技术规格书中所规定的功率限值得到遵守。这些准则规定的通道和棒束功率限值都比 ROP 整定值对应的限值低。技术规格书中的限值是通过程序管理和控制来保证遵守的。技术规格书的限值主要是规定在正常运行下所必须遵守的限值。这些限值是抑制事故的后果。而且,它们同样考虑到了燃料的设计准则,并有利于防止包壳破裂。

12.1.3　ROP 探测器的设计

1. 通量探测器

探测器是自给能的混合封装单个直接可替换型探测器(HESIR),其探头是有铂外壳的

INCONEL 管;探测器的敏感段放置于排管容器内的导向管中,并且垂直于燃料通道,跨越(长度)3 个栅元。图 12 – 1 – 8 显示了一个探测器探头的机构。它们是"混合封装单个直接可替换型"的探测器,即敏感段是直线并且不弯曲,安装在有多根导向管子的组件内(图12 – 1 – 9)。每个探测器插入其各自的导向管子中,并可在探测器故障时单独更换。

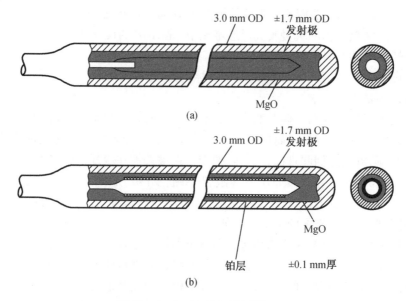

图 12 – 1 – 8 HESIR 探测器

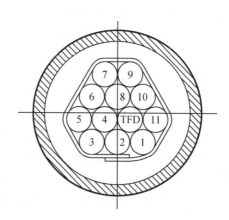

图 12 – 1 – 9 通量探测器组件贯穿件

SDS#1 的 34 个探测器(以 12、11、11 分配给通道 D、E、F)插入 26 个垂直通量探测器组件中的 16 个组件中。SDS#2 有 24 个探测器(每个通道 8 个),位于 7 个水平组件内。

通量探测器位置的确定有以下特点:

①每个 SDS 的通道足够探测 232 个设计功率扰动序列下的任何功率扰动。

②尽可能远地将探测器与液态区域控制棒隔开(尤其 SDS#2 的水平通量探测器),以及与 FARE 工具换料区域隔开。

③防止在相同的位置放置 2 个不同通道的探测器。

第②条的目标是减少探测器对局部强扰动的敏感性(在吸收器的附近),以这一方法来替代探测器对区域通量扰动的响应。

第③条的目标是防止换料同时增加 2 个通道的信号,导致不必要的 SDS 触发停堆。

应特别注意,SDS ROP 探测器的数目是有限的,SDS#2 的每个通道仅有 8 个通量探测器,SDS#1 每个通道的探测器也仅比 SDS#2 多 3 或 4 个,却需要探测可导致燃料超功率的所有局部区域扰动。但探测器的位置却是处于某个点上,对局部点的扰动比较敏感,因此探测器长度进行了改进,由 2 个栅元长度改为 3 个栅元,这明显限制了探测器对局部点扰动的高度敏感性。但是换料等原因造成的局部点扰动依然明显,这也是 ROP 探测器需要频繁校正以及换料期间必须明确注意的原因。

探测器的电流输出到一个线性放大器产生一个电压输出信号。每个探测器都有其停堆整定值。假如一个通道的任一探测器的信号达到了整定值,则通道触发。因此即使 ROP 有许多探测器(SDS#1 有 34 个、SDS#2 有 24 个),但假如属于不同的 SDS 通道的 2 个探测器都探测到局部通量超出了其整定值,则将发生反应堆停堆。

12.1.4　ROP 停堆整定值的设计

本节主要介绍了停堆整定值设计的原理,以及有时必须借助于安装在控制室的开关来改变整定值的理由。

1. 功率探测

如先前所述,当任一燃料通道达到停堆整定值时,所有的 SDS 通道都必须触发。然而,探测器的信号并非是单个燃料通道功率的直接测量值:探测器测量的只是沿着通道的一个位置上的通量。同样,不是每个燃料通道中都有足够的探测器来监测它们的超功率。

因此为了确定停堆整定值,需要对所有可能的反应堆运行工况进行分析,计算探测器输出和通道功率。CANDU - 6 反应堆设计中对近千种工况分别进行了计算。

2. 停堆整定值的计算

已针对每个工况(或者是相同轴向分布下的工况组合),计算了取决于沿通道的轴向通量分布的临界通道功率。不可超越的通道功率限值,是临界通道功率扣除不确定性裕量后的值。换一句话说,不能超出最小烧干裕量,在不确定性裕量(也称安全裕量)扣除后,CPR_{LIM} 是给定工况下所有通道的最小的 CPR。

对每个经过分析的工况,只要已知探测器输出和通道功率,可确立每个单一工况所要求的停堆整定值。这些整定值简单表示为

$$停堆整定值 = 探测器信号(100\%\,FP) \times \min_{\substack{所有通道中}} \left[\frac{CCPi}{通道功率_i}\right]/安全裕量$$

$$= 探测器信号(100\%\,FP) \times CPR_{LIM}$$

式中　CCP_i——第 i 个通道的临界通道功率;

　　　CCP_{LIM}——临界通道功率限值。

3. 整定值选择开关要求

假如我们考虑所有可能的扰动工况,则整定值就会进行不必要的限制,继而造成反应堆很难在 100% FP 的功率下运行。许多工况下,需要的停堆整定值低于正常运行下的

122%FP 的整定值,如在反应堆功率超过 100%FP 运行而 2 根 MCA 在 LZC#10 故障时卡在反应堆中,正常的 ROP 的 122%的整定值将不可信,需要降低 ROP 的整定值到 115%以下。

另一方面,假如反应堆在此工况下一定时间内必须保持功率运行,那么反应堆非预期的功率升高(其他系统故障)概率将随时间而增加,并且 ROP 整定值将降低,来应付此工况。事实上,已确立了 3 个系列的整定值。每个通道有一个 3 位选择开关,用来根据反应堆运行情况从 3 个整定值系列中进行选择。

ROP 的设计基准(正常停堆整定值)是针对表 12-1-1 中所列的 232 个三维通量形状而建立的。

表 12-1-1 设计基准工况序列

设置	工况数	工况号
正常稳定运行状态(平均 LZC 水位的变化)	9	1～9
LZC 超过位置的不同值和不同 LZC 时一个 LZC 排放(故障)	56	10～65
单根 AR 抽出(一半或完全抽出),其他 AR 维持插入状态	42	66～107
MCA's 以组的形式按正常顺序插入,部分插入,各种 LZC 水位	8	108～115
单根 MCA 插入(局部或完全插入),其他 MCA 抽出	8	116～119 229～232
通量倾斜(LZC 诱发):强制性地改变对称区域 LZC 位置导致倾斜	20	120～139
通量倾斜(氙诱发):强制性地改变对称区域的氙浓度导致倾斜	10	140～149
短期停堆(40 min)后启动,7 组调节棒抽出,氙瞬态	18	150～167
停堆后(大约 44 h)延迟启动,7 组调节棒抽出,返回到 100%FP	19	168～186
长期停堆后,最初无氙,所有 AR 插入,出现一定量的硼或钆后重新启动	4	187～190
100%FP STEPBACK 到 60%FP,氙瞬态,4 组 AR 的抽出和重新插入	11	191～201
调节棒补偿运行方式,1～7 组调节棒抽出,不同氙平衡状态下	20	202～221
调节棒组半插入的情况下重新启动:调节棒#3～#7 棒组处于中部位置时重新启动	5	222～226
调节棒部分插入下的补偿运行方式:#1 和#2 棒组半抽出	2	227～228
总计	232	

4. 不确定性的裕量

建立 ROP 整定值过程中不确定性的处理是 SDS 子系统中所独有的。其他 SDS 参数采用明确的处理:在假设事故下,假设最坏的工况来计算测量系统的输出(例如通道以 7.3 MW 的最大功率运行)。然后应用以下不确定性的裕量:不超出物理限制的不确定性(例如临界通道功率),探测仪表的校正偏差和漂移(例如冷却剂压力),理论模拟的精确度。最后的整定值使用扣除不确定性总和计算出来的整定值。

ROP 是很难采用这种方法的,原因是探测器的多样性,以及即使在正常运行时也会出现的局部通量波动。

除此之外,实际对系统其他方面的不确定性总和保守假设综合分析结果显示,不允许对系统的真实安全裕量进行评估。

实际 ROP 分析使用的方法是非常精细的。已经建立了无保守假设的事故后果的预测。CCP 或探测器响应的计算方法被精确地预计。已列出了所有不能被精确预计的项,并且量化了它们的不确定性。

用数学概率方法来组合这些不确定性,建立烧干开始之前 ROP 进行停堆的置信度。

ROP 整定值的设计准则定义如下:由正常整定值包络的一系列工况下的通量扰动,100次中至少 98 次是烧干之前由 ROP 进行停堆,整定值才可确定下来。而且是通过假设(哪个通道首先打开不可用)来进行评估的(即对分析的工况具有最佳响应的通道)。考虑两个响应最差的仪表通道和最坏的通量形状下,计算的置信度必须大于或等于 98%。

98% 的准则不是基于 SDS 的可靠性目标。这是可靠性目标的一个附加准则,并且与 SDS 停堆整定值调节的误差有更可比较性(例如 SDS 的冷却剂压力高参数的误差)。

必须对每个分析的通量形状进行 98% 的置信度的验证,证明都已被 ROP 的整定值所包络。假如一个已知的通量形状的置信度低于 98%,不能考虑整定值已包络了该通量形状,必须执行适当的操作以建立足够的保护,例如借助于选择开关来降低整定值。

12.1.5 ROP 选择开关

每个通道中所有探测器的停堆整定值,是由主控室内的 ROP 整定值选择开关同时进行调节的。例如,当 MCA 插入反应堆同时有几组调节棒抽出时,使用选择开关,可迅速地调节停堆整定值。

ROP 开关 3 个位置的整定值列于表 12 - 1 - 2 中。需要注意到,处于“Adjusted Operation”位置上的整定值较“Normal”位置降低了约 11%,而“2 PUMP”位置上的整定值较“Normal”位置降低了约 32%。

表 12 - 1 - 2　不同选择开关下的 ROPT 停堆整定值

探测器	HSP#1 +①	HSP#2②	HSP#3③
SDS#1、SDS#2 所有 ROPT 探测器	122%	109.3%	83.3%

注:①HSP - 1,位置“Normal”;

②HSP - 2,位置“Adjusted Operation”;

③HSP - 3,位置“2PUMP”。

整定值开关的“Normal”位置,保证了对所有正常运行的反应性装置位置变化的保护(即额定状态,以及调节棒和机械吸收棒机构以正常顺序移动),以及一些其他异常状态中的保护。

处于“Adjusted Operation”位置的整定值,保证了对所有通量形状的保护,包括对未分析的通量形状的保护。这是通过对不包括于 Normal 位置的分析的工况进行外推而确立的。必须记住,在异常通量形状中包括的各类通量形状,都假设正常的冷却剂工况(CCP 计算中的状态）。

而当一个回路的一台泵不运行时，对于在冷却剂流量降低情况下的延长运行，考虑采用处于"2 PUMP"位置的整定值。但是，由于安全分析不完整，CANDU-6 反应堆在高功率下并不允许使用此运行模式。在此开关位置时，反应堆限值≤2%FP。尽管如此，在一些要求降低整定值的重要场合下，此开关位置可提供保护。

OM-37000-5.2 对于异常通量形状的 ROPT 开关选择准则有明确的规定。

12.1.6 ROP 定期分析的必要性

国内外重水堆机组运行经验表明，长期高功率运行后：

①蒸汽发生器传热管结垢造成传热效率下降，流阻上升，流量下降，导致堆芯入口集管的温度升高。

②主回路管道及给水支管的流速加速腐蚀（FAC）等腐蚀现象，导致 SG 传热管内壁等位置沉积了大量的铁磁性物质，以及主管道粗糙度增加，都导致冷却剂流阻增加，总流量下降。

③长期运行的堆芯，经长期中子辐照造成压力管直径膨胀，使燃料棒束和压力管管壁的间隙增加，导致通过间隙的冷却剂旁通流量增加，燃料有效冷却流量下降。

上述老化因素将导致堆芯燃料冷却能力下降，从而导致燃料通道临界通道功率下降，进而导致 ROP 参数运行裕量下降（图 12-1-10）。

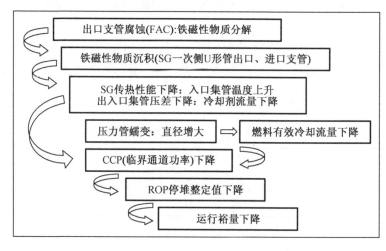

图 12-1-10 老化导致 ROP 运行裕量降低的机理图

另外，还有下面几个方面原因要求 ROP 停堆整定值（TSP）定期计算：

①现场机组实际热工水力参数值和不确定性与 ROP 设计时 TSP 计算所用参数值和不确定性之间的差异需要定期确认。

②机组实际长期换料策略的效应对 ROP 存在影响等。

ROP 停堆整定值随着机组的运行逐渐降低，为保证运行参数跟踪的准确性，确保机组运行裕量（图 12-1-11），要求 ROP 停堆整定值定期进行重新计算。

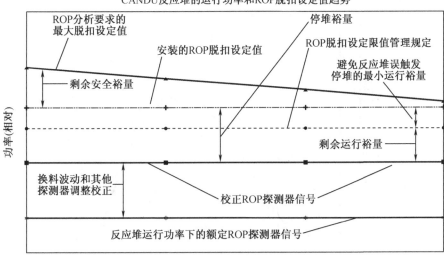

图 12 -1 -11　ROP 停堆整定值重新计算的必要性

12.2　临界通道功率

可导致包壳烧干的通道功率限值即是临界通道功率(CCP)。

局部烧干有几种定义,用作 ROP 设计准则的定义是"传热表面间断性失去冷却剂的起始点"(OID)。这是在探测到包壳温度增加,即使是较小的和间断的温度增加时的第一点。

临界通道功率取决于通道内流量的状况和通道的轴向功率分布。更特殊的是,临界通道功率取决于通道内热通量的包络线。由燃料(功率)产生的热通量分布和沿通道的冷却剂汽化量的比例在图 12 -2 -1 中表示。

在通道假定点上的临界热流密度(CHF)相当于从包壳到冷却剂的热传导系数突然变坏所必需的热流密度,它是由加热表面和冷却剂之间蒸汽薄膜(烧干或偏离泡核沸腾状态)导致的。临界热流密度随着通道内空泡份额的增加而降低。事实上烧干的条件取决于通道每一点的局部工况(热流密度和空泡份额,它们分别取决于温度和压力),以及上游流量的热工水力情况。

对于通道进出口温度和压力、轴向通量分布以及通道流量都确定的情况而言,可以定义出一个临界通道功率,它对应于通道中一点出现热通量等于临界热通量的情况。应特别注意,在给定的轴向通量分布的情况下,临界通道功率会随着预计的不同通道的不同压力和流量在不同的通道间发生变化,目的是在不同通道出口处获得一个相同的温度和空泡份额。图 12 -2 -2 表示当冷却剂在以下额定条件下,CANDU -6 堆 380 个通道的临界通道功率:

入口集管的温度:266.5 ℃;

出口集管的压力:9.89 MPa;

入口和出口集管之间的 ΔP:1 320 kPa。

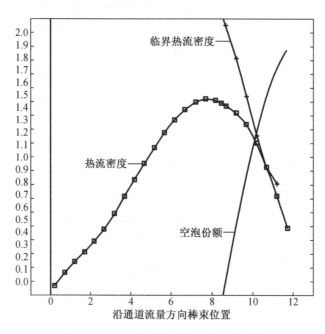

图 12-2-1 临界热流密度和空泡份额

```
                    CCP (MW) OF    CASE #   1   ID: SSSC50    (CCP CASE # 1)
       01  02  03  04  05  06  07  08  09  10  11  12  13  14  15  16  17  18  19  20  21  22
A                                5315 5676 5700 5699 5677 5314                              A

B                5210 5720 6840 7028 7034 7261 7262 7032 7030 6839 5721 5209                B

C           5562 6135 7046 7635 7840 8256 8310 8309 8258 7839 7637 7044 6137 5560           C

D      5614 6535 7196 7869 8680 8891 9010 8998 8995 9008 8893 8680 7872 7193 6538 5610      D

E 5865 6474 7487 8109 8632 8989 9179 9241 9397 9394 9242 9176 8991 8629 8113 7483 6480 5861 E

F      6572 7403 8258 8686 9038 9247 9201 9278 9209 9213 9274 9204 9244 9042 8680 8265 7396 6579  F

G 6066 7105 7933 8664 9018 9060 9225 9243 9255 9295 9292 9258 9240 9230 9058 9023 8659 7939 7098 6076  G

H 6683 7741 8657 8966 9085 9099 9283 9253 9211 9197 9198 9209 9255 9282 9101 9083 8969 8656 7744 6685  H

J 5489 6914 8179 8932 9303 9332 9382 9455 9402 9374 9224 9223 9375 9401 9437 9381 9334 9303 8934 8179 6917 5489 J

K 5720 7176 8369 9123 9425 9334 9390 9451 9376 9333 9207 9208 9329 9377 9449 9592 9334 9422 9122 8371 7176 5726 K

L 6118 7506 8563 9333 9606 9445 9535 9587 9437 9299 9030 9029 9300 9437 9588 9535 9445 9605 9336 8562 7509 6119 L

M 6107 7466 8549 9211 9539 9553 9510 9537 9585 9294 9183 9183 9293 9581 9537 9509 9553 9536 9212 8550 7447 6110 M

N 6012 7315 8373 9106 9494 9391 9408 9579 9399 9310 9107 9108 9309 9400 9580 9408 9390 9494 9109 8374 7315 6014 N

O 5805 7017 8216 8867 9245 9254 9341 9430 9385 9303 9092 9093 9303 9384 9431 9340 9254 9244 8867 8211 7019 5805 O

P      6783 8036 8647 9004 9216 9245 9421 9365 9317 9176 9178 9316 9366 9416 9246 9214 9005 8646 8039 6780  P

Q      6081 7196 8293 8925 9009 9090 9318 9333 9383 9255 9255 9386 9330 9319 9086 9013 8921 8297 7189 6090  Q

R           6737 7589 8461 8800 8978 9293 9310 9296 9266 9270 9294 9313 9290 8982 8795 8466 7579 6745       R

S           5556 6675 7459 8099 8640 9011 9299 9564 9491 9489 9565 9297 9012 8640 8101 7457 6678 5552       S

T                5749 6516 7291 7893 8535 8872 8972 8977 8978 8972 8872 8554 7894 7290 6518 5748            T

U                5362 6021 6911 7880 7991 8318 8316 8316 8319 7990 7877 6908 6022 5361                      U

V                     4959 5678 6500 6597 6848 6836 6836 6847 6596 6498 5676 4960                           V

W                               5429 5569 5801 5800 5569 5427                                               W

       01  02  03  04  05  06  07  08  09  10  11  12  13  14  15  16  17  18  19  20  21  22
```

图 12-2-2 名义工况下的临界通道功率

在此分析中轴向功率分布对应于时间平均功率分布(参考功率分布)。在这些条件下,每个通道的CCP将因入口集管温度增加一度而降低约1%。这可由入口温度增加时通道内空泡份额随之增加来说明,此时通道接近于烧干的条件。对于出口集管压力的降低也是同样的(压力降低约150 kPa,CCP降低约1%)。

而且,CCP在相同通道内会因不同的轴向通量形状而变化。举一个因液态区域控制器之间液位不平衡而导致轴向功率倾斜的例子(LZC1~7增加25%,而LZC8~14降低25%)。这将导致C侧(8~14)增加约8%的功率,而A侧(1~7)降低8%的功率。在每个通道总的功率保持不变的情况下,每个通道的临界功率却改变约1%。A向C流动的通道(朝通道出口方向的功率增加),CCP会稍微降低。那些反方向流动的通道CCP则会稍微增加(烧干前较大的裕量)。

轴向功率分布可增加或减低CCP,并且不仅仅取决于朝进口或出口方向的通量倾斜。沿通道平坦的或尖峰的功率分布也是起作用的。例如,当抽出6组调节棒时,因为通量分布处于过尖峰状态,中央通道L12的CCP降低3%。另一方面,用12根新棒进行换料(代替正常的8根棒换料方案)也会增加一定的CCP。

所有这些影响都一定程度上改变了不同通道的CCP,ROPT停堆整定值的设计必须对这些情况都进行考虑。

必须注意,所有通道不是通常都有相同的烧干裕量。这意味着每个通道的额定功率(其参考功率)与临界功率分布的变化趋势并不完全一致。图12-2-3表示参考通道功率的分布。这些是额定的通道功率或是每个通道的时间平均值。

```
     1    2    3    4    5    6    7    8    9   10   11   12   13   14   15   16   17   18   19   20   21   22
A                                  3275 3390 3471 3470 3388 3276
B                             2925 3492 4002 4292 4482 4524 4523 4479 4288 3997 3485 2919
C                        3256 3866 4496 4975 5281 5429 5397 5395 5426 5275 4968 4487 3857 3246
D                   3384 4070 4762 5354 5766 6001 6085 5992 5990 6081 5995 5757 5342 4749 4056 3369
E                   3256 4072 4794 5418 5907 6213 6331 6352 6244 6242 6348 6324 6202 5893 5402 4777 4053 3236
F                   3939 4745 5356 5868 6226 6409 6311 6282 6212 6211 6277 6303 6397 6211 5850 5336 4723 3914
G         3578 4479 5275 5716 6104 6327 6426 6351 6324 6323 6321 6320 6342 6413 6310 6084 5693 5250 4453 3551
H         4065 4992 5710 6014 6281 6410 6461 6387 6364 6372 6370 6358 6378 6447 6393 6260 5990 5684 4965 4040
J    3297 4398 5371 6020 6192 6296 6400 6422 638C 6349 6333 6331 6344 6371 6409 6383 6274 6167 5994 5345 4376 3268
K    3519 4695 5657 6254 6310 6340 6424 6374 6313 6245 6308 6342 6412 6319 6287 6229 5631 4674 3692
L    3667 4853 5920 6425 6359 6377 6288 6165 6163 6245 6189 6163 6187 6165 6502 6506 6402 5796 4834 3641
M    3658 4864 5952 6488 6627 6621 6580 6505 6407 6306 6170 6169 6301 6400 6495 6568 6606 6610 6468 5831 4847 3635
N    3488 4710 5726 6412 6632 6665 6621 6546 6450 6363 6258 6256 6360 6443 6537 6610 6654 6617 6393 5706 4695 3469
O    3279 4437 5467 6209 6557 6665 6637 6586 6492 6440 6420 6419 6436 6486 6577 6627 6652 6542 6191 5469 4422 3260
P         4079 5037 5806 6181 6471 6582 6607 6504 6476 6498 6497 6473 6497 6599 6571 6459 6166 5789 5019 4063
Q    3569 4463 5260 5712 6125 6380 6505 6441 6446 6472 6471 6441 6442 6497 6370 6113 5698 5244 4446 3552
R         3849 4609 5156 5699 6164 6413 6382 6406 6387 6385 6402 6380 6405 6155 5686 5144 4596 3834
S    3116 3877 4520 5178 5791 6172 6364 6425 6328 6326 6421 6358 6164 5782 5168 4510 3866 3105
T         3116 3774 4476 5115 5574 5853 5966 5855 5884 5962 5847 5567 5109 4467 3766 3107
U              2904 3535 4184 4684 5015 5188 5159 5158 5185 5013 4677 4175 3527 2898
V              2499 3093 3616 3943 4159 4221 4220 4155 3935 3608 3085 2492
W                   2762 2937 3044 3043 2934 2755
```

图12-2-3　参考功率分布图

先前已说明过的图12-2-2,表示了在冷却剂额定工况下时的CCP。烧干裕量用临界功率比(CPR)来表示,其值等于CCP除以通道功率的比值。当反应堆满功率运行时,380个通道的CPR在图12-3-4中表示,并且在1.39(通道O6)到1.99(通道V17)之间变化。这表示对通道V17来说总功率增加2倍是可以接受的,而通道O6则只要总功率增加39%

将置通道于烧干状态。

CPR 的分布是不同通道热工特性的函数。外围通道的通道表面和给水管内侧间具有较强的热工阻力。

在整定值的计算中,不同通量分布下,每个通道 CCP 都进行了计算。同样,在扰动期间的轴向通量分布响应也必须考虑进去。

CPR*100 OF CASE # 1 ID: SSSC50 (CCP CASE # 1)

	01	02	03	04	05	06	07	08	09	10	11	12	13	14	15	16	17	18	19	20	21	22	
A								1621	1674	1642	1642	1676	1622										A
B						1781	1638	1709	1638	1569	1605	1606	1570	1640	1711	1642	1785						B
C					1708	1587	1567	1535	1484	1521	1540	1540	1522	1486	1537	1570	1591	1713					C
D				1659	1606	1511	1470	1505	1482	1481	1502	1502	1481	1483	1508	1473	1514	1612	1665				D
E			1801	1590	1562	1497	1461	1447	1450	1455	1505	1505	1456	1451	1450	1464	1502	1567	1599	1811			E
F			1668	1560	1542	1480	1452	1443	1458	1477	1483	1477	1460	1445		1456	1484	1549	1566	1681			F
G		1696	1586	1504	1516	1477	1432	1451	1455	1463	1470	1470	1465	1457	1439	1435	1483	1521	1512	1594	1711		G
H		1644	1551	1516	1491	1446	1419	1437	1449	1447	1443	1444	1448	1451	1440	1424	1451	1497	1523	1560	1655		H
J	1665	1572	1523	1484	1502	1482	1466	1472	1474	1476	1456	1457	1478	1476	1475	1470	1488	1508	1491	1530	1581	1680	J
K	1625	1528	1480	1459	1494	1472	1461	1471	1472	1478	1474	1475	1479	1474	1474	1465	1477	1499	1464	1487	1535	1640	K
L	1668	1547	1471	1453	1472	1449	1465	1484	1480	1479	1465	1480	1482	1487		1468	1453	1476	1477	1553	1681		L
M	1670	1535	1461	1420	1439	1443	1445	1466	1496	1474	1488	1489	1475	1497	1668	1448	1446	1443	1424	1466	1541	1681	M
N	1723	1553	1462	1420	1432	1409	1421	1463	1457	1463	1455	1456	1464	1459	1465	1423	1411	1435	1425	1467	1558	1734	N
O	1770	1582	1503	1428	1410	1388	1407	1432	1446	1445	1416	1416	1446	1447	1434	1409	1391	1413	1432	1507	1587	1781	O
P		1663	1595	1489	1457	1424	1405	1426	1440	1439	1412	1413	1439	1442	1427	1407	1427	1460	1493	1602	1669		P
Q		1704	1612	1577	1563	1471	1425	1432	1447	1456	1430	1430	1457	1448	1434	1426	1474	1566	1582	1617	1715		Q
R			1750	1646	1641	1544	1456	1449	1457	1451	1451	1452	1452	1460	1450	1459	1546	1646	1649	1759			R
S			1783	1721	1650	1564	1492	1460	1461	1461	1500	1500	1490	1462	1462	1494	1568	1654	1727	1788			S
T				1845	1726	1629	1542	1535	1516	1504	1525	1526	1505	1517	1537	1545	1632	1731	1850				T
U					1846	1704	1652	1682	1592	1603	1612	1612	1604	1594	1684	1654	1707	1850					U
V						1985	1835	1797	1674	1647	1619	1620	1648	1676	1801	1840	1990						V
W								1967	1896	1906	1906	1896	1970										W
	01	02	03	04	05	06	07	08	09	10	11	12	13	14	15	16	17	18	19	20	21	22	

图 12-3-4　烧干裕量(临界功率/参考功率)

12.3　ROP 停堆整定值分析和计算

ROP 停堆整定值的分析主要使用到下面几个程序:

RFSP(Reactor Fuelling Simulation Program)程序:CANDU 堆物理计算程序,用于进行堆芯三维中子学计算,以得到各种工况下的全堆芯中子通量分布和功率分布。

NUCIRC(NUclear Heat Transport CIRCuit)程序:热工水力计算程序,用于 CANDU 反应堆在各种稳态运行工况下的热传输系统的计算分析,可以计算燃料通道内冷却剂流量和通道临界功率等热工水力参数。

ROVER-F(Reduction OVERpower Fortran)程序:基于概率统计理论的综合分析软件,其输入数据由 RFSP、NUCIRC 提供,可以对 ROP 分析中的几百个 CASE 的物理热工参数进行综合分析,同时考虑到各个参数的不确定度,最终计算出置信度等于98%的 TSP。

ROP 停堆整定值分析流程如图 12-3-1 所示。

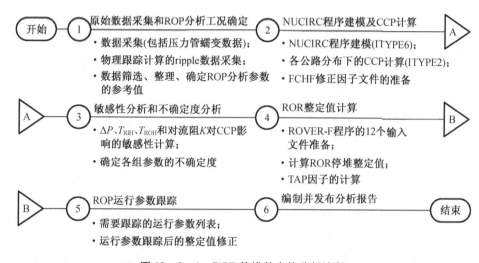

图 12-3-1 ROP 停堆整定值分析流程

12.3.1 原始数据的收集和 ROP 分析工况确定

首先确定数据收集的基准时间点,以该时间点收集到的电站运行数据为基础确定 ROP 分析基准工况。原始数据的收集包括三部分内容:

①热工数据收集;

②压力管蠕变数据收集;

③物理跟踪计算的 ripple 数据收集。

通过收集的热工数据进行趋势分析后,可以对基准时间点进行微调,以避免最初选择的基准时间点的电站运行数据偏离数据趋势。

压力管蠕变数据从燃料通道定期检查报告中获得压力管内径测量数据,以每根压力管内径最大的 3 个数据平均值作为本压力管蠕变后的直径。

对主热传输系统回路中的集管参数:入口集管温度(T_{RIH})、出口集管压力(P_{ROH})和出入口集管压差(ΔP_{HH})的误差进行计算,可以确定出这些关键参数的测量标准误差。

综合考虑收集到的长期类热工数据的趋势和短期类热工数据,最终确定出 ROP 分析基准工况,即一组集管热工参考数值。后续基于这套参考值进行 CCP 计算和敏感性分析。

12.3.2 ROP CASE 参数计算

CANDU-6 反应堆一共定义了 926 种假想运行工况(ROP CASE),其中有 232 种设计基准工况和 692 种非设计基准工况(还有两个不再使用的空工况 CASE 592 和 CASE 617)。在秦三厂的 ROP 分析中,使用到其中适用于秦山 CANDU 反应堆的 800 多个 CASE,并且增加了 180 个钴调节棒相关的 CASE,来计算 HSP-1 和 HSP-2 对应的 ROP 停堆整定值。每一个 ROP CASE 都对应有下列参数:

①燃料通道功率(CP),通过 RFSP 时均模型计算得到;

②ROP 探测器读数(PHI),基于每一个 ROP 探测器的位置,对 RFSP 软件计算值进行处理后得到;

③临界通道功率(CCP),由 NUCIRC 软件计算得到,具体在下一节介绍。

其中,各 CASE 的燃料通道功率计算、ROP 探测器读数计算工作,在反应堆堆内构件和燃料不发生较大改变的情况下,两个机组可以使用同一套数据,也适用于今后的重新分析计算。如果需要增加 CASE,比如调节棒辐照周期由 18 个月延长到 24 个月、工业钴调节棒改为医用钴调节棒等,则需要对新的 CASE 进行计算。

12.3.3 NUCIRC 程序建模及 CCP 计算

临界通道功率(CCP)是指燃料通道内局部出现间断性烧干起始点(OID)时的通道功率,由热工水力程序 NUCIRC 计算。

ROP 分析工作使用到 NUCIRC 程序中的两个模型:ITYPE2 和 ITYPE6,ITYPE 2 模型仅对集管以下部件进行建模,ITYPE6 模型包括了对主系统外环路的建模。热工模型建立的过程实际上是调整 ITYPE2 和 ITYPE6 中部分输入参数,并将 NUCIRC 计算的通道流量与电站通道流量验证试验时热平衡计算的流量进行匹配。

ITYPE2 模型,对集管部件进行建模(图 12 - 3 - 2),模型涵盖燃料通道、进出口支管、通道端部件的结构描述,以及压力管蠕变、通道孔板系数、进口支管的粗糙度和其他一些参数。

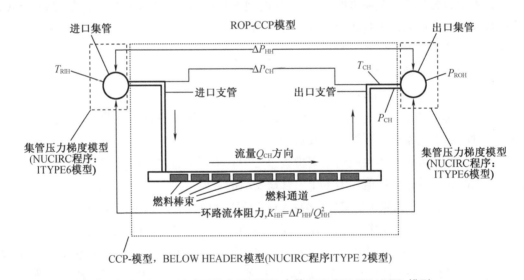

图 12 - 3 - 2 NUCIRC 程序 ITYPE2 中的 BELOW HEADER 模型

ITYPE6 模型,根据堆芯对称关系,采用两个四分之一堆芯内通道,以及对应的一个热传输泵、一个蒸汽发生器、一个入口集管和出口集管建立计算模型,计算热传输系统的温度、压力、流量分布。ITYPE6 模型不仅包含 ITYPE2 模型,还包括外环路(蒸汽发生器、主泵、净化回路和稳压器等)结构模型。

在建立 ITYPE6 模型时,燃料通道支管的粗糙度和孔板修正系数需要与 ITYPE2 模型中数据相同,参数匹配过程中,两个模型的功率参数也保持相同。

在进行初始建模期间,ITYPE2 和 ITYPE6 需要进行循环计算,直到建立模型的验收准则得到满足。在完成各种工况功率计算和 NUCIRC 程序建模后,即可以使用 ITYPE2 模型计算各功率分布(ROP CASE)下的临界通道功率(CCP)。

12.3.4 热工参数的敏感性分析和不确定度分析

用 NUCIRC 计算 CCP 时,很多参数的变化对 CCP 的计算结果都有影响。本部分的主要工作是计算入口集管温度(T_{RIH})、出口集管压力(P_{ROH})、出入口集管压差(ΔP_{HH})和流体阻力(K)对 CCP 的影响大小,即这些参数发生单位大小的改变后,计算 CCP 的相对改变量,这个值称为敏感系数。敏感系数主要用于计算该参数对 CCP 的不确定度值,以及后续热工参数的跟踪和 CPPF 的修正。

加拿大 CE 公司在识别和分析不确定度方面已开展了大量工作,并对这些不确定度的特征和来源进行了分类。按照不确定度的来源,其可以分为以下三组:

- Detector Related Group(探测器相关组),包括 CPPF 计算不确定度、探测器信号漂移不确定度和探测器放大器不确定度等。
- Flux Shape Related Group(通量形状相关组),包括非名义运行工况通量形状不确定度和沸腾导致通道功率变化的不确定度。
- CCP Related Group(CCP 相关组),包括 PHT 边界条件不确定度、CHF 试验仪器不确定度和压力管蠕变不确定度。

部分不确定度随着电站老化会发生变化,需重新分析,分析周期一般为 5 年 1 次,其他不随电站老化而变化的不确定度则可以使用 CANDU - 6 通用值。

在 ROP 分析中,计算停堆整定值时使用了概率方法,不确定度使用平方和的平方根方法归为四类后,最终作为 ROVER - F 程序的输入,用于计算置信度为 98% 的 TSP。

12.3.5 ROP 停堆整定值计算

ROP 停堆整定值计算的主要依据是探测器停堆裕量小于燃料通道烧干裕量,即 $MTT < MTD$,具体计算原理见图 12 - 3 - 3。

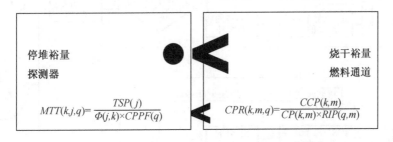

$$MTT(k,j,q)=\frac{TSP(j)}{\Phi(j,k)\times CPPF(q)}$$

$$CPR(k,m,q)=\frac{CCP(k,m)}{CP(k,m)\times RIP(q,m)}$$

k—通量形状(ROP 工况);q—功率波动;j—ROP 探测器;m—燃料通道。

图 12 - 3 - 3 TSP 计算基本原理

TSP 计算是通过 ROVER - F 软件完成的,ROVER - F 软件输入数据包括前面介绍的燃料通道功率、ROP 探测器读数、CCP 和不确定性等,还有换料带来的功率波动(ripple),该数据通过电厂日常堆芯跟踪数据,由 RFSP 计算得到。

对每个 CASE 和功率波动,对于给定的燃料通道,考虑不等式中相关参数的不确定度后,计算获得一个满足公式(12 – 3 – 1)的一个 TSP 值,该 TSP 保证在假设一个停堆逻辑通道无法触发(2/2 逻辑)的情况下,在通道发生烧干前触发停堆的概率大于或等于 98%。

$$\left[\frac{TSP(j)}{\Phi(j,k) \cdot CPPF}\right] \pm \sigma_{\mathrm{MTT}} \left[\frac{CCP(m,k)}{CP(m,k) \cdot RIP(m,q)}\right] \pm \sigma_{\mathrm{MTD}} \qquad (12-3-1)$$

ROVER – F 程序对每个 CASE 每套停堆系统分别进行独立试算,如图 12 – 3 – 4 所示,将初始 TSP 应用于每个功率波动中,计算出几百套停堆概率,然后取停堆概率平均值,与 98% 进行比较,如果不能满足要求,则更新初始 TSP,重新试算,如果能满足 98% 的停堆概率(Trip Probability,TP),则所有 CASE 中最小的 TSP 作为最终的计算结果,如图 12 – 3 – 5 所示。

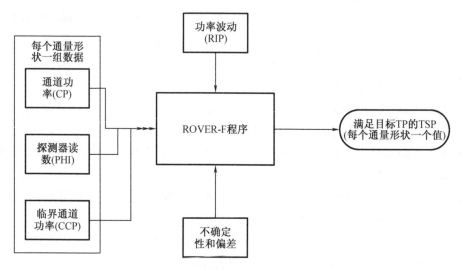

图 12 – 3 – 4　单一通量分布和功率波动组合的计算示意图

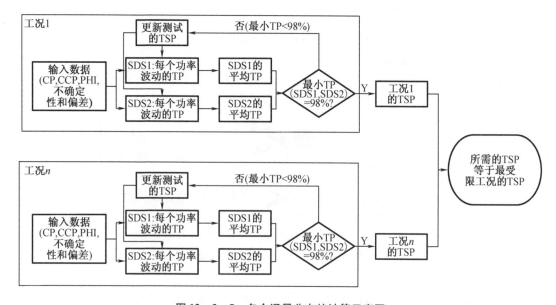

图 12 – 3 – 5　多个通量分布的计算示意图

12.4 CPPF 因子 ROP 相关修正
（ROP 分析结果的应用）

计算停堆整定值时使用的热工水力参数、压力管蠕变参数和功率波动等都用的是计算时间点的参考值。随着电站运行,实际参数会逐渐偏离这些参考值,因此需要对这些关键参数进行跟踪,并根据这些参数偏离参考值的程度,对完整分析得到的停堆整定值进行修正。

ROP 停堆整定值分析结果的应用有两种方法:

①直接将现场每个 ROP 探测器的停堆整定值修改为最新一次计算得到的 TSP 值。

②只要保证足够的停堆裕量,将停堆整定值调低和把 ROP 探测器信号相应标高是等效的,因此可以将停堆整定值的修改体现在 ROP 探测器的校正因子上,即 CPPF 修正因子计算中。

对于完整计算得到的 TSP 值和功率波动修正(F_{TAP})后得到的 TSP 值,可以使用方法一,但现场数据修改后,还需要评估受影响的规程、技术规格书等,并进行相应的修订和升版,而使用第二种方法则不存在这些问题。

对于热工水力运行参数和压力管蠕变参数的跟踪,因为跟踪频度较高(每次 CPPF 计算都需要更新),对现场实施而言,第二种方法更加方便。所以可以根据停堆整定值下降的幅度,计算出 F_{PHT} 修正因子和 F_{CR} 修正因子,对 ROP 探测器标定时使用的 CPPF 因子进行惩罚,从而通过 ROP 探测器的标定反应停堆整定值的变化。

ROP 相关的 CPPF 修正因子计算公式如下:

$$CPPF_{correction} = \begin{cases} F_{PHT} \times F_{CR}, \text{方法一} \\ F_{PHT} \times F_{CR} \times F_{TAP}, \text{方法二} \end{cases}$$

12.4.1 CPPF 因子和 ROP 相关参数的修正方法

秦山重水堆堆芯由 380 个水平通道组成,每个通道由物理程序计算得到的真实功率和参考功率的比值,称为通道超功率因子,在堆芯中心区域(CPPF 区域)内最大的通道超功率因子被称为 CPPF 因子。

将 ROP 停堆整定值分析结果应用于 CPPF 因子计算,修正后的计算公式如下:

$$CPPF = (CPPF_{RFSP} + D_{TC} + D_{TILT}) \times F_{PHT} \times F_{CR} \times F_{ATP} \times F_F \times F_C \times F_0 \quad (12-4-1)$$

式中　$CPPF_{RFSP}$——未修正的 $CPPF$ 值,由 RFSP POWERMAP 计算得到;

D_{TC}——探测器信号非线性修正因子;

D_{TILT}——堆芯通量倾斜修正因子;

F_{PHT}——主热传输系统热工水力参数修正因子;

F_{CR}——压力管蠕变修正因子;

F_{TAP}——时均效应修正因子;

F_F——核燃料类型修正因子;

F_C——调节棒非标准棒位的修正因子;

F_0——其他修正。

D_{TC}、D_{TILT}、F_F、F_C 和 F_O 计算方法参见 98 – 37000 – RCP – 006。本节主要讲 ROP 相关参数的修正。

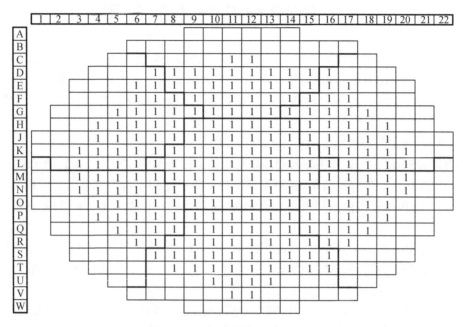

图 12 – 4 – 1 CPPF 区域

1. 热工水力参数跟踪和修正

进行热工水力参数跟踪的最终目的,就是根据主系统热工水力条件偏离 ROP 完整分析使用的参考值的程度,对停堆整定值进行修正和持续跟踪。ROP 完整分析时使用的参考热工水力参数主要包括以下几方面:

①进口集管温度;

②出口集管压力;

③进出口集管间压差;

④集管以下主热系统的几何参数:

a. 压力管蠕变;

b. 支管节流孔板降级;

c. 支管粗糙度等。

前三个参数都可以得到测量数据,而最后一个参数却无法直接测量。影响因素包括压力管蠕变、支管节流孔板降级和支管粗糙度等。其中,压力管蠕变作为一个单独的参数进行跟踪;支管节流孔板降级和支管粗糙度也无法直接测量,可以使用单向流状态的流阻或流量作为替代参数进行跟踪和修正,本教材选择堆芯流量进行跟踪和修正。

由于 TSP 下降的百分比与临界通道功率(CCP,指燃料通道内局部出现间断性烧干起始点时的通道功率)下降的百分比相同,因此基本思路可以表达为

ROP 修正因子 = CCP 修正因子

                = 热工水力条件变化量 × 热工水力条件相对于 CCP 的敏感度

（1）进口集管温度修正

进口集管温度是关键老化参数,因为较高的温度会导致 CHF 裕量降低。随着反应堆的运行,蒸汽发生器结垢也会导致温度升高。进口集管温度修正项可以用下面公式计算:

$$C_T = k_T \times (T - T_{ref}) \tag{12-4-2}$$

式中,T 为实测的进口集管温度;T_{ref} 为 ROP 完整分析时所用的参考值;k_T 为进口集管温度相对于 CCP 的敏感度。敏感度通过调整 ROP 参考模型中的对应参数计算得到,对于不同的参数偏离范围,敏感度可能会不同。

（2）出口集管压力修正

出口集管 3 和 7 的压力通过稳压系统一般会控制在一个固定值,而集管 1 和 5 的压力会随着机组老化发生变化。出口集管压力修正项可以用下面公式计算:

$$C_P = k_P \times (P - P_{ref}) \tag{12-4-3}$$

式中,k_P 为出口集管压力相对于 CCP 的敏感度;P 为实测的出口集管压力;P_{ref} 为 ROP 完整分析时所用的参考值。

（3）进出口集管间压差修正

在正常运行工况下(100% 满功率),进出口集管间压差可以作为流量的跟踪参数。对于压差增大,定期通过通道流量验证试验数据计算热平衡流量(计算堆芯流量的修正),这段时间可以将压差增大作为一项正效应。在两次更新流量之间,不计算流量的修正,则可以保守考虑压差变化是流量等因素造成的,这样压差增大也认为是一项负效应,需要体现在公式中。压差修正项可以用下面公式计算:

$$C_{DP} = k_{\Delta P} \times (\Delta P_{HB} - \Delta P_{ref}) + |k\Delta P \times (\Delta P - \Delta P_{HB})| \tag{12-4-4}$$

式中,$k_{\Delta P}$ 为进出口集管间压差相对于 CCP 的敏感度;ΔP 为实测的进出口集管间压差;ΔP_{ref} 为 ROP 完整分析时所用的参考值;ΔP_{HB} 为最近一次更新热平衡流量时的压差。

（4）堆芯流量修正

由于部分通道出口沸腾,基于通道出口测量温度的热平衡流量无法在满功率时进行准确计算,只能在单向流状态下进行计算,因此堆芯流量无法在高功率下进行修正。

电厂定期降功率到单向流状态进行通道流量验证试验,为确保实际流量与 ROP 完整分析时的建模数据偏差得到跟踪修正,需要使用定期试验计算得到热平衡流量进行修正。考虑到只对 4 个回路的总流量进行修正,还需要通过堆芯内外和上下区域流量倾斜对流量分布进行二次修正,公式如下:

$$C_Q = k_Q \times \left(\frac{Q_{HB} - Q_{ref}}{Q_{ref}} \right) + ktilt_R (tilt_{R-HB} - tilt_{R-ref}) + ktilt_{TB} (tilt_{TB-HB} - tilt_{TB-ref})$$

$$\tag{12-4-5}$$

式中,k_Q 为堆芯流量相对于 CCP 的敏感度;Q_{HB} 为最近一次更新的热平衡流量;Q_{ref} 为 ROP 完整分析时所用的流量;$ktilt_R$ 和 $ktilt_{TB}$ 分别为堆芯径向(内区相对外区)和上下区流量倾斜相对于 CCP 的敏感度;$tilt_{R-HB}$ 和 $tilt_{TB-HB}$ 分别为热平衡流量计算的径向倾斜和上下倾斜;$tilt_{R-ref}$ 和 $tilt_{TB-ref}$ 分别为 ROP 完整分析时所用的径向倾斜和上下倾斜。

这项修正将会一直用到下一次更新热平衡流量,两次更新之间通过公式(12-4-4)的压差修正绝对值进行跟踪。

（5）最终热工水力参数修正

将前面分析的四个热工水力参数修正最终转化为对 CPPF 因子的修正,计算公式如下:

$$F_{\text{PHT}} = \frac{1}{1 - (C_P + C_T + C_{DP} + C_Q)} \qquad (12-4-6)$$

秦山重水堆有四个回路,使用公式(12-4-6)可以计算得到每个回路的修正因子,取最大值作为全堆芯的修正因子。

2. 压力管蠕变跟踪和修正

压力管蠕变参数会随着运行时间变化,需要对该项参数进行跟踪。利用完整分析时间点的运行参数,通过专业程序模拟计算后续不同满功率天(两年左右计算一个点)的热工参数和压力管蠕变值,计算出不同满功率天时间点对应的 TSP 值。

根据各个满功率天时间点计算得到的 TSP 值,利用最受限工况的整定值变化曲线外推到各个时间点上,可以得到由于压力管蠕变带来的停堆整定值的变化曲线(图12-4-2)。

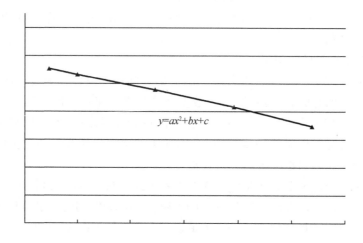

图12-4-2 最受限工况 TSP 值跟踪曲线

曲线可由二次方程多项式拟合成下面公式:

$$TSP_{\text{EFPD}} = a \times EFPD^2 + b \times EFPD + c \qquad (12-4-7)$$

式中,EFPD 为满功率天;a、b 和 c 为曲线拟合后得到的系数。

压力管蠕变修正计算公式如下:

$$F_{\text{CR}} = \frac{TSP_{\text{installed}}}{TSP_{\text{EFPD}}} \qquad (12-4-8)$$

式中,TSP_{EFPD} 为在一个确定的满功率天时间点,通过公式(12-4-7)计算得到的 TSP 值;$TSP_{\text{installed}}$ 为当前堆上使用的 TSP 值。

3. 功率波动跟踪和修正

受换料方案等因素的影响,相比完整分析时所使用的功率波动,此后某个时间段内的功率波动会有所不同。

功率波动对 TSP 值的影响,可以使用"时均效应修正(TAP)"的处理方法。"时均效应修正"的英文全称"Time - Average Performance",其含义就是根据近期实际的换料方案导致的通道功率和时均功率之间的波动对当前的 TSP 值进行修正。

功率波动修正 TSP 的方法为:选择最近一次完整分析之后的某个时间段的功率波动,将其输入 TSP 计算程序中,其他输入与最近一次完整分析相同,计算得到新的 TSP 值,记

为 $TSP_{interval}$。

根据下面公式计算对应于上述时段的功率波动修正：

$$F_{TAP} = \frac{TSP_{reference}}{TSP_{interval}} \qquad (12-4-9)$$

式中，$TSP_{reference}$ 为最近一次完整分析的 TSP 值。此项修正因子一般每年计算一次，计算得到的值一直用到下一次计算该值之前。

12.4.2 HSP-1 和 HSP-2 修正参数的处理

反应堆大部分时间都在 ROP 手柄 HSP-1 状态下运行，CPPF 修正使用的是 HSP-1 对应的修正因子。对于 HSP-2 工况，根据分析结果，因为工况重分组后，提升了 HSP-1 的 ROP 停堆整定值，HSP-1 的修正明显要小于 HSP-2 的修正，部分 HSP-2 工况可能无法提供有效保护。

$$\frac{122\%\,FP}{TSP_1} < \frac{109.3\%\,FP}{TSP^i}$$

分析认为，HSP-2 修正偏高的几个工况都是短停堆后重启的工况，比如 836、838、486 等，通过在电厂运行规程中规定在机组短停堆后重启之前将 HSP 置于 HSP-3 的位置（脱扣值 83.3%），可以对这些工况提供保护。这个也在《秦山第三核电厂将 D 型工业钴调节棒改为医用钴调节棒的修改申请报告》中有提及，截图如图 12-4-3 所示。排除短停堆后重启的工况，其他 HSP-2 工况整定值计算结果均高于当前设定的脱扣值 109.3%，可以得到有效保护。

秦山第三核电厂将 D 型工业钴调节棒改为医用钴调节棒的修改申请报告	98-98210-LDR-16-01 版次：0 第 43 页 共 244 页

入堆芯，第二组机械控制吸收棒插入一半。

根据上述描述来看，两个工况均模拟的短停堆后重启期间的异常运行状态，可以短停堆后重启期作为识别条件，在电厂运行规程中规定在机组短停堆后重启动之前将 HSP 置于 HSP-3 的位置，以对上述两个工况提供保护。

图 12-4-3 报告截图

调整后：

$$\frac{122\%\,FP}{TSP_1} < \frac{83.3\%\,FP}{TSP^i}$$

在每次 ROP 完整分析后，需要检查计算结果，确认最受限工况是否可以通过本方法得到有效保护。

12.4.3 方法应用举例和影响分析

以秦三厂 1 号机组为例，从 4 701.4 满功率天到 5 320.2 满功率天，使用上节分析的

ROP 相关参数修正方法,并对实际堆芯热工水力参数进行跟踪。

物理程序计算的原始 CPPF 因子、修正后的 CPPF 因子和 ROP 相关参数修正值($F_{PHT} \times F_{CR} \times F_{TAP}$)随时间变化曲线如图 12 - 4 - 4 所示。

从图中可以看到,TSP 值以每年 0.7% 左右的速率下降。ROP 运行裕量下降,对反应堆运行将产生很大的影响,特别是换料工作,大量通道换料期间为避免因 ROP 裕量不足而导致通道脱扣,要求换料过程中反应堆降功率运行。

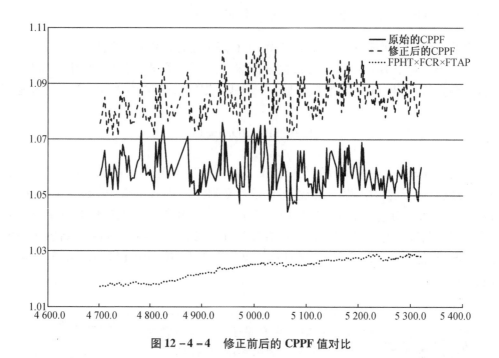

图 12 - 4 - 4　修正前后的 CPPF 值对比

当 TSP 值降到 117% 左右,假设原始 CPPF 因子为 1.070,修正后的 CPPF 因子在 1.110 左右,预计两个机组每年换料降功率情况见表 12 - 4 - 1。

表 12 - 4 - 1　两个机组每年换料降功率次数预计

降功率幅度/FP	通道数/个	次数/次
1%	127	232
2%	102	187
3%	65	125
4%	41	80
5%	38	73
6%	9	18
7%	5	10
8%	3	6
9%	1	2

从表 12-4-1 中可以看到,以每次换料降功率一个小时计算,两个机组每年因换料降功率损失大约 19 个满功率小时。ROP 停堆整定值下降后,换料降功率次数和幅度明显增加,超过 5% FP 的次数两个机组有 109 次。如果降功率幅度过大,氙毒变化将会导致液体区域控制系统水位大幅下降,甚至要求拔出调节棒运行,调节棒的拔出又会因运行功率限制导致功率进一步下降,带来更大的功率损失。

12.5 ROP 探测器校正

每天至少需要执行一次 ROP 探测器的校正。如前面已描述的,需要对 ROP 进行频繁校正以反映每一天反应堆的真实运行状态。可以采用的校正方法有多种,但大多有其局限性,不宜采用,如:

一种方法是在整定值中包括永久的修正因子以包络所有正常的中子通量和冷却剂的变化。此方法最简单,但是将导致使用大的固定的修正因子,以包络最坏的情况,则必然造成电站总功率限值大幅度降低,电站的出力将受大的影响。

另一种方法是根据每个探测器的位置,每天计算不同的停堆整定值,通过直接调节停堆系统的整定值来满足安全要求,这种方法在满功率运行时操作难度和风险较大,实际也不可行。

因此,12.4 节也讲到,最好的方法是频繁地调节探测器的放大器来对探测器的输出信号进行修正,已达到变通降低停堆整定值的目的。

为了更好地理解这个类型校正的影响,考虑另一种不用 CPPF,而通过调节整定值来校正探测器的方法。探测器将指示绝对的局部通量,并且每年被校正数次,以修正探测器丧失的灵敏度。但是由于探测器不直接测量通道的功率,并且只记录局部通量,因此这样的校正将有下列结果:

①当处于相同区域的一些通道具有高功率时,整定值将被降低,以考虑到信号较弱处的时间段(由于接近高燃耗或高 LZC 水位的位置)。

②对高信号的探测器,运行裕量将打折扣(由于接近低燃耗通道,或低水位的 LZC),指示信号高于此区域的实际最大功率。

由于一次简单的换料可使探测器的信号有很大的改变,我们并不想在靠近探测器每次换料后调节停堆整定值(这将使整定值校正复杂化而且大大增加工作量,并且可导致整定值的调节误差)。同时,这将不可避免地导致低整定值,并且运行裕量也将降低,可能导致反应堆无法在 100% FP 的功率下运行。

用 CPPF 校正的另一好处是,简化在主控室里对探测器运行性能的验证。由于已知所需要的信号,并且对所有探测器来说信号是相同的,假如探测器被正确地校正,那么操纵员可简单地进行验证。否则,每个被试验的通道都需要反应堆物理工程师提供一个信号估算值,每个探测器应在这一天指示该信号值,工艺复杂,而且容易出错。

12.5.1 ROP 校正原理

如 12.1 节描述的在设计阶段 ROP 整定值分析时的多种假设,如:

①各种反应性装置状态下通道的功率分布是参考分布(时间平均功率分布)。

②PHT 和堆芯热工水力参数为额定状态等。

但实际上,由于燃料燃耗和换料的原因,真实的功率分布每天都是变化的。PHT 和堆芯热工水力状态也与设计值有一定偏差。因此当反应堆稳定运行没有波动情况下,为保证停堆整定值的有效性和反映真实的功率分布,必须对停堆值进行修正,即对 ROP 探测器的校正中包含此修正因子。因此停堆整定值的公式可以简单改为

$$停堆整定值 = \frac{\text{ROP 设计整定值}}{CPPF \times \text{Corr. Factor}} = \frac{\text{ROPT 设计整定值}}{CPPF_{\text{corr}}}$$

式中,$CPPF$ 为 RFSP 计算的通道功率峰因子;Corr. Factor 为 PHT 热工水力参数、反应性装置等修正因子;$CPPF_{\text{corr}} = CPPF \times \text{Corr. Factor}$。

③CPPF。

探测器的校正必须考虑真实通道功率和设计分析中假设的功率之间的差值。事实上,通道功率不是那些通道参考功率。每个通道的真实功率和参考功率的比值,被称为通道超功率因子(COF),除了在功率漂移中无烧干风险的外围通道外,在每 3 ~4 个等效满功率天(FEPD)后要定期进行一次 COF 的计算。图 12 -5 -1 是通道超功率因子的典型例子,通过 RFSP 程序进行计算得到。它根据 102 个钒通量探测器(也用于在线 FLX 程序进行的空间调节)计算每个通道的功率,RFSP 程序同时还考虑了每个棒束的实际燃耗。COF 在堆芯中心区域(CPPF 区域)内最大的通道超功率因子被称为通道功率峰值因子(CPPF)。为保守起见,我们对所有的探测器都用这个峰值因子。

	01	02	03	04	05	06	07	08	09	10	11	12	13	14	15	16	17	18	19	20	21	22	
A									:	.	:	.	:	.									A
B						:	.	:	.	:	.	:	.	:	.	:	.						B
C					:	.	:	.	:	.	1011	942	:	.	:	.	:	.					C
D				:	.	:	999	930	986	1011	968	1003	1006	1010	972	960	.	:	.				D
E			:	.	:	934	977	987	957	1016	979	935	951	971	994	1005	966	.	:	.			E
F			.	:	.	969	1017	1014	969	1016	1034	1022	947	1022	1016	980	964	:	.	:			F
G		.	:	.	1027	1033	1026	968	1033	1011	985	1036	1020	1020	951	1006	976	949	:	.	:		G
H		:	.	1043	1008	993	1045	1028	1035	996	1023	1023	995	1007	1031	1038	1023	974	1034	:	.		H
J	:	.	:	1047	1048	1056	1020	991	1000	961	1003	950	914	955	1012	967	986	1013	1016	.	:	.	J
K	.	:	1003	1003	978	1060	1059	1043	995	1018	1013	930	994	942	973	1012	1037	1034	1032	1039	.	:	K
L	:	.	1036	1032	975	1019	972	965	1035	980	1018	988	1020	1012	997	981	986	929	977	967	:	.	L
M	.	:	966	979	1023	1017	999	1024	1043	1017	946	963	1006	952	975	1048	1033	942	947	975	.	:	M
N	:	.	1043	1019	1018	942	960	996	1050	1042	991	1007	1030	1031	1045	1056	1048	1017	1022	1019	:	.	N
O	.	:	.	994	986	1027	1039	1034	1041	962	980	1018	971	1008	1044	1002	1006	978	986	:	.	:	O
P		.	:	945	963	1001	973	954	1021	1010	1040	1039	1036	978	1029	938	961	1026	966	.	:		P
Q		:	.	:	1036	1035	1033	981	1034	1036	1014	954	971	948	990	1025	1008	1041	.	:	.		Q
R			:	.	:	993	1013	934	1025	994	990	1013	1003	1016	1026	1013	985	.	:	.			R
S			.	:	.	:	978	978	995	941	932	1011	951	1019	962	1016	.	:	.	:			S
T				.	:	.	:	963	1016	984	1018	1021	1033	1026	987	.	:	.	:				T
U					.	:	.	:	.	1001	971	1012	995	:	.	:	.	:					U
V						.	:	.	:	.	968	949	:	.	:	.	:						V
W									.	:	.	:	.	:									W
	01	02	03	04	05	06	07	08	09	10	11	12	13	14	15	16	17	18	19	20	21	22	

图 12 -5 -1 RFSP 计算的通道超功率因子(COF)

在设计分析中,我们假设当通道功率都处在参考功率时,探测器的读数都为100%。在实际运行中,进行了 CPPF 的校正后,探测器信号等于100% CPPF。通量扰动出现时,当一个燃料通道达到其功率限值时,每个通道至少有一个探测器信号增加至足够停堆,这是校正的基本原理。

必须记住,ROP 校正操作同时也修正了因探测器的不合理性和与探测器相邻的燃料燃耗引起的信号漂移。但是与由频繁的换料操作引起的信号变化和由换料引起的 LZC 水位的变化相比较,这些影响是很缓慢和次要的。

在满功率运行时,在正常的换料进度下,功率分布在每天都有变化。当通道换料时,包含燃料燃耗的通道功率和其相邻通道的功率增加。通道功率峰值在通道间移动。但是 CPPF 的变化是缓慢的,因为它是所有通道的真实功率和参考功率的比值中的最大值。

换料对 CPPF 的影响的典型例子如图 12-5-2 所示。此图表示5个通道中有一个通道具有 CPPF,即所有通道的真实功率和参考功率的最大比值。2个探测器在100% FP 时进行校正。图 12-5-2(b)中的给定值相当于满功率运行期间,探测器校正后的一个短时间内的典型值。此例中 CPPF 为1.07。最后,在图 12-5-2(c)中,给出了在校正后的一个短时间内,一个通道换料的典型影响。

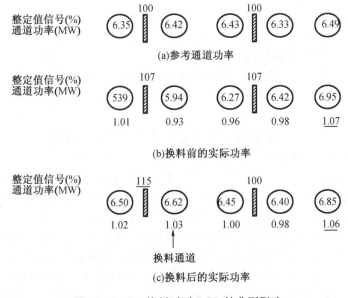

图 12-5-2 换料时对 ROP 的典型影响

在被换料通道的相邻处,探测器信号增加,但是 CPPF 值未增加。在此例中 CPPF 事实上是降低的(因为换料产生了较为展平的功率分布)。假如探测器信号影响了调节的裕量,可在106% FP 时进行重新校正。

2. 每3~4个 EFPD 计算1次 CPPF

CPPF 在每3~4个 EFPD 后进行计算。平衡堆芯后,在这个时间间隔内的平均变化为 ±0.7%(标准的变化)。这个变化反映在整定值计算和所包括的不确定性的设计之中。然而,假如由于超过4个 EFPD 而未重新计算 CPPF,我们将通过假设 CPPF 从第四日起增加 0.5%直至最大值1.12(在正常换料时从未观察到的最大值)开始加一个惩罚因子。

3. 在一个长时间内的通道超功率因子图的 TAP 修正

在整定值设计中,我们还考虑了通道超功率因子的分布。用 CPPF 进行校正在 ROP 保护中是相当保守的:假设当调节丧失时,较高风险下的通道也是 CPPF 的点。同样,概率计算方法被应用于计算中,目的是建立具有 98% 置信度的整定值。

通过在足够长的运行期间考虑通道超功率因子的平均分布,以及应用这些通道超功率因子的平均分布估算通量形状的置信度,可以消除这个明显的保守因子。过去的通道超功率因子平均图和过去校正探测器的 CPPF 值,综合考虑在整定值的计算中。CPPF 和通道超功率因子的运行历史定期进行审查,以保证整定值的准确性,如果需要时进行适当修正。这被称为时间 – 平均扰动(TAP)。具体方法参见 12.4.1 节。

4. 对冷却剂(PHT)工况的修正

整定值的设计是在非常确定的冷却剂工况下进行的,比如:

进口集管温度:266.5 ℃。

出口集管压力:9.89 MPa。

进口集管和出口集管之间的压差 ΔP:1 320 kPa。

虽然整定值的设计中包括了误差,但这些误差只涉及短期的变化。例如随着蒸汽发生器因电厂的老化而日渐结垢,进口集管的温度也逐渐增加。这也改变了冷却剂的 ΔP。事实上冷却剂系统中 4 条回路中的每一条都具有其各自的冷却剂工况,都会影响此回路通道中的 CCP。因此有必要定期修正整定值,以考虑这些变化。当温度增加时,通过用一个等效因子加权 CPPF 来增加探测器的校正,可取代整定值的降低。停堆裕量降低了,因此也保证了 ROP 的保护。具体方法参见 12.4.1 节。

5. 对反应性装置异常位置的修正

用于整定值计算的经过分析的通量形状,假设了反应堆最初处于参考分布状态,并且探测器在此设置中被统一校正。然后模拟一个扰动(例如 LZC 的排放),并且计算探测器的响应和通道功率。

假如反应堆不是在一个额定的设置下运行几天(例如在 SHIM 模式下调节棒组被抽出),必须定期地进行探测器的校正,但是,应用哪一个 CPPF 呢?

CPPF 首先是通道间功率分布的所有换料影响、燃料耗损的一个测量值。原则上,当调节棒组被抽出时此值是不变的。然后用相当于一组棒抽出时的平均分布来修正参考分布计算的 CPPF(即假设每束棒具有一个平均辐照值)。因此,CPPF 不改变。

但是,当反应性装置不处于额定位置时,通过对探测器的重新校正,应增加低读数的探测器信号,并且降低高读数的探测器信号。这样信号的减少或许是不当的。事实上,不能简单地重新校正 CPPF。设计中已对调节棒组拔出的运行计算了相应的修正因子,使得在这种情况下允许对额定状态计算的 CPPF 直接修正。将这些扰动因子叠加到以前额定状态计算的 CPPF 上,就确保了 ROP 保护的有效。详细计算参见表 12 – 5 – 1。

表 12 – 5 – 1 非额定反应性装置运行的 CPPF 修正因子

SHIM 模式运行 拔出调节棒组的组数	CPPF 修正因子(F_C)
1	1.037
2	1.090
3	1.144
4	1.172

注:修正的 CPPF = CPPF × 修正因子。

6. 对轴向倾斜的修正

通道临界功率是沿通道功率分布的函数。整定值分析中已涉及了这些影响。但是在探测器校正期间,如果出现 A 侧区域和 C 侧区域功率的较大的不对称功率分布(在通道的轴向),一般认为探测器的信号缺乏这样的响应,并且 ROP 保护将有轻微的弱化。因此,在 CPPF 计算时应包括一个修正因子,以便在出现较大的轴向倾斜(没有包含在设计计算中的)时减少停堆裕量。我们考虑当轴向倾斜 >3% 时,对 CPPF 增加 1/5 的最大轴向倾斜绝对值。

CPPF 详细计算参见表 12 - 5 - 2。

表 12 - 5 - 2   CPPF 详细计算表

机组:__1__   日期:__2021 - 1 - 6__   时间:__08:03__

反应堆物理 计算于 __5 918.7__ EFPD,   有效期至 __5 925.7__ EFPD

1)未修正的 CPPF(取自 RFSP POWERMAP 计算)⇒ $\boxed{1.060\ 0}$

2)PHTS 参数

T_{RIH}	263.51	263.69	263.28	263.03
P_{ROH}	9 930.56	9 973.74	9 947.11	9 964.98
ΔP_{HH}	1 217.50	1 179.39	1 211.07	1 181.80

最终的 FPHT = __1.010 7__

3)F_{CR}(压力管蠕交)修正 = __1.034__

4)F_{TAP}(功率波动)修正 = __1.007__

5)D_{TC}(信号非线性)修正 = 0.03%

6)D_{TILT}(通量倾斜)修正:

□ D_{TILT} = 如果通量倾斜小于 3%

□ D_{TILT} = 最大的轴向倾斜×1/5 如果通量倾斜大于 3%

最终的 D_{TILT} = __0__

7)F_F(燃料类型)修正:

□ F_F = 1.0,对于同一制造标准的棒束。

□ F_F = 1.004 4,对于不同制造标准的棒束。

最终的 F_F = __1__

8)F_C,调节棒(ADJ)拔出的修正:

□如果在补偿运行(SHIM)模式,用合适的 F_C 因子修正 CPPF。

□如果在额定状态,F_C = 1

最终的 F_C = __1__

9)F_0,其他修正:

□ F_0 = __1.000 0__,原因描述:__无__

□ F_0 = 1.0,无修正

最终的 F_0 = __1.000 0__

10)用于 ROPT 探测器校正的修正 CPPF(最小取 1.061)

最终的 $CPPF = (CPPF_{RFSP} + D_{TC} + D_{TILT}) \times F_{PHT} \times F_{CR} \times F_{TAP} \times F_C \times F_F \times F_0 \Rightarrow$ $\boxed{1.116\ 9}$

备注:__无__

12.5.2 ROP 校正程序

当反应堆满功率运行时,每天至少进行一次探测器的校正。

校正频率(表12-5-3):

①强制性校正:每天一次;

②可选性校正:根据换料前后的需要或其他要求,仅执行部分校正。

表12-5-3 校正频率

时间	活动	要求	原因
5:00-7:00	强制性校正	强制性	安全要求,ROPT 裕度
换料前后或其他要求	部分校正	可选性	ROPT 裕度

注意:进行 ROPT 探测器校正时,不允许通道换料。

1. 强制性校正

为了确保 ROPT 停堆参数的有效性,通常每天必须执行一次 ROPT 探测器的强制性校正。一般强制性校正安排在每天 5:00-7:00 时间内进行。如此安排,主要是为了满足设计和技术规格书的要求,并能够确保换料时 ROPT 探测器指示准确和有足够的停堆裕量(4%)。

校正活动中,主控室操纵员计算出校正目标值和上/下限,并将每个探测器实际信号与目标值比较以决定哪些探测器需要进行校正;决定采用哪种校正方式(正常校正或仅向上校正);计算出校正电压目标值,将校正表格(已填好校正目标值、指定校正的探测器)提交给仪控维修人员。仪控维修人员则将指定校正的探测器的电压信号校正到目标值。校正要求见表12-5-4。

表12-5-4 校正要求

警告

两次强制性校正的时间间隔不能超过 24 h

2. 可选性校正(部分校正)

为了提高 ROP 停堆裕量和减少换料期间降功率的幅度,在换料执行前,也可以对将要换料的通道所影响的探测器进行选择性校正。

在换料活动显著地降低了 ROPT 的停堆裕量并且时间上允许的情况下,可以对刚换料通道影响的探测器,在燃料通道关闭后进行部分校正,以提高 ROPT 停堆裕度。

此外,当个别 ROPT 探测器的仪表回路维修或者指示显著漂移时,也可以针对这些探测器执行部分校正,以确保 ROPT 探测器指示准确和有 4% 的停堆裕量。

3. 校正允许误差: ±2%

用这种方式进行探测器的校正,校正后的信号 DC 为

$$DC = 反应堆功率(\%) \times CPPF_{corr}$$

信号大于 $DC+2\%$ 的探测器应以向下的方式重新校正。信号小于 $DC-2\%$ 的探测器,

应以向上方式重新校正。信号处于 $DC \pm 2\%$ 之间的探测器无须进行重新校正。在实际执行时按照 $\pm 1\%$ 进行判断是否需要校正。每次校正都采用所有探测器直接按照 DC 值直接校正的方法。

4. 靠近刚换过料的通道的探测器

紧接着换料以后,临近于此通道的 ROP 探测器可具有一个高于 6% ~ 10% 的信号。由于反应堆处于平衡设置,并且 CPPF 未有明显的改变,假如探测器影响了运行裕量,即有 ROP 的非预期停堆风险。这些指示高值的探测器可以用向下的方式进行重新校正,而不必等到一组探测器一起进行定期校正的时候。

假如探测器紧靠近于换料通道,则这些探测器将无须校正至 DC 值。原因是,换料通道中的新燃料尚未达到其完全的氙平衡,因此局部通量高于氙平衡处的通量。为了防止在通道达到其氙平衡时探测器具有低信号,在信号中加上 2%,以预估最后的局部通量的降低。假如探测器紧靠最近换料(8 h 以内)的通道,因此这些探测器按 $DC + 2\%$ 进行校正。

另一方面,由于换料期间紧邻换料通道的 ROP 探测器因为换料的影响,将出现向上的大的波动。因此,可以采取在换料前,仅对紧邻换料通道的信号漂移过大的探测器进行部分校正。这样,既可以最大化这些探测器的停堆裕量,又可以避免对所有探测器进行完全的重新校正。

5. 动态补偿器

在事故功率增加的分析中,重要的参数是传至冷却剂的燃料热流密度。

一个功率畸变增加了在燃料中产生的功率、由冷却剂传输的功率、燃料的温度和通量探测器的信号。这些参数的动态响应都是不同的,因为存在一些有长延迟时间常数的重要部分。因此在缓慢功率畸变中,探测器未经处理的信号较传至冷却剂的功率是延迟的。有必要将整定值统一降低约 6% 以配合此延迟。

ROP 系统配有动态补偿器,以消除热功率增加和探测器信号之间大部分的相位差。考虑到补偿信号总是超前燃料功率的准则,动态补偿器是为大 LOCA 而精确设计的。在缓慢丧失调节时传至冷却剂的功率等于燃料提供的功率,或对快速瞬态下燃料功率的最近的功率。因此这个准则的设计对丧失调节来说是有用的。

补偿器是一个模拟量装置,具有 2 个时间常数用于补偿探测器响应的 2 个主要的延迟部分。用补偿器的增益和时间常数计算的 ROP 探测器的补偿信号高于中子通量瞬时增加以后所有时间内燃料中产生的功率。

这些补偿器不能确切地对探测器的动态响应进行修正,并且将会有一小的残差,残差取决于功率增加的速度和事故前的功率历史。残差包含在整定值所包络的不确定性中。

6. 外推电路(补偿探测器)

机械可接近性的考虑对水平通量组件的位置是有约束的。排管容器底部有相对少量的 SDS#2 的探测器。SDS#2 对排管容器底部产生的超功率不敏感。为了对付此潜在的弱点,用外推电路(补偿探测器)来放大给出从上至下通量倾斜信息的信号。这些外推电路的输出,可看成虚拟探测器信号,以真实探测器信号相同的方式进行处理,并且用于需要时触发通道进行停堆。

每个 SDS#2 的通道都有 2 个外推电路,每个电路以如下的方式工作:

假如 S_h 是高处读数探测器的信号,S_b 是基础读数探测器的信号,因此外推信号(或虚拟)$S_{b'}$ 为

当 $S_b \leqslant S_h$ 时,$S_{b'} = S_b$;

当 $S_b > S_h$ 时,$S_{b'} = S_b + 0.45(S_b - S_h)$。

因此,当高处的 S_h 探测器校正时,相应受影响的 S_b 探测器也必须同时校正,即当 SDS#2 补偿探测器校正后,被补偿的探测器也必须同时校正。

复 习 题

一、单选题

1. 秦三厂两台机组区域超功率保护(ROP)系统原设计中,ROP 整定值操作手柄有_____个。

  A. 1   B. 2   C. 3

2. 秦三厂两台机组区域超功率保护(ROP)系统原设计中,ROP - HSP1 对应的整定值为_____。

  A. 122.0%   B. 109.3%   C. 83.3%

3. ROP 区域超功率保护是为了防止_____。

  A. 通道内燃料出现 OID 热工现象

  B. 通道内冷却剂出现饱和沸腾

  C. 通道燃料芯块达到其熔点温度

4. ROP 整定值分析过程中,要求反应堆功率达到停堆整定值时能够实现停堆的概率为_____。

  A. 大于或等于 90%   B. 大于或等于 95%   C. 大于或等于 98%

5. 在 NUCIRC 程序计算中,考虑压力管蠕变的输入文件有_____。

  A. tape 16 文件   B. tape 26 文件   C. A + B

6. NUCIRC 程序 ITYPE2 模型的描述哪一项是正确的_____。

  A. 封闭的双环路模型   B. 集管以下的热工模型单环路模型

7. NUCIRC 模型中描述入口集管至出口集管之间的压力管、出入口支管的几何结构文件为_____。

  A. *. NOZ 文件

  B. TAPE 7 文件(如 fgeo600R2)

  C. TAPE 66 文件

8. NUCIRC 计算中程序默认的主要输入文件为_____。

  A. *. NOZ 文件

  B. TAPE 7 文件(如 fgeo600R2)

  C. TAPE 66 文件

9. 在 AR037 项目中,NUCIRC 计算采用的燃料棒束串压差计算模型为_____。

  A. K - FUEL 模型   B. 参考压差模型   C. 其他

10. ROVER - F 程序计算整定值时通常采用的计算方式是_____。

  A. TAP1   B. TAP2   C. SDF

二、判断题

1. ROP 整定值操作手柄放置在 HSP1 中,表明当反应堆功率达到 122% FP 时停堆系统会因反应堆功率高而触发停堆。 （   ）

2. 秦山两台重水堆机组在进行 ROP 整定值分析中采用了最保守的三取二逻辑。 （   ）

3. ROP 整定值分析中需要使用各工况的功率分布和对应的停堆系统铂探测器响应数据。 （   ）

4. ROVER – F 程序计算 TSP 时,不需要考虑反应堆历史运行的功率波动参数。（   ）

5. ROP 分析中提到的每个 CASE,主要是用三个方面的数据来表示,即通道功率、棒束功率和 58 个 SDS 铂探测器响应数据。 （   ）

6. CCP 对应的热工现象为通道内燃料包壳外壁出现泡核沸腾。 （   ）

7. CCP 的灵敏因子计算,主要包括 CCP 相对于集管边界热工参数、压力管蠕变参数和集管间流阻参数的因子计算。 （   ）

8. 集管边界热工参数包括入口集管温度、集管间的压差、出口集管压力三个参数。 （   ）

9. 当前秦三厂 ROP 分析中每个 CASE 下的 CCP 是使用 NUCIRC 程序计算的。（   ）

10. ROVER – F 程序不仅可用来计算所用 SDS 铂探测器完好时的 ROP 整定值,还可计算单个探测器失效后的整定值修正因子。 （   ）

三、简答题

1. 写出在 ROP 分析中所适用的基本原理公式。

2. NUCIRC 程序建模的准则主要考虑哪几个方面?

第13章 经验反馈

13.1 换料设计相关

13.1.1 RFSP 输入文件换料卡的换料步长输入错位

1. 事件描述

RFSP 软件使用 Fortran 语言编写, 输入文件为卡片式的文本格式, 每个字符的长度和位置都是固定的, 输入文件由程序自动生成, 在遇到一些情况时, 需要手动修改换料卡中的换料步长, 手动修改可能会输入错位。有些错位情况会导致计算出错, 能及时发现, 有些错位情况程序能正常计算, 较难发现, 会对计算有一定的影响。

2. 潜在后果

可能对 RFSP 程序计算结果有一定影响。

3. 经验反馈

开发软件, 自动判断 RFSP 输入文件中换料步长是否正确, 如有错位等情况则软件发出警告。

13.1.2 CPPF 表上计算日期的对应满功率天错误

1. 事件描述

2007 年 3 月 8 日中班, 准备 ROPT 标定单时, 发现通道功率因子(CPPF)表上, 计算日期 2007 年 3 月 8 日 9:42 的对应满功率天错误填写成 1 342.5 EFPD, 实际应为 1 345.4 EFPD。立即联系反应堆物理工程师修改。

2. 潜在后果

2007 年 3 月 9 日中班标定时, 由于当前满功率天比计算时的满功率天多 4 EFPD, 需要对 CPPF 增加惩罚因子, 停堆系统脱扣风险增大。

3. 原因分析

物理人员在给出该 CPPF 因子表时疏忽, 没有更新当前的 EFPD 值。校核人员检查时也没有发现 EFPD 值错误, 最终导致将有错误满功率天(EFPD)的通道功率因子表提交到主控室。

4. 经验反馈

升版 CPPF 计算电子表格, 改进软件数据校核功能。

13.1.3 CPPF 表上 EFPD 数据有问题

1. 事件描述

2005 年 10 月 10 日 5:30, 主控人员按程序准备 ROPT 标定, 发现当前 EFPD 为 684.53,

而最新 CPPF 计算时的 EFPD 为 680.3,两者之差已超过 4 EFPD,按程序需对 CPPF 加上一个惩罚因子。运行人员进一步检查发现计算最新 CPPF 的时间为 2005 年 10 月 6 日 7:56,按常理不应发生超过 4 EFPD 的情况。

2005 年 10 月 6 日 6:04 的 EFPD 为 680.53(见主控 CPPF 文件夹),大于 2005 年 10 月 6 日 7:56 的 680.3 EFPD(反应堆物理人员提供)。

2. 潜在后果

按程序,需对 CPPF 增加惩罚因子。

3. 原因分析

小修期间,PDS 主服务器切换到从服务器,由于数据切换点没设置好,导致计算 EFPD(等效满功率天)的 PDX0127 地址失效。故障处理期间,主控运行人员直接采集 DCCX 和 DCCY 上的 AX375/376 地址(满功率小时)数据手动进行 EFPD 计算,计算结果准确。

PI 系统中 AX375/376 缺少 DCCY 数据。2005 年 10 月 6 日 7:56,物理人员从 PI 系统中采集 AX375/376 数据手动计算 EFPD 值并更新 CPPF 表单。由于 PI 系统中将 AX375_X、AX375_Y 合并为 AX375,AX376_X、AX376_Y 合并为 AX376,并采用 DCCX 和 DCCY 上当前有效值,计算 EFPD 时少加了 DCCY 上的数据(约 0.3FPD),即产生了约 0.30FPD 的偏差。这样物理人员通过 PI 数据错误计算出 EFPD =680.3(正确计算值为 680.6)。

4. 经验反馈

(1)设备原因:PDS 系统切换故障,导致 PDX0127 地址失效,且 PI 系统中 AX375/376 缺少 DCCY 数据。

(2)人因:缺乏与主控现场 DCC 数据核对的步骤,导致错误未及时发现。

13.1.4　G-04A 通道压差不满足要求导致换料计划调整

1. 事件描述

2016 年 2 月 25 日,2 号机组正常换料期间发现,G-04A 通道换料过程中,测量通道压差 1 为 457 kPa,小于要求值 470 kPa,根据运行手册 98-35200-OM-001-04 4.4.16 节要求测量通道压差 2 为 465 kPa,仍然小于限值。汇报当班值长和换料运行科长,通知堆芯物理人员。

经堆芯物理人员评估,将 G-04A 通道换料方式由 FAF 更换为 FARE 方式。继续执行运行手册 98-35200-OM-001-04 4.4.16 节相关步骤,关闭 G-04A 通道。

后续 A 侧装卸料机抓取 FARE 工具及等待新换料单(FCO)签发,约 1.5 h。

2. 潜在后果

当天换料计划调整。

3. 经验反馈

(1)定期评估需要改变换料方式的燃料通道。

(2)通道 FAF 和 FARE 换料方式的评估与修改。

13.1.5　大修刚启动后换料时通道选择不当

1. 事件描述

2015 年 6 月 8 日,108 大修启动后根据换料计划执行 D07 通道的换料,该通道换料计划降功率 6%,对应的 LZC 平均液位最低要求为 39%,而当时 LZC 平均液位只有 32%,投运 2

#床除硼提升 LZC 水位(3#床已失效),但是提升 LZC 水位需要接近 5 h 的时间,紧急联系反应堆物理人员重新选择换料通道。

2. 潜在后果

大修启动后堆芯内后备反应性较低,LZC 平均水位也较低,如果选择需要大幅度降低功率的通道进行换料,那么势必导致 LZC 水位进一步降低,进而导致 LZC 水位低于 20% 拔调节棒,使得功率进一步受到限制。

3. 经验反馈

针对大修启动后 LZC 平均水位较低的情况,在选择通道的时候,建议选择不需要大幅降功率的通道,避免 LZC 水位进一步降低而需要拔调节棒,使得功率进一步受到限制。

13.1.6　Q09 通道短时间内进行了两次换料

1. 事件描述

2013 年 4 月 8 日 14:30,换料盘台操作员在进行完 Q09 通道换料后,归档纸质通道历史记录时,发现 Q09 通道 4 月 5 日已换过一次料,同一个燃料通道的两次换料时间间隔仅为 3 天。

2. 潜在后果

(1)在 Q09 通道换料完成后,反应堆物理人员根据当时堆芯状态执行 RFSP 跟踪计算,确认通道功率和棒束功率都在限值内,裕量足够,对反应堆安全没有影响。

(2)同一个通道在短期内连续换料,造成该通道部分燃耗损失。

3. 经验反馈

(1)在换料软件上增加核查逻辑,对运行填写的已换料通道数据和电子版历史“当天换料顺序表”进行自动确认。如果有不一致,提醒物理人员进行确认。从技术上增加核查环节。这项工作已完成。

(2)提出核材料软件 FCO 修改需求,在 FCO 中增加已换料信息记录,便于运行人员在关闭 FCO 前填写。

(3)操纵员学习本状态报告,认识到已换料信息填写的重要性,对规程中步骤打勾时必须确保换料信息已完整输入。

(4)反应堆物理人员学习本状态报告,要求:

①在换料工作中,用好自检、独立验证等防人因工具,特别是正在进行的工作因为其他事情打断,返回后要求进行重新检查;

②在进行换料计算时,不管手头有何工作,都要保证自检、独立验证的完整执行,不允许因为其他工作而忽略其中任何步骤。

③提升工作理念,在工作中发现问题后,要认真思考潜在的风险后果,并善于利用 CR 系统。

(5)《反应堆物理运行手册》在第 4.2.2 节第 16 步后增加一个提醒框,注明换料信息填写的重要性。

13.1.7　M13 通道换料时,ROPT-2G 裕量最低达到 1.8% FP

1. 事件描述

2014 年 2 月 7 日,秦三厂 2#机组 M13 通道换料,换料计划要求 2#停堆系统 ROPT-2G

的裕量为 11% FP,实际裕量约为 11% FP,反应堆功率保持 100% FP。13:07 换料开始后,ROPT-2G 实际裕量变为 5.2% FP,13:12 ROPT-2G 裕量突然下降,最低达到 1.8% FP,主控室操纵员紧急降反应堆功率到约 98% FP,ROPT-2G 裕量随之上升到 5% FP 左右,并持续到 M13 通道换料结束。

2. 潜在后果

主控室操纵员在换料过程中紧急将反应堆功率从 99.7% FP 降至 98% FP。

3. 经验反馈

如果 ROPT 探测器响应超出了数据库中的历史数据,则堆芯 ROPT 探测器的运行裕量将会小于 4%。这种情况下,需要主控室人员按照《反应堆物理运行手册》降功率操作,以确保 ROPT 探测器裕量大于或等于 4%。物理人员需要对换料 ROP 历史响应数据库进行更新。

13.1.8　1#机组 LZC 系统 1/8 区多次出现虚假水位

1. 事件描述

1#机组运行以来,其 LZC 系统 1/8 区曾几次出现虚假水位。虚假水位出现时,单区水位较长时间维持在 80% 高位,单区功率也处于较高水平;虚假水位消失时,单区水位快速下降,其对应单区功率也下降。

2. 潜在后果

虚假水位出现时,单区的功率一般也维持在较高水平。虽然运行人员按照规程将监测区域功率,并在异常情况下降低机组功率,但虚假水位维持期间,机组存在风险的概率较大。

3. 原因分析

LZC 系统虚假水位产生的根本原因是"在液位上升过程中,由于密封舱内部的流量分配板(在水位 65% 左右位置)与舱壁的间隙很小,导致进入密封舱的轻水在流量分配板上受阻,形成水封效应,在中间形成一个氦气腔,导致虚假高液位。在经过一段时间的运行后,由于水封效应的破坏,积聚在腔室上部的水(反应性价值小)重新回落到底部(反应性价值大),相当于突然引入负反应性,使区域功率下降。"

4. 经验反馈

由于 1、3、6 区属于易产生虚假水位 LZC 区域,物理人员在换料通道选择时注意上述区域,换料选择清单中加以备注,避免区域水位过高等现象发生。

13.2　堆芯监督相关

13.2.1　P12 通道棒束功率超标,进入 TS 限制

1. 事件描述

1#机组小修启动达到满功率后,堆芯物理人员利用物理计算软件 RFSP 进行离线计算,计算结果发现 P12 通道最大棒束功率达到 818 kW,考虑棒束功率计算不确定性后,超出 TS 限值(856.9 kW),最小棒束功率裕量为 -0.1%。反应堆物理人员立即通知操纵员,将反应

堆功率降低0.5%FP。另：操纵员通过DCC2/32打印的在线通道棒束功率，没有发现P12通道棒束功率超标的现象。

之后，反应堆物理人员通知操纵员通过加毒降低平均水位，直到4区LZC水位降到80%以下。1h后，重新进行计算，归一到100%FP，最小棒束功率裕量达到0.6%，通知操纵员恢复功率到100%FP。

2. 原因分析

（1）停堆后反应堆重新达到高功率运行，计算时间距离到达满功率的时间还不到1 EFPD，堆芯内氙等毒物不平衡，中心区域功率相比停堆前高很多。这个也可以从P12通道最大棒束功率看到，同样一个堆芯，停堆前P12通道最小棒束功率裕量为4.4%，本次事件计算时只有−0.1%，水位降到正常范围后重新计算时也只有0.6%，之后几次计算，随着接近平衡，功率逐渐降低。

（2）由于不平衡，中间区域水位较高导致区域水位充满，功率控制能力减弱。在本次计算时，4区LZC水位在80%以上。平均水位从60%降到40%，4区水位才降到75%左右，重新计算，最小棒束功率回到0%以上，满足要求。

3. 经验反馈

（1）按照TS要求，在3.5FPD内，每8h进行一次离线计算。本项行动已完成，计算结果显示，100%FP下通道功率和棒束功率裕量都满足要求。

（2）在大修和小修GOP中，95%FP功率台阶增加：稳定1h后，进行离线通道功率和棒束功率计算（反应堆物理人员负责），之后根据计算结果判断后续是否可以直接提升至满功率运行。如果不能直接升到满功率，则在升到可升的最大功率后，由物理人员重新进行计算，判断是否可以升到满功率，如果不可以，则采取调整区域参考功率等方法后，再进行计算并提升功率。

（3）在大修和小修GOP中，增加LZC水位调节的备注：在80%FP之后的升功率阶段和到满功率后的1天内，监测LZC水位，通过加毒等方式尽量确保区域水位在正常范围内（20%~80%），平均水位在60%以下。

13.2.2　在4天内二#机组RRS电离室进行了2次校正

1. 事件描述

二#机组的3个RRS电离室在2009年10月23号10点左右进行了一次校正，使AIF（DTAB−002）从0.03校正到0.00，4天后在2009年10月27号10点左右二号机组的3个RRS电离室又往相反的方向进行了一次校正，使AIF（DTAB−002）从−0.03校正到0.00。2009年10月23号AIF（DTAB−002）超出范围（大于0.03）的持续时间为7h左右，而2009年10月27号AIF（DTAB−002）超出范围（小于−0.03）的持续时间为8h左右。如果10月23号不进行校正，则10月27号也不需要校正。

2. 原因分析

10月23日标定前，AIF值一直处在0.03的限值附近，所以这次标定是正常的。

而10月27日的AIF标定可以不进行，原因为：正如状态报告中的描述，靠近RRS电离室的通道换料后，AIF都会瞬时下降，而后缓慢升高。10月27日的AIF趋势正是由于L19通道的换料造成的。根据AIF的变化趋势，即使不进行标定，AIF也会升高的，并回到正常控制范围。

3. 经验反馈

在反应堆物理方面,应对通道换料引起 AIF 变化的处理方法为:在换料通道选择清单中添加注意事项,说明通道换料会影响 RRS 电离室信号,会导致 AIF 变化;同时在《反应堆物理运行手册》电离室检查章节中规定,如果靠近电离室的通道在 24 h 内进行过换料,即使此时 AIF 超过限值,也不用标定。通过这种方法,可以避免 10 月 27 日的 AIF 标定。

但是,根据 G2 电站和以前三期运行的经验,当前三期的换料软件中 L19 通道没有添加靠近 RRS 电离室的注意事项,只是 L20、L21、L22 等通道有相关注意事项。反应堆堆物理准备修改换料软件,给 L19 通道添加靠近电离室的注意事项。

13.3　物理热工试验相关

13.3.1　调节棒(ADJ)反应性价值测量不满足验收准则

1. 事件描述

执行 98 - 37000 - WP - 012,在进行调节棒全插入状态下 LZC 价值测量时,向慢化剂添加 23 g 的六水硝酸钆,LZC 水位平均变化为 8.8% 左右,历届试验数据 LZC 平均水位变化为 12% 左右,不满足验收准则,重新配药后执行试验,LZC 水位变化为 12% 左右,满足验收准则。注:第一次配药时间为 5 月 21 日,试验间隔 6 天。

2. 潜在后果

重新执行试验,影响大修进度。

3. 经验反馈

硝酸钆溶液配药与试验时间间隔过长,可能产生结晶或分层,影响试验结果。类似事件也发生在 0T109 大修,当试验过程中发现结果偏差过大,物理人员需要主动向运行反馈,确认硝酸钆溶液是否过期或存在其他问题。

13.4　其　　他

13.4.1　堆芯燃料有破损却长时间不能定位

1. 事件描述

2015 年 6 月 14 日,63103 系统 ^{133}Xe 放射性活度开始缓慢上涨,怀疑堆芯存在破损燃料。到 8 月 5 日左右主系统核素浓度基本达到稳定,之后 ^{133}Xe 稳定在 70 MBq/kg 左右。9 月 4 日按照换料方案对 Q10 通道进行疑似破损燃料换料,从 7 号位置卸出破损燃料,该破损燃料棒束已滞留在堆芯约 83 天。

其间多次进行 63105 系统全堆芯扫描和部分通道的单通道手动扫描,根据扫描结果无法准确定位破损燃料所在通道;也根据扫描结果和运行决策方案进行了多次疑似破损燃料换料,均未卸出破损燃料。

2. 潜在后果

(1)如果燃料破损数量增加或破损情况恶化,如^{131}I、^{133}Xe 的放射性核素超过限值,则根据 TS 要求降功率或停堆;

(2)破损燃料意外卸出可能触发安全壳自动隔离。

3. 原因分析

破损通道 63105 系统监测的缓发中子没有明显变化,无法通过该系统定位。

4. 经验反馈

(1)63105 系统定期扫描数据,及时发现异常并反馈给仪控维修,对探头进行检查校正。

(2)走运行决策流程,对破损现象出现前的通道进行疑似破损燃料换料;^{133}Xe 大于 40 MBq/kg 后,每次对疑似的通道换料,都手动隔离安全壳。

(3)从放射性核素的破损释放机理、^{133}Xe 的释放规律及其与燃耗的关系、破损燃料换料过程中的现象、缓发中子的上涨规律、破损概率与通道功率的关系、LOOP 切换现象分析等方面,对秦三厂两台机组破损进行总结,分析查找方法的优先顺序、使用时间和使用范围等。

13.4.2 第七组调节棒同时下插出现循环插拔 CYCLING 现象

1. 事件描述

反应堆物理 98 - 37000 - OM(7A 版)第 4.14.1 节液体区域控制装置和调节棒反应性价值测量,详细操作步骤第 35 步至第 41 步,要求除钆将 LZC 液位调节至 70%,之后将调节棒手柄置于 AUTO 位置,最终使 7 组调节棒全部插入堆芯。实际情况时,由于第 7 组棒反应性价值大,第七组两根棒同时下插时会出现调节棒循环插拔 CYCLING 现象。

2. 潜在后果

调节棒循环插拔 CYCLING,不利于反应性控制,同时会导致 LZC 水位大幅波动。

3. 经验反馈

调节棒循环插拔 CYCLING 时,将调节棒手柄置于 MANUAL 位置,采用手动单根分别插入的方式插入第七组调节棒。其余六组棒自动插入。

13.4.3 慢化剂净化系统在机组启动氙毒还未平衡阶段是否可以隔离

1. 事件描述

根据 GOP003 在堆功率升至 8% FP 后需要将 3221 - IX4 或 3221 - IX5 投入进行除钆(净化流量 2 kg/s),到机组达到满功率且氙毒大于 26 mk 后恢复慢化剂净化系统正常运行(投入 3221 - IX1,净化流量 6 kg/s)。在此期间,由于慢化剂净化系统持续除钆引入正反应性,造成 LZC 平均水位持续上升,单区液位甚至超过 80%,此时需要频繁向慢化剂中加钆降低 LZC 水位。操纵员要求反应堆物理人员在评估 GOP003 的过程中是否可以在 LZC 达到要求水位后将慢化剂净化系统切除,以减少向慢化剂中加钆的频率。

2. 潜在后果

频繁向慢化剂加钆,导致硝酸钆使用量增加;而且增加 3221 - IX1 使用量,加速其失效,更换频度增加,导致放射性废物增加。

3. 经验反馈

根据 OT205 期间化学的取样分析,在没有投运慢化剂净化系统期间,^{60}Co、^{161}Tb 等核素明显上升,尽管这些参数都在化学手册允许的范围内,但是因为这些核素的上升,导致慢化剂管线附近的放射性剂量上升,对现场工作的剂量控制产生不利影响。因此在 LZC 达到要求水位后不能将慢化剂净化系统切除。

13.5 外部经验反馈

13.5.1 临界期间错误地估算停堆期间的中毒深度(MER ATL 06 - 361)

1. 事件描述

2006 年 9 于 21 日,Bruce 电厂 5#机组正趋临界(ATC),考虑到氙衰变,预计反应堆将于 0:30 至 3:30 达到临界而实际上到 5:30 仍没有达到临界。7:00,确认最初停堆后半小时曾自动加入了 0.4 mk 钆,而在计算临界时间时没有考虑该因素。核工业最主要的一个目标是避免错误计算反应性和反应堆的临界水平。

2. 原因分析

重水堆临界从原理上可分成除毒达临界和氙中毒后达临界两种方法,而临界预计包括临界毒物浓度预计和临界时间预计两个步骤。

对于除毒达临界方法的临界预计,目前秦三厂有一个关于反应堆启动的内部技术程序 98 - 37000 - RCP - 009,程序中专门有一部分(6.2.2 节)是关于反应堆临界预计的。该程序规定,在执行临界预计时,由于只考虑反应堆停堆前和重新达临界这两个点,中间过程(加毒、或执行其他试验)虽然对临界毒物浓度预计没有影响,但对临界时间有影响,导致反应堆临界时间推迟。

对于氙中毒后达临界方法的临界预计,由于慢化剂毒物前后没有变化,不用预计临界毒物浓度,只预计临界时间即可。如果在反应堆趋向临界的过程中向慢化剂内加毒,会导致反应堆临界时间延迟,出现本状态报告提到的问题。

目前 OM - 37000 中氙中毒达临界的程序中没有考虑到达临界过程中加毒这种情况,在反应堆启动的内部技术程序 98 - 37000 - RCP - 009 中也没有考虑到这种情况。

3. 经验反馈

升级版 98 - 37000 - RCP - 009,增加了达临界过程中慢化剂加毒对临界预计影响的相关内容。

13.5.2 Pickering 电站 1#机组中子通量畸变(MERATL07 - 065)

1. 事件描述

2006 年 12 月 11 日,Pickering 电站 1#机组在大修结束重返高功率运行后,数次发生中子通量倾斜率大于 1%。核电厂稳定运行时的中子通量分布平坦,然而在 CANDU 反应堆不停堆换料期间常发生畸变。畸变水平和持续时间值得关注。

2. 经验反馈

Pickering 电站的机组类型与秦三厂不一样,不是 CANDU - 6 堆型,其 SETBACK 中通量倾斜的设定值是 8%,而秦三厂对应的设定值为 20%。所以,对于相同的通量倾斜 1%,在秦三厂,离 SETBACK 的触发设定值还差很远。秦三厂也将不专门监测在线通量倾斜这个参数。但是,从 G2 物理专家那里了解到,G2 电站对 RFSP 离线功率偏差进行了监测,当区域离线功率偏差超过一定限值后,需要调节相应区域的 PHINOM 因子。这样做的目的是使堆芯各区域的实际功率尽量接近参考功率。鉴于此,秦三厂升级了"日常堆芯监测"程序,增加了 RFSP 离线功率偏差监测要求及对应的处理措施。

13.5.3　G2 电站启堆达临界过程中重定位启动仪表 BF3 探头时,没有遵守程序

1. 事件描述

2011 年 12 月 8 日 15:00 左右,G2 电站启堆达临界过程中重定位启动仪表 BF3 探头时,反应堆物理工程师认为只要探头读数和预先要求一致,就不需要进行脱扣试验。交接班之后,下一班人员查看程序后发现该错误,随后执行了启动仪表 3 个通道的脱扣试验。

2. 潜在后果

可能会造成启动仪表某个通道失效。

3. 原因分析

G2 人员发生此事件的原因为:

(1)没有严格执行规程;

(2)规程有不合理之处。

4. 经验反馈

反应堆物理人员学习此状态报告,强调:

(1)严格遵守程序;

(2)重要工作之前召开工前会,强调相关注意事项

13.5.4　满功率运行时换料导致 SDS#2 的 G 通道脱扣(D – 2010 – 00595)

1. 事件描述

2010 年 1 月 16 日,Darlington 电站,机组满功率时,为增加换料过程中的 ROP 裕量,E20 通道使用 4 棒束换料方式替代 8 棒束方式换料,换料过程中,由于 ROP 裕量不足导致 SDS#2 的 G 通道脱扣。从报警信号到 G 通道脱扣时间很短,操纵员来不及降低反应堆功率,在脱扣 30 s 后,报警清除,操纵员按照规程向下标定 ROP 探测器,增加了停堆裕量,之后反应堆物理人员开始分析事件原因并采取预防性行动。事件原因主要是:分析不足,以及设备功能降级。

2. 原因分析

(1)换料并不是造成 G 通道脱扣的主要原因。实际上,E20 通道使用 4 棒束换料替代常规的 8 棒束换料,就是为了消除已知的 ROP 探测器 G03 过大的响应,G03 是临近 E20 通道水平布置的探测器。

(2)停堆系统有三个通道,G03 是其中之一,停堆需要任意两个通道同时脱扣,下面一些因素导致了 E20 通道换料时 G 通道的脱扣:

①慢化剂冷却模式切换(3% ~5%);

②棒束换料预计响应(大约 5%);

③ROP 探测器 G03 不正常的高灵敏度因子,相应地扩大到其动态补偿探测器(1% ~3%);

④正常的探测器噪声(峰值间2%~3%)。

(3)换料过程中CPPF达到1.110,比发布的值1.100高1%。

反应堆物理人员计算CPPF值,所有ROP探测器都校正到CPPF×反应堆功率,ROP脱扣设定值为122%FP,探测器信号如果高于这个值将会脱扣。

从前面这些数值看出,一些影响参数的波动在某些时候会导致单通道脱扣。反应堆物理人员在换料清单上提前预计换料过程中的探测器响应,清单上的探测器可以允许进行向下标定,但本事件中,从报警信号到通道脱扣时间很短,操纵员来不及向下标定G03探测器。

3. 经验反馈

(1)分析不足

①必须进行分析,确定指定的探测器在不影响其脱扣功能的前提下,是否可以在换料前进行向下标定。

②慢化剂冷却模式的切换表现为热交换器中的一种流动不稳定性,改变了堆内通量探测器和ROP探测器的通量分布。

③冷却模式的转换是ROP裕量减小的关键因素,并且因为转换的随意性而很难减轻。热交换器出口温度控制在一个设定值,但大的温度波动在所有机组中都有发现。

④热交换器出口温度更稳定的控制可以减小热交换器中的波动,并降低慢化剂冷却模式的影响。

(2)由于组件的降级,G03有一个高灵敏度因子,并相应影响到它的动态补偿探测器。

Darlington电站采取的纠正行动:

①在下一次计划大修中更换G03探测器;

②为减小ROP响应,E20通道继续使用4棒束换料方式;

③在保证不影响其脱扣功能的前提下,分析确定指定的探测器在换料前能进行向下校正,并且换料程序需要更新;

④模拟慢化剂温度控制程序,以确定最佳的调整参数。

TQNPC的对比分析和经验反馈:

①TQNPC在正常运行和换料时,不存在慢化剂冷却模式的切换,并且热交换器出口温度控制在1℃以内,不会出现大的波动。因此,在这方面没有Darlington电站的风险。

②如果遇到探测器的降级和灵敏度因子的变化,尽快安排更换探测器。并且在更换之前,反应堆物理人员在换料清单上预计响应值时需保守考虑。

复　习　题

一、多选题

1. 通道功率因子(CPPF)表上计算日期的对应满功率天(EFPD)超过4 EFPD,需要_____。

A. 对CPPF增加惩罚因子

B. 重新计算,提交给主控

C. 物理人员查找数据采集、计算过程出现的问题

2. 物理人员进行堆芯计算前的数据采集、提取,需要注意_____。

A. 从 PI 系统采集电站数据,确认数据正常,打印 PI 数据

B. 对照上次跟踪计算之后换料顺序表,确认已换料通道和顺序正确

C. 如果 refuelled. log 填写错误,在核材料系统中修改

3. 物理人员进行 RFSP 跟踪计算时,需要注意_____。

A. 确认本次跟踪计算与上次计算的 FPD 差值等于日期差值

B. 确认 RFSP 计算完成,没有 FATAL ERROR

C. 打印 Summary、CPPF 原始值和安全限制表,并确认:(1)日期、EFPD 正确;(2)功率裕量大于 0%

4. 物理人员进行换料通道选择时候,需要注意_____。

A. 选择换料通道,确认:所选通道 AC 平衡、反应性满足要求

B. 如果有特殊换料方式,手动修改输入文件

C. 确认换料通道选择清单 ROP 探测器要求的裕量填写正确

5. 关于虚假水位,下面表述错误的是_____。

A. 1、3、6 区属于易产生虚假水位 LZC 区域

B. 由于水封效应的破坏,积聚在腔室上部的水(反应性价值小)重新回落到底部(反应性价值大),相当于突然引入正反应性,使区域功率上升

C. 虚假水位维持期间,机组发生 Setback 和 Stepback 的风险加大

6. 调节棒反应性价值测量试验中,对第七组调节棒表述正确的是_____。

A. 由于第 7 组棒反应性价值大,第七组两根棒同时下插时会出现调节棒循环插拔 CYCLING 现象

B. 调节棒循环插拔 CYCLING 时,将调节棒手柄置于 MANUAL 位置,采用手动单根分别插入的方式插入第七组调节棒。其余六组棒自动插入

C. 除钆将 LZC 液位调节至 70%,之后将调节棒手柄置于 AUTO 位置,最终使 7 组调节棒全部插入堆芯

7. 反应堆堆芯功率发生较大变化时,反应堆物理人员根据要求对_____变化进行计算。

A. 裂变毒物浓度   B. LZC 水位   C. 调节棒

8. 长期停堆后启动,需要考虑 Xe 和 Pu + Sm + Rh 毒物的变化,约_____后,Xe 达到平衡值。

A. 40 h   B. 24 h   C. 72 h

9. 大修期间启动仪表投用受_____因素影响。

A. 慢化剂等效钆浓度

B. 大修时长

C. 现场工作安排需要

10. 重水堆发生通道燃料破损可能引发的潜在后果_____。

A. 如果燃料破损数量增加或破损情况恶化,如 ^{131}I、^{133}Xe 的放射性核素超过限值,则根据 TS 要求降功率或停堆

B. 破损燃料意外卸出可能触发安全壳自动隔离

C. 导致 63105 系统不可用

二、判断题

1. 当天所有通道间距不在四个栅元内。 （　　）

2. 所选通道周围一圈的通道 COF 因子不超过 1.05。 （　　）

3. 确认上次提交的 CPPF 表距离下次跟踪计算不超过 4 EFPD,且换料通道数不超过 12 个。 （　　）

4. 通道 FAF 和 FARE 换料方式根据设计文件不可以改变。 （　　）

5. 换料设计要确保 ROPT 探测器裕量小于或等于 4%。（　　）

6. 定期热功率测量试验,全程只需要一名物理人员就可以完成。 （　　）

7. 当反应堆运行在异常工况时,如调节棒拔出、MCA 插入或卡棒,C 卡中必须添加相应的棒位。 （　　）

8. 可以使用氙程序设计反应堆功率变化方案,使氙毒反应性变化满足特殊的要求。 （　　）

9. 当区域离线功率偏差超过一定限值后,需要调节相应区域的 PHINOM 因子 （　　）

10. 63105 系统监测的是瞬发中子 （　　）

三、简答题

1. 阐述换料计算过程中可能用到的防人因失误工具。

2. 列举至少三种重水堆燃料破损定位查找处理方法。